中国气象局　南京信息工程大学共建项目资助精品教材
江苏省大气环境与装备技术协同创新中心资助
江苏高校品牌专业建设工程资助

环境监测综合实验

赵晓莉　徐建强　陈敏东　编著

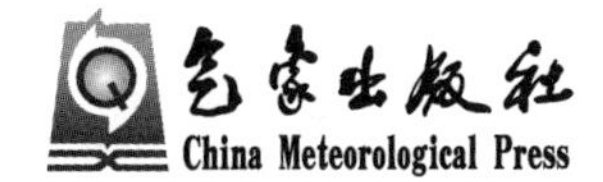

内容简介

《环境监测综合实验》是在近年来环境工程、环境科学等学科长足发展，新理论、新技术不断涌现，对教学内容和要求不断提高，尤其是实验教学对培养学生动手能力和创新能力提出更高要求的背景下，根据学科发展水平和教学内容组织编写的。

全书共分八章，包括绪论、实验设计与数据处理、水环境监测实验、大气环境监测实验、土壤环境监测实验、生物类环境监测实验、环境物理污染监测实验、综合性与设计性实验。这些实验紧密围绕着国家重大需求，是在优化环境监测实验课程及实验内容的要求下编写的。

本书可作为高等院校环境类专业本科生或研究生的专业教材，也可为环境及相关领域的同行提供参考。

图书在版编目(CIP)数据

环境监测综合实验 / 赵晓莉，徐建强，陈敏东编著. -- 北京 ：气象出版社，2016.6

ISBN 978-7-5029-6356-9

Ⅰ.①环… Ⅱ.①赵…②徐…③陈… Ⅲ.①环境监测-实验 Ⅳ.①X83-33

中国版本图书馆 CIP 数据核字(2016)第 122151 号

HUANJING JIANCE ZONGHE SHIYAN

环境监测综合实验

出版发行：气象出版社

地　　址：北京市海淀区中关村南大街 46 号　　**邮政编码：**100081

电　　话：010-68407112(总编室)　010-68409198(发行部)

网　　址：http://www.qxcbs.com　　**E-mail：**qxcbs@cma.gov.cn

责任编辑：黄红丽　马　可　　**终　　审：**邵俊年

责任校对：王丽梅　　**责任技编：**赵相宁

封面设计：博雅思企划

印　　刷：三河市百盛印装有限公司

开　　本：720 mm×960 mm　1/16　　**印　　张：**22.5

字　　数：454 千字

版　　次：2016 年 8 月第 1 版　　**印　　次：**2016 年 8 月第 1 次印刷

定　　价：58.00 元

前　　言

环境科学与工程专业是建立在实验技术基础上的专业。根据国家对环境类专业的实验技能要求，环境类专业必须开设环境监测实验。我们总结了多年综合实验、创新实验的教学实践经验，在编写中着力于理论联系实际，并在设计和创新实验中将实验、学习、实训相结合，其目的是提高学生综合运用知识和解决实际问题的能力，提高动手和科研能力，增强学生创新能力和就业能力。

本教材共包括八章，基本内容有：绪论、实验设计和质量保证、水环境监测实验、大气环境监测实验、土壤环境监测实验、生物类环境监测实验、环境物理污染监测实验、综合性与设计性实验。本书在编排上采用了分类独立撰写，每个实验项目具有完整性、实用性、独立性。在进行综合实验和设计性实验时可以根据需求对实验进行组合与应用。

本教材在编写风格上进行了改革，强调学生在理解实验原理的基础上做到“三会”，即会选择仪器、会配制试剂和会进行计算，让学生参与实验教学全过程，通过教学使学生真正掌握环境科学的相关实验技术，又好又快地完成实验任务。

本教材将环境监测、环境工程、环境微生物学、实验设计、实验数据处理等融为一体，可以作为环境类本科生或研究生的实验指导书，设计性、创新性实验的参考书，也可作为环境科学研究人员的参考手册。

第二章、第五章、第六章、第七和第八章由赵晓莉编写，第一章、第三章和第四章由徐建强编写，常钰、方涵、陆鑫鑫参与了部分工作，陈敏东和赵晓莉对全书进行统稿。

本教材的出版得到中国气象局-南京信息工程大学共建项目、江苏省大气环境与装备技术协同创新中心、江苏高校品牌专业建设工程、南京信息工程大学教材建设基金项目共同资助，在此深表感谢！并对本书编写中参阅过的著作、文献资料作者表示感谢！同时也感谢审稿、编审过程的各位老师！

由于编者水平有限，不足之处在所难免，敬请读者提出批评和建议，以便加以修正，使教材内容进一步提高和完善。

作者

2015 年 12 月

目　录

第一章　绪论

环境科学所研究的环境，通常指的是自然环境，即人类赖以生存和发展的各种物质条件的综合体。自然环境根据介质的不同通常划分为大气、水体、土壤、生物等环境要素。在人类的生产生活活动过程中，自然环境以固有的规律运动着，同时不断地反作用于人类而产生各种环境问题。环境科学是在20世纪50年代环境问题日益严重的背景下诞生的。目前环境问题按起因可分为三类，一是由各种化学物质引起的化学类环境问题；二是由微生物、寄生虫等生物类环境问题；三是由噪声、振动、热、光、辐射、放射性等引起的物理类环境问题。本教材就引起三类环境问题的物理、化学及生物指标的测定原理和方法进行专题探讨。同时在教材的编写风格上进行了改革，强调学生在理解实验原理的基础上做到"三会"，即会选择仪器、会配制试剂和会进行计算，让学生参与实验教学全过程，通过教学使学生真正掌握环境科学的相关实验技术，又好又快地完成实验任务。

第一节　环境监测综合实验技术的意义

环境类的许多专业课程都是以实验为基础的，例如环境化学、环境监测、环境工程学、环境评价等，而这些专业课程又是紧密联系的。单独的课程实验不能将学生所学的专业课程有效联系、贯穿。在课程设置时适当的增加综合性实验，有利于综合运用所学的基本知识，去解决实际的环境问题。

环境监测综合实验的内容和范围可大可小。"小"是指一类实验项目包括多个小的实验项目。例如，水体的监测，包括pH、碱度和硬度、COD、BOD、硝酸盐、硫酸盐等不同指标的分析测试。"大"就是指对不同类的实验项目进行综合。例如，要进行校园环境质量评价，评价内容包括水体、大气、噪声等不同环境要素。评价的第一手数据，来源于环境监测，仅就大气环境监测而言，学生首先根据校园的大气环境监测特点，设计实验方案、布设大气采样监测点、准备实验所需试剂，然后进行监测点位采样（组员配合准备采样试剂、搭建大气采样仪器、进行采样，同时记录采样过程的相关参数）、样品的实验室分析测试、数据结果分析等一系列的综合性实验过程。对水体、大气、噪声不同环境要素监测的数据统一处理分析，再选用合适的环境质量评价模型进行质量评价，由此得出整个校园的大气、水体、噪声的环境质量概况。因此，环境实验中没有孤立存在的实验，都是相互联系、相互支持的。

环境监测综合性、设计性实验可以使学生理论联系实际，培养学生观察问题、分析问题、解决问题的能力，可以结合大学生实训训练计划或者结合毕业设计、毕业论文来进行。

第二节　环境监测综合实验的目的

实验教学使学生能够理论联系实际，培养学生观察问题，分析问题和解决问题的能力。《环境监测综合实验》是为环境科学与环境工程专业提供的实验教材，包括基本的环境监测实验、水质分析化学实验、环境化学实验等，通过实验研究解决以下一些问题：

(1)使学生理解一些基本仪器的使用和维护，初步掌握环境学科实验研究的基本方法和技能。

(2)使学生获得直接的感性认识，加深学生对环境化学、环境生物、环境监测及环境污染控制及评价的基本概念的理解和巩固。

(3)通过实验预习，具体操作，特别是一些综合性实验的训练，学生能够了解如何查阅资料、设计基本实验方案、配置试剂、熟悉仪器的基本操作、动手实验、观察现象、记录实验数据、推测预期结果及总结实验过程，提高学生分析、解决问题的工作能力。

(4)通过实验数据的整理，明确实验数据的分析技术，包括收集实验数据、正确分析和归纳实验数据，运用实验数据解释环境科学问题。有利于培养学生严谨、去伪存真、实事求是的研究习惯和科学素养。

第三节　环境监测综合实验教学要求

一、实验课前的预习

要求学生课前预习将要进行的实验，明白实验的目的和要求，熟悉实验所涉及的仪器和试剂、基本原理、反应方程式，思考实验过程可能存在的问题、预期结果及准备向教师提问的问题，准备好实验记录表。实验之前要将预习报告交给指导教师。

二、实验的设计

在实验设计过程，小组成员需查阅参考资料，明确实验的基本原理、化学反应方程式，实验基本步骤，所需要的试剂及仪器，拟定实验计划(包括采样、样品处理、试剂配制、所需仪器及仪器的原理和使用)及实验详细的步骤(关系到后面的实际操作可行性)。

对于综合性实验，实验设计也是实验研究的重要环节，是获得理想实验结果的重要保证。综合性实验的实验设计，最好有小组讨论，老师指导，使设计的实验具有一定的可行性和操作性，有利于后期的实验顺利进行。

三、实验的操作

(1)课堂上先听取老师讲解实验过程，实验所需试剂、仪器，实验步骤及注意问题要点。

(2)学生开始实验前，应该仔细检查实验所需试剂，实验设备、仪器仪表是否完整齐全。实验时按照老师讲解的过程或自己制定的实验步骤，进行实验的具体操作，严格遵守操作规程，独立或者合作完成规定实验内容，仔细观察实验现象，认真做好实验记录。

(3)实验结束后，要将实验设备及仪器恢复原状，将周围环境整理干净，养成严谨、良好的工作学习习惯。

四、实验的数据处理

通过实验获取了大量的实验数据，要认真整理、分析实验数据，去伪存真、去粗取精，通过计算或作图分析，得出实验数据结论，分析实验结果的意义。

五、实验结果讨论

将实验的整体过程整理成一份实验报告，这是实验教学不可缺少的一部分。实验报告内容一般包括：实验目的，简明实验原理，所用仪器设备及实验装置，实验基本步骤，实验现象及实验数据，实验结果解释与分析讨论(根据实验的现象及实验中存在的问题进行讨论，分析其中存在的因果关系)。对于综合性实验，总结分析本次实验存在的问题及后续实验过程的注意事项，最后要列出参考文献。

按教师规定的时间和要求，完成实验报告交指导教师批改。

第四节　环境监测综合实验常用仪器及实验方法

一、环境科学研究仪器

（一）基础测量仪器

1. 体积测量仪器

环境科学实验研究中经常涉及体积测量仪器的使用，如试样溶液体积的测量、试剂配制过程溶液体积的控制、化学反应过程试剂用量的控制等。根据仪器的准确度的不同，把体积测量仪器分为两类：一类为非容量器皿，如烧杯、量筒、锥形瓶、滴管等，使用这类器皿能粗糙地控制或量取液体的体积。另一类为容量器皿，如容量瓶、移液管（含吸量管）、滴定管等，使用这类器皿能精确地控制或量取液体的体积。其中容量瓶用于准确配制一定体积溶液，移液管用于准确量取一定体积溶液，滴定管用于滴定分析中控制滴定剂体积。

2. 称量仪器

环境科学实验研究中涉及的称量仪器有两种，一种是台秤，另一种是分析天平。称量仪器的灵敏度通常用感量来表示，感量是指使天平在平衡位置产生一个分度变化所需要的物体的质量。不同的称量仪器有不同的灵敏度从而有不同的准确度。使用称量仪器不能超出其最大称重数值。分析天平通常要求在干燥避光的室内，同时要求放置在稳固的桌面上使用。通常固体试样和基准物质要用分析天平称量，而一般实验用试剂只要用台秤称量即可。

（二）专业测量仪器

环境样品具有组成复杂（不仅有待测组分，还有各种干扰组分）、待测组分浓度低的特点，通常需要专业测量仪器才能实现定性和定量分析。以下就本教材出现的一些专业测量仪器的功能做简单介绍。

1. 酸度计

酸度计用于测量溶液酸度（pH 值）或电位的仪器。实验时需有配套的指示电极和参比电极方可使用。

2. 电导率仪

电导率仪是测量溶液电导率的实验仪器，实验时需要有配套的电导电极方可使用。电导率是衡量溶液导电能力的一个物理量。

3. 紫外-可见分光光度计

紫外-可见分光光度计用于在紫外(波长 200～380 nm)或可见光(波长 380～760 nm)范围内有吸收的物质的定性、定量分析的仪器。实验时通过绘制吸收曲线(A-λ 关系曲线)进行定性分析,通过制作标准曲线(A-c 关系曲线)进行定量分析。

4. 红外分光光度计

红外分光光度计主要用于在中红外区域(波长 2.5～25 μm)有吸收的有机化合物的结构鉴定。实验中通常以波长 λ(nm)或波数 σ(cm^{-1})为横坐标,以透光率 T(%)或吸光度 A 为纵坐标绘制红外吸收光谱图。通过红外谱图的解析可以判断分子中存在的官能团的种类。

5. 原子吸收分光光度计

原子吸收分光光度计能直接测定 70 多种金属或准金属元素,在一定条件下也可间接测定一些非金属元素。测定不同的元素需用不同的元素灯(即空心阴极灯)。

6. 原子荧光分光光度计

原子荧光分光光度计用于各种样品中 As、Sb、Bi、Se、Te、Ge、Sn、Pb、Zn、Cd、Hg 等 11 种元素的定量分析。测定不同的元素需用不同的元素灯(即空心阴极灯)。

7. 气相色谱仪

气相色谱仪用于低沸点、易挥发、热稳定性高的无机、有机化合物的分离及定性、定量分析。色谱分析法可用于多组分样品的分析测定,不同类型的组分需要不同类型的固定相和流动相来使它们实现分离,同时需要不同类型的检测器才能实现检测。

8. 液相色谱仪

液相色谱仪用于高沸点、难挥发、热稳定性低的无机、有机化合物的分离及定性、定量分析。针对不同类型的组分同样需要不同类型的固定相和流动相来使它们实现分离。同时需要不同类型的检测器才能实现分析测定。

9. 离子色谱仪

离子色谱仪主要用于离子型化合物的分离及定性、定量分析。从方法的角度来讲,它是一种特殊的液相色谱法,针对阳离子和阴离子的分析,需要不同的色谱柱来完成检测。

二、环境科学分析测试方法

不同的环境样品、不同待测组分含量的环境样品、不同的污染形式需要选择不同的分析测试方法才能得到可靠的分析结果。以下就环境样品分析测试方法做简单分类和介绍。

(一)化学分析法

化学分析法是利用物质的化学反应来获得物质组成、含量、结构及相关信息的分析方法。主要用于环境样品中常量组分(待测组分含量在1%以上)的分析测定,包括重量分析法和滴定分析法。

(二)仪器分析法

仪器分析法是根据物质的物理性质或物理化学性质来获得物质组成、含量、结构及相关信息的分析方法。主要用于环境样品中微量组分(待测组分含量在0.01%~1%范围)以及痕量组分(待测组分含量在0.01%以下)的分析测定。需要有专业的测量仪器方可完成分析测量工作,常用仪器分析方法分为三类。

1. 电化学分析法

电化学分析法是根据溶液的电学性质(如电位、电导、电流、电量等)和化学性质(如溶液的组成、浓度等),通过传感器——电极来测定被测物浓度的仪器分析方法。常用仪器有酸度计、电位滴定仪、电导率仪、极谱仪等。

2. 色谱分析法

色谱分析法是基于不同的被测组分在两相间的分配系数(与被测组分在固定极上的吸附能力、溶解能力、亲和能力有关)的不同来实现分离,通过检测器进行测量的仪器分析方法。常用仪器有气相色谱仪、液相色谱仪、离子色谱仪等。

3. 光谱分析法

光谱分析法是基于物质与电磁辐射的相互作用而建立起来的一类仪器分析方法。常用仪器有可见分光光度计、紫外-可见分光光度计、红外分光光度计、原子吸收分光光度计、原子荧光分光光度计、分子荧光分光光度计等。

(三)生物监测法

生物监测法是通过分析环境介质中生物个体、种群或群落的变化来判断环境污染或变化对生物体影响的分析方法,如生物群落法、细菌学检验法、生物毒性实验等。

(四)物理性污染监测

物理性污染监测是通过分析噪声、电磁辐射、放射性等物理指标的强度来判断物理性污染对人体影响的分析方法,如噪声监测、放射性监测等。

三、环境样品浓度表示方法

(一)固体试样

土壤、固体废弃物等固体试样通常用质量分数浓度来表示待测组分的含量,其定义式可表示为:

$$质量分数浓度=\frac{待测组分质量}{试样质量}\times 100\%\ (或\times 10^{6}\,\mathrm{ppm}\ 或\times 10^{9}\,\mathrm{ppb}\ 或\times 10^{12}\,\mathrm{ppt}) \tag{1-1}$$

式中 ppm、ppb、ppt 并非单位(下同)。

(二)液体试样

天然水体、废水等液体试样通常用体积质量浓度来表示待测组分的含量,其定义式可表示为:

$$体积质量浓度=\frac{待测组分质量}{液体试样体积}\ (\mathrm{mg\cdot L^{-1}}、\mathrm{\mu g\cdot L^{-1}}或\ \mathrm{ng\cdot L^{-1}}) \tag{1-2}$$

对于水样,当待测组分含量很小时,1 $\mathrm{mg\cdot L^{-1}}$ 相当于 1 ppm,1 $\mathrm{\mu g\cdot L^{-1}}$ 相当于 1 ppb,1 $\mathrm{ng\cdot L^{-1}}$ 相当于 1 ppt。

(三)气体试样

空气、废气等气体试样通常有两种浓度表示方法,即体积质量数浓度和体积分数浓度。

i 组分的体积质量数浓度定义式为:

$$c_i=\frac{待测组分质量}{气体试样体积} \tag{1-3}$$

c_i 单位可以为 $\mathrm{mg\cdot m^{-3}}$、$\mathrm{\mu g\cdot m^{-3}}$、$\mathrm{ng\cdot m^{-3}}$ 等。

i 组分的体积分数浓度定义式为:

$$A_i=\frac{待测组分分体积}{气体试样体积}\times 100\%(或\times 10^{6}\,\mathrm{ppm}\ 或\times 10^{9}\,\mathrm{ppb}\ 或\times 10^{12}\,\mathrm{ppt}) \tag{1-4}$$

式中,分体积是指组分气体与气体试样(混合气体)具有相同温度、相同压强时所具有的体积。

需要注意的是,即使在气体试样中各组分不发生反应的情况下,体积质量数浓度也不具有守恒性,会因为气体试样的压强或温度的改变而发生改变;而体积分数浓度具有守恒性,不会因为压强或温度的改变而发生变化。

对于不同的气体试样,为使测定结果具有可比性,需要将体积质量数浓度换算到同样状态(如标准状况:压强 101325 Pa,温度 273 K)进行比较。

设 i 待测组分的摩尔质量为 M_i,在标准状况下,当 i 待测组分体积分数浓度 A_i 以 ppm 表示,体积质量数浓度 c_i 以 $\mathrm{mg\cdot m^{-3}}$ 为单位时,两者之间的转化关系为:

$$A_i=\frac{c_i}{M_i}\times 22.4 \tag{1-5}$$

四、试剂配制

(一)试剂纯度与等级

化学试剂在环境科学实验中是一种不可缺少的物质,不同等级的试剂其纯度、价格、用途等都有所不同。表1-1给出了我国化学试剂的等级及用途。试剂的选择直接影响分析结果的准确度,在环境科学的分析实验中,一级试剂常用于配制标准溶液,二级试剂常用于配制一般反应用试剂。

表1-1　我国化学试剂的等级对照表

等级	一级试剂	二级试剂	三级试剂	四级试剂
中文标志	优级纯	分析纯	化学纯	实验纯
符号	G.R	A.R	C.P	L.R
标签颜色	绿色	红色	蓝色	黄或棕色
纯度描述及用途	主成分含量很高、纯度很高。用于精密分析和研究。	主成分含量很高、纯度较高,干扰杂质很低。用于一般分析及研究。	主成分含量高、纯度较高,存在干扰杂质。用于定性化学实验和合成制备。	主成分含量高,纯度较差,杂质含量不做选择。只适用于一般化学实验和合成制备。

(二)实验室用水

1. 纯水的指标

在环境科学实验中,水是不可缺少的一种物质,洗涤仪器、配制试剂等都需要用到大量的水,根据任务及要求的不同,对水的纯度的要求也不同。对于一般性分析工作,采用蒸馏水或去离子水即可;对于微量组分甚至痕量组分的分析则需要高纯度的"超纯水"。表1-2给出了不同等级的纯水指标。

表1-2　纯水的等级及指标

等级		Ⅰ	Ⅱ	Ⅲ	Ⅳ
指标	可溶性物质/$mg \cdot L^{-1}$	<0.1	<0.1	<0.1	<2.0
	电导率(25 ℃)/$\mu S \cdot cm^{-1}$	<0.06	<1	<1	<5.0
	电阻率(25 ℃)/$M\Omega \cdot cm$	>16.66	>1.0	>1.0	>0.2
	pH(25 ℃)	6.8~7.2	6.6~7.2	6.5~7.5	5.0~8.0
	$KMnO_4$ 显色持续时间(最小)/min	>60	>60	>10	>10

表中 $KMnO_4$ 显色持续时间是指用这种水配制 $c(KMnO_4)=0.002\ mol \cdot L^{-1}$ 溶液的显色时间，反映了水中还原性杂质含量的高低。

2. 纯水的制备

纯水的制备就是将原水中可溶性和非可溶性杂质全部去除的水处理方法。依据原理的不同，目前制备纯水的方法通常有蒸馏法、离子交换法、电渗析法、反渗透法等。

蒸馏法是通过加热原水使液态水转化为水蒸气，水蒸气经过冷凝获得纯水(即蒸馏水)的方法。使用不同的蒸馏器得到的纯水的质量有所不同，常用的蒸馏器有金属蒸馏器、玻璃蒸馏器、石英蒸馏器、亚沸蒸馏器等。

离子交换法是利用阴、阳离子交换树脂除去水中杂质离子的方法，制得的纯水称为“去离子水”。

电渗析法是在外电场的作用下，利用阴、阳离子交换膜对溶液中离子的选择性透过，使杂质离子从水中分离出来的方法。

反渗透法就是利用半透膜(反渗透膜)，并借助于外界施加的压强为动力，强制原水中的水分子透过半透膜达到除盐的目的，使水得到纯化的方法。

为了得到更高纯度的水，通常可以采用各种技术联合的方法来制备纯水。如经过离子交换得到的纯水最终通过亚沸蒸馏器可以得到电阻率达到 16 MΩ·cm 以上的纯水。市场上的一些超纯水机将原水经过机械过滤、活性炭吸附、反渗透、紫外线消解、离子交换、0.2 μm 滤膜过滤等步骤最终可以获得电阻率达到 18 MΩ·cm 的超纯水。

3. 特殊要求纯水

在环境科学的分析实验中，在分析某些指标时，对纯水中的这些指标要求越低越好，这就是所谓的特殊要求纯水，如无氨水、无氯水、无二氧化碳水、无砷水、无重金属水、无酚水等。

(三)溶液浓度表示方法

1. 物质的量浓度

物质的量浓度定义为单位体积的溶液中所含基本单元的物质的量，单位为 $mol \cdot L^{-1}$。计算公式为：

$$c(B) = \frac{m}{V \times M(B)} \tag{1-6}$$

式中，m——溶质的质量，g；

$M(B)$——对应基本单元的摩尔质量，$g \cdot mol^{-1}$；

V——溶液的体积，L。

对于同样一种溶质，选择基本单元不同，所得溶液的物质的量浓度不同。如：$c\left(\frac{1}{5}KMnO_4\right)=5c(KMnO_4)$；$c\left(\frac{1}{6}K_2Cr_2O_7\right)=6c(K_2Cr_2O_7)$；$c\left(\frac{1}{2}H_2SO_4\right)=2c(H_2SO_4)$等。滴定分析中滴定剂的浓度通常用物质的量浓度来表示。

2. 质量分数浓度

质量分数浓度的定义式为：

$$\omega=\frac{溶质的质量}{溶液的质量}\times 100\% \tag{1-7}$$

市售的一些液体试剂(水溶液)往往以质量分数浓度来表示试剂中溶质的含量。表 1-3 给出了市售酸碱的密度、质量分数浓度以及由此计算得到的物质的量浓度(近似值)。

表 1-3　市售酸碱的密度和浓度

酸或碱	主要溶质名称	密度/g·L^{-1}	质量分数浓度(ω)	物质的量浓度(c)/mol·L^{-1}
冰醋酸	CH_3COOH(即 HAc)	1.05	99.5%	17
浓盐酸	HCl	1.19	37%	12
浓硝酸	HNO_3	1.42	65%	15
浓硫酸	H_2SO_4	1.84	98%	18
浓磷酸	H_3PO_4	1.69	85%	15
浓氨水	NH_3	0.90	28%～30%	≈15

3. 体积质量数浓度

体积质量数浓度的定义式为：

$$c=\frac{溶质的质量}{溶液的体积} \tag{1-8}$$

体积质量数浓度常用的单位有：g·L^{-1}、mg·L^{-1}、μg·L^{-1}、ng·L^{-1}等，在仪器分析中标准溶液的浓度常用体积质量数浓度表示。

(四)试剂配制原则或方法

配制试剂时，应根据试剂在实验中的用途，选择合适的称量仪器和体积测量或体积控制仪器，才能又好又快地完成实验的准备工作。

1. 作为标准溶液用的试剂

目前环境学科的实验大多涉及定量分析实验，定量分析实验首先必须准备一种叫作标准溶液的试剂。所谓标准溶液就是具有已知准确浓度的溶液。在配制标准溶液时，应根据试剂本身性质来确定配制方法。

(1)基准物质——直接法

所谓基准物质就是用来直接配制标准溶液或标定溶液浓度的试剂。作为基准物质的试剂必须满足以下五个条件：

①试剂的组成应与化学式完全相符。若含结晶水，其结晶水的含量也应与化学式相符。

②试剂的纯度要足够高，一般要求其纯度在 99.9%以上。

③试剂在一般情况下应该很稳定。

④试剂最好有比较大的摩尔质量。

⑤试剂参加反应时，应按反应方程式定量进行而没有副反应。

基准物质可通过直接法配制标准溶液，其配制流程如下：

$$\text{基准物质}\xrightarrow{\text{溶解、定量转移}}\xrightarrow{\text{定容}}\text{标准溶液}$$

当知道了基准物质的准确质量和所配标准溶液的准确体积，就可以直接计算出标准溶液的准确浓度。

(2)非基准物质——间接法(即标定法)

事实上，实验室的许多试剂不能满足基准物质的条件，对于非基准物质首先只能配制一个近似浓度的溶液，然后通过标定的方法才能知道其准确浓度。近似浓度溶液的标定流程如下：

$$\text{近似浓度的溶液}\xrightarrow{\text{基准物质 / 标准溶液}}\xrightarrow{\text{滴定、计算}}\text{准确浓度的溶液}$$

当知道了近似浓度溶液的准确体积、基准物质的准确质量或标准溶液的浓度和体积，根据滴定反应便可得到近似浓度溶液的准确浓度。表 1-4 给出了实验室常用基准物质的干燥条件及应用范围。

表 1-4　常用基准物质的干燥条件及应用范围

基准物质		干燥后组成	干燥条件	标定对象
名称	化学式			
无水碳酸钠	Na_2CO_3	Na_2CO_3	270～300 ℃	酸
硼砂	$Na_2B_4O_7 \cdot 10H_2O$	$Na_2B_4O_7 \cdot 10H_2O$	置于盛有 NaCl、蔗糖饱和溶液的密闭容器中	酸
邻苯二甲酸氢钾	$KHC_8H_4O_4$	$KHC_8H_4O_4$	110～120 ℃	碱
二水合草酸	$H_2C_2O_4 \cdot 2H_2O$	$H_2C_2O_4 \cdot 2H_2O$	室温空气干燥	碱，$KMnO_4$
三氧化二砷	As_2O_3	As_2O_3	室温干燥器中保存	氧化剂
草酸钠	$Na_2C_2O_4$	$Na_2C_2O_4$	130 ℃	氧化剂
重铬酸钾	$K_2Cr_2O_7$	$K_2Cr_2O_7$	140～150 ℃	还原剂
溴酸钾	$KBrO_3$	$KBrO_3$	130 ℃	还原剂

续表

基准物质		干燥后组成	干燥条件	标定对象
名称	化学式			
碘酸钾	KIO_3	KIO_3	130 ℃	还原剂
铜	Cu	Cu	室温干燥器中保存	EDTA
碳酸钙	$CaCO_3$	$CaCO_3$	110 ℃	EDTA
锌	Zn	Zn	室温干燥器中保存	EDTA
氧化锌	ZnO	ZnO	900～1000 ℃	EDTA
氯化钠	NaCl	NaCl	500～600 ℃	$AgNO_3$

2. 作为一般反应用试剂

定量分析中有一类试剂本身在实验中不需要严格控制用量，或者本身在实验中需要过量，如控制反应体系酸碱性条件的酸或碱、溶解试样用的试剂、用来改变待测组分存在状态的试剂、分光光度法中作为显色剂使用的试剂等，这些试剂只要配制近似浓度溶液即可。

五、样品采集制备与预处理

按规范采集、制备得到有代表性的分析试样，将样品处理成可测定状态。样品采集与预处理是环境科学实验中非常重要也是非常复杂的两个实验环节，它们将直接影响分析结果的可靠性。作为分析工作者应该按科学规范进行样品采集与预处理。样品采集与预处理可以参照国家标准进行。

第二章　实验设计与数据处理

第一节　实验设计的基本原则

一、科学性

设计的方案应有科学的依据和正确的操作方式，这是实验设计的首要原则。它指所设计实验的原理、操作顺序、操作方法等，必须与化学理论知识以及化学实验方法理论相一致。

(1)设计方案中依据的原理应遵循物理规律，且要求选用的规律正确、简明。

(2)设计方案中安排的操作步骤应该合理，且操作符合实验规则要求。

(3)设计方案中进行数据处理及误差分析应依据科学的方法。

二、安全性

这是指实验设计时应尽量避免使用有毒药品或进行有一定危险性的实验操作。按照设计方案操作时，应安全可靠，不会对仪器、器材造成损害。

(1)选用实验器材时，应考虑仪器、器材的性能及量值(如仪表的量程、用电器的额定值、弹簧的弹性限度等)的要求；

(2)设计实验方案时，应考虑安排一定的保护措施。

三、精确性

实验误差应控制在误差允许的范围内，尽量采取误差较小的方案。

(1)在安装实验器材或使用仪器前，应按照实验要求对器材、仪器精心调整，如在使用某些仪表前，应注意进行机械调零。

(2)选用合适的测量工具和合适的测量范围，使之与被测数据相匹配，如使用多用电表测量某电阻时，应选择合适的档位，使测量时的电表指针在中央刻度值附近。

(3)实验中应多次测量,获取多组数据,避免因操作带来的偶然误差。

(4)数据处理采用合适的方式,如根据题目的要求可以采用图像法、列表法等方式进行数据处理。

四、简便性、直观性

化学实验的设计要尽可能地采用简单的装置或方法,用较少的步骤及实验药品,在较短的时间内来完成实验。实验设计应便于操作、读数,便于进行数据处理。

根据上述四个实验设计原则和实验操作实际,可以明确地知道,化学实验设计方案的优选标准有以下几个方面:①原理恰当,②效果明显,③装置简单,④操作安全,⑤节约药品,⑥实验步骤简单,⑦误差较小等。

以上几个方面不仅在实验设计过程中必须充分注意,同时这些标准也是实验设计优劣评价的相关要素。

第二节　实验方案的设计制定

根据教学目标和要求设计、制订实验方案,实验方案包括以下一些内容:

(1)实验的名称:应该简洁明了。

(2)实验目的:熟悉部分试剂配制,仪器使用,某种测定方法。

(3)实验原理:本次实验的基本原理,化学反应方程式等。

(4)实验涉及的用品(药品、仪器、装置、设备)及规格:实验设计的药品、试剂、基本仪器要罗列出来。

(5)实验装置图:实验装置怎样连接,连接过程可能存在的问题,如何解决。

(6)实验步骤:写出具体的实验步骤及具体操作方法。

(7)实验过程中的注意事项:化学试剂使用的先后顺序,仪器操作过程需注意的问题,反应过程的颜色变化,如何消除干扰等。

(8)实验现象及数据记录:根据实验现象及数据,分析出现的结果的因果联系,及能否达到预期的目标。

(9)建议:总结本次实验存在的问题,对后续实验的改进和建议。

当然实验设计过程也要注意实验的科学性、安全性、可行性、简约性及一定程度的经济性。

第三节　实验室质量保证

一、数据记录与处理

在科学实验中，为了得到准确的分析结果，不仅要准确地记录各种数据，而且还要正确地处理数据。

（一）有效数字概念

使用不同的测量仪器，应根据仪器的准确度来记录数据，在记录数据时只能保留一位可疑数字，这种只含有一位可疑数字的全部数字称为有效数字。

（二）有效数字运算法则

通过实验获得原始数据，通常不同的仪器由于准确度的不同得到的原始数据小数位数或有效数字位数往往不同，在数据运算时应该按照数字运算法则进行科学的运算，最终计算结果的准确度不能超越原始数据的准确度。

1. 加减法

要求计算结果保留的小数位数与原始数据中小数位数最少的数相一致。

2. 乘除法

要求计算结果保留的有效数字位数与原始数据中有效数字位数最少的数相一致。

3. 对数值

有效数字位数由尾数部分位数决定。如 pH＝11.02 换算为氢离子浓度应表示为：

$$[H^+]=9.6\times10^{-12}\ mol\cdot L^{-1}。$$

4. 数字修约

数据处理过程中，舍去不必要的有效数字位数的过程称为数字修约，对于被修约数字应按四舍六入五留双规则进行处理。

（三）作图或线性回归方程的建立

在数学上，当已知一系列自变量的数值 $x_1,x_2,x_3,\cdots x_n$，同时知道对应的因变量 $y_1,y_2,y_3,\cdots y_n$，便可建立自变量 x 与因变量 y 的函数关系 $y=f(x)$。

在环境科学的实验研究中，自变量 x 通常是浓度，因变量 y 通常为仪器的信号值（如电位、吸光度、荧光强度、峰高、峰面积等），浓度 x 与仪器的信号值 y 最常见的关系为直线关系。当 x 与 y 完全呈直线关系时，线性相关系数为 $+1$ 或 -1。

x 与 y 的关系可通过作图的方法表示，作图的要求和流程如下：

(1)作图必须用坐标纸。

(2)以横轴代表自变量，纵轴代表因变量，在轴的中部注明物理量的名称符号及其单位。

(3)纵坐标高度和横坐标长度相当，坐标分度要保证图上观测点的坐标读数的有效数字位数与实验数据的有效数字位数相当。

(4)充分利用坐标纸，坐标原点(两轴的交点)不一定从零开始。避免使图线偏于一角或一边。

(5)用小圆圈或小圆点表示数据点，连线时应使数据点均匀地分布在直线的两侧。

(6)注明图名和必要的图例。

x 与 y 的关系也可应用最小二乘法的方法确立，最小二乘法处理数据有关公式如下：

首先计算自变量 x 和因变量 y 的平均值：

$$\bar{x}=\frac{1}{n}\sum x_i;\bar{y}=\frac{1}{n}\sum y_i \tag{2-1}$$

令 $S_{xx}=\sum(x_i-\bar{x})^2,S_{yy}=\sum(y_i-\bar{y})^2,S_{xy}=\sum(x_i-\bar{x})(y_i-\bar{y})$，则线性相关系数为：

$$r=\frac{S_{xy}}{\sqrt{S_{xx}S_{yy}}} \tag{2-2}$$

回归方程斜率 $b=\frac{S_{xy}}{S_{xx}}$，回归方程截距 $a=\bar{y}-b\bar{x}$。

最终可得一元线性回归方程为 $y=a+bx$。

x 与 y 的关系还可应用 Excel 软件通过作图或建立方程的方法表示。在 Excel 软件中，线性相关系数 r 用函数 correl 计算；斜率 b 用函数 slope 计算；截距 a 用函数 intercept 计算。

现代分析仪器一般配有专门的工作站，可以直接建立浓度 x 与仪器信号值 y 的关系，然后根据未知溶液在同等条件下的仪器信号值，直接给出未知溶液中待测组分的浓度，完成数据处理工作。

二、实验室质量保证

实验室质量保证是测定系统中的重要部分，它分为实验室内质量控制和实验室间质量控制，目的是保证测量结果有一定的精密度和准确度。实验室质量保证必须建立在完善的实验室基础工作之上，以下讨论的前提是假定实验室的各种条件和分析人员是符合一定要求的。主要从以下几个方面控制：

(一)采样及测定过程质量保证

1. 准确度

准确度是一个特定的分析程序所获得的分析结果(单次测定值和重复测定值的均值)与假定的或公认的真值之间符合程度的度量。它是反映分析方法或测量系统存在的系统误差和随机误差的综合指标，决定了分析结果的可靠性。准确度用绝对误差和相对误差表示。评价准确度的方法有两种，第一种是用某一方法分析标准物质，据其结果确定准确度；第二种是"加标回收"法，即在样品中加入标准物质，测定其回收率，以确定准确度，多次回收实验还可发现方法的系统误差。这是目前常用而方便的方法，其计算式是：回收率＝(加标试样测定值－试样测定值)/加标量×100%。所以，通常加入标准物质的量与待测物质的浓度水平接近为宜。因为加入标准物质量的大小对回收率有影响。

2. 精密度

精密度是指用一特定的分析程序在受控条件下重复分析均一样品所得测定值的一致程度，它反映分析方法或测量系统所存在随机误差的大小。极差、平均偏差、相对平均偏差、标准偏差和相对标准偏差都可用来表示精密度大小，较常用的是标准偏差或相对标准偏差。

(1)平行性

平行性是指在同一实验室中，当分析人员、分析设备和分析时间都相同时，用同一分析方法对同一样品进行双份或多份平行测定结果之间的符合程度。

(2)重复性

重复性是指在同一实验室中，当分析人员、分析设备和分析时间三因素中至少有一项不相同时，用同一分析方法对同一样品进行的两次或两次以上独立测定结果之间的符合程度。

(3)再现性

再现性是指在不同实验室(分析人员、分析设备、甚至分析时间都不相同)，用同一分析方法对同一样品进行多次测定结果之间的符合程度。

通常室内精密度是指平行性和重复性的总和；而室间精密度(即再现性)，通常用分析标准溶液的方法来确定。

3. 灵敏度

分析方法的灵敏度是指该方法对单位浓度或单位量的待测物质的变化所引起的响应量变化的程度。它可以用仪器的响应量或其他指示量与对应的待测物质的浓度或量之比来描述。实际工作中，常用标准曲线的斜率来度量灵敏度。灵敏度会因实验条件而改变。

4. 空白试验

空白试验又叫空白测定。是指用蒸馏水代替试样的测定。其所加试剂和操作步骤与试样测定完全相同,并同时进行。空白试验的目的是为了了解分析中的其他因素,如试剂(包括蒸馏水)中杂质、环境及操作进程的沾污等对试样测定的综合影响,以便在分析中加以扣除。

5. 校准曲线

校准曲线是用于描述待测物质的浓度或量与相应的测量仪器的响应量或其他指示量之间的定量关系的曲线。校准曲线包括"工作曲线"(配制标准系列的步骤与样品处理过程完全相同)和"标准曲线"(配制标准系列溶液时省去了样品的预处理)。

测定时只用到校准曲线的直线部分,即定量测定时,待测组分的浓度或量和测定信号或物理量呈线性比例关系。

6. 检测(出)限

某一分析方法在给定的可靠程度内(或置信水平上)可以从样品中检测(出)待测物的最小浓度或最小量。所谓检测(出)是指定性检测,即断定样品中确定存在有浓度高于空白的待测物质。

检测限有几种规定:

(1)分光光度法中规定,以扣除空白值后,吸光度为 0.01 相对应的浓度值为检测限。

(2)气相色谱法中规定,检测器产生的响应信号为噪声值两倍时所对应的量。最小检测浓度是指最小检测量与进样量(体积)之比。

(3)离子选择性电极法规定,某一方法的标准曲线的直线部分外延的延长线,与通过空白电位且平行于浓度轴的直线相交时,其交点所对应的浓度值即为检测限。

7. 测定限

测定限分测定上限和测定下限。测定下限是指在测定误差能满足预定要求的前提下,用特定方法能够准确地定量测定待测物质的最小浓度或量。在低浓度区间实际检测中,一般以"检测限"界定待测物质的有无,以"测定下限"界定定性、定量区间,这种划分有效地解决了低浓度区间检测的复杂性问题,有利于控制检测质量。测定上限是指在测定误差能满足预定要求的前提下,用特定方法能够准确地定量测定待测物质的最大浓度或量。最佳测定范围又叫有效测定范围,是指在测定误差能满足预定要求的前提下,特定方法的测定下限到测定上限之间的浓度范围。方法运用范围是指某一特定方法检测下限至检测上限之间的浓度范围。显然,最佳测定范围应小于方法适用范围。

(二)实验室内质量控制

内部质量控制是实验室分析人员对分析质量进行自我控制的过程。一般通过分析和应用某种质量控制图或其他方法来控制分析质量。

1. 质量控制图

(1)质量控制图的绘制及使用

编制控制图的基本假设是:测定结果在受控的条件下具有一定的精密度和准确度,并按正态分布。编制均数控制图的方法:用同一分析方法在短时期内多次(至少20次)测定某一控制样品(与环境样品的浓度、组成尽量相似),计算它们的平均值和标准偏差,从而计算上、下控制限,上、下警告限等。

均数控制图的使用:根据日常工作中该项目的分析频率和分析人员的技术水平,每间隔适当时间,取两份平行的质量控制样品,随环境样品同时测定,对操作技术较低的人员和测定频率低的项目,每次都应同时测定控制样品,然后将控制样品的测定结果依次点在控制图上,再按相关规定检验分析过程是否处于控制状态。

①如果此点在上、下警告限之间区域内,则测定过程处于控制状态,环境样品分析结果有效;

②如果此点超出上、下警告限,但仍在上、下控制限之间的区域内,提示分析质量开始变劣,可能存在失控倾向,应进行初步检查,并采取相应的校正措施;

③若此点落在上、下控制限之外,表示测定过程"失控",应立即检查原因,并予以纠正,环境样品应重新测定;

④如遇到7点连续上升或下降时(虽然数值在控制范围之内),表示有失去控制倾向,应立即查明原因,予以纠正;

⑤即使过程处于控制范围之内,尚可根据相邻几次测定的分布趋势,对分析质量可能发生的问题进行初步判断。

(2)均数-级差控制图

有时分析平行样的平均数与总均值很接近,但极差很大,显然属质量较差。采用均数-极差控制图就能同时考察均数和极差的变化情况。

(3)多样控制图

为了适应环境样品浓度多变,和避免分析人员对单一浓度控制样品的测定值产生"习惯性"误差弊病,可以采用多样控制图。其方法是配制一组浓度不同,但相差不大的控制样品,测定时标准偏差视为常数,绘制控制图时,每次随机取某一浓度控制样品进行测定。在对不同浓度控制样品进行至少20次测定以后,计算它们的平均浓度和标准偏差,并绘制多样控制图。

2. 其他质量控制方法

(1)比较实验:对同一样品采用具有可比性的分析方法进行测定,比较结果的符合程度来估计测定准确度。对难度较大而不易掌握的方法或测定结果有争议的样品,常采用此法。

(2)对照分析:在进行环境样品分析时,对标准物质或权威部门制备的合成标准样进行对照分析,将后者的测定结果与已知浓度进行比较,以控制分析准确度。

(三)实验室间控制质量

实验室间质量控制的目的是检查各实验室是否存在系统误差,找出误差来源,提高检测水平,增加各实验室之间测定结果的可比性。其方法有测定加标样品;测定空白平行,核查检测下限;测定标准系列,检查相关系数和计算回归方程,进行截距检验等。

第三章　水环境监测实验

实验1　水样pH值的测定
（玻璃电极法）

一、实验目的

（1）了解电位法测定水样pH值的原理。

（2）掌握酸度计（pH计）的使用方法。

二、实验要求

根据电位法测定水溶液pH值的有关原理和方法，利用实验室可提供的试剂和仪器，选择最合理的方案（仪器、试剂、步骤等），寻找最合理的答案，完成下列任务，回答有关问题，并最终独立完成实验。实验室可提供的试剂和仪器见表3-1。

表3-1　实验室可提供的试剂和仪器

试剂	氢氧化钠（NaOH）；浓盐酸（HCl）；邻苯二甲酸氢钾（KHP）；磷酸二氢钾（KH_2PO_4）；磷酸氢二钠（Na_2HPO_4）；硼砂（$Na_2B_4O_7 \cdot 10H_2O$）
仪器	烧杯（各种规格）；玻棒；容量瓶（各种规格）；分析天平；台秤；量筒（各种规格）；滴管；吸耳球；移液管（各种规格）；吸量管（各种规格）；酸式滴定管；碱式滴定管；锥形瓶；碘量瓶；酸度计；电导率仪；可见分光光度计等

三、实验原理

电位法是在通过电池的电流为零的条件下测定工作电池的电动势（即电位），然后利用电位与待测离子活度（可近似为浓度）关系来确定待测离子浓度的一种电化学分析方法。其工作电池可用电池符号表示为：

指示电极|待测溶液|参比电极

电位法测定水溶液 pH 值所用指示电极为玻璃电极，参比电极通常选用饱和甘汞电极。

酸度计是用于精密测量水溶液 pH 值的一种电化学分析仪器，配上相应的离子选择性电极和参比电极还可以用于水溶液其他离子浓度的测定。目前，测量水溶液 pH 值常用 pH 复合电极来完成，所谓 pH 复合电极是玻璃电极和参比电极组合在一起的一种电极。

任务 1 写出 25 ℃时，玻璃电极电位的表达式。

任务 2 写出甘汞电极的结构式，并写出 25 ℃时，甘汞电极电位的表达式，说明其电极电位与哪个物质的浓度有关。查资料确定 25 ℃时饱和甘汞电极的电极电位。

任务 3 写出由玻璃电极和饱和甘汞电极组成的工作电池的电动势(电位)表达式。

问题 1 电位分析法定量分析的依据是什么?

问题 2 活度与浓度有何关系?

四、实验内容

(一)试剂准备

1. 酸性标准溶液

称取经干燥的邻苯二甲酸氢钾(KHP)10.12 g，用蒸馏水溶解后，稀释至 1000 mL。

任务 4 计算此溶液的物质的量浓度。

任务 5 写出配制溶液过程使用仪器的名称。

2. 中性标准溶液

分别称取经干燥的磷酸二氢钾 3.39 g 和磷酸氢二钠 3.53 g，用蒸馏水溶解后，稀释至 1000 mL。

任务 6 计算此溶液中两种组分的物质的量浓度以及此溶液在 25 ℃时的 pH 值。

任务 7 写出配制溶液过程使用仪器的名称。

3. 碱性标准溶液

称取经干燥的硼砂 3.80 g，用蒸馏水溶解后，稀释至 1000 mL。

任务8　计算此溶液的物质的量浓度以及在25 ℃时的pH值。
任务9　写出配制溶液过程使用仪器的名称。

(二)仪器校准

将饱和甘汞电极和玻璃电极分别连接在酸度计的正极和负极,并将两电极插入溶液组成工作电池。将酸度计“温度补偿”旋钮调整到与水样温度(实验温度)一致。进行如下二点校准。

1.“定位”校准

将两电极插入中性标准溶液,在搅拌下,调整仪器“定位”旋钮至实验温度下中性标准溶液pH值。不同温度下,三种标准溶液pH值见表3-2。

表3-2　不同温度下三种标准溶液的pH值

温度/℃	酸性标准溶液 邻苯二甲酸氢钾溶液	中性标准溶液 磷酸二氢钾-磷酸氢二钠溶液	碱性标准溶液 硼砂溶液
0	4.003	6.984	9.464
5	3.999	6.951	9.395
10	3.998	6.923	9.332
15	3.999	6.900	9.276
20	4.002	6.881	9.225
25	4.008	6.865	9.180
30	4.015	6.853	9.139
35	4.024	6.844	9.102
38	4.030	6.840	9.081
40	4.035	6.838	9.068
45	4.047	6.834	9.038
50	4.060	6.833	9.011
55	4.075	6.834	8.985
60	4.091	6.836	8.962
70	4.126	6.845	8.921
80	4.164	6.859	8.885
90	4.205	6.877	8.850
95	4.227	6.886	8.833

2.“斜率”校准

将两电极插入碱性或酸性标准溶液,在搅拌下,调整仪器“斜率”旋钮至实验温度

下碱性或酸性标准溶液 pH 值。(注:当待测溶液呈碱性时,选择碱性标准溶液;当待测溶液呈酸性时,选择酸性标准溶液)

问题 3 直接电位法中,电位与待测组分活度的对数值呈直线关系,该直线的斜率也称电极系数,请问电极系数的含义是什么? 25 ℃时该实验的电极系数为多少?

五、测量及数据记录

将两电极插入待测溶液,在不断搅拌下,测量待测溶液 pH 值,记录在表 3-3 中。

表 3-3 水样 pH 值测定记录表

水样	采样时间	采样地点	温度/℃	pH 值

六、注意事项

(1)水样采集后,应该尽快测定,并且测定时保持澄清,如水体含有粗大悬浮颗粒、油和脂类,应该过滤和萃取除去。

(2)为获得准确的结果,电极校正及测量时应保持各种条件一致。

(3)电极测量端向下,捏住黑色电极帽部分,轻甩数次,以保证敏感玻璃膜内及参比盐桥处充满溶液且没有气泡。

实验2　水样色度的测定

（稀释倍数法）

一、实验目的

（1）掌握色度的基本概念。

（2）理解铂钴比色法和稀释倍数法测定水样色度的原理和方法。

二、实验要求

根据铂钴比色法和稀释倍数法测定水样色度的有关原理和方法，利用实验室可提供的试剂和仪器，选择最合理的方案（仪器、试剂、步骤等），寻找最合理的答案，完成下列任务，回答有关问题，最终独立完成实验。实验室可提供的试剂和仪器见表3-4。

表3-4　实验室可提供的试剂和仪器

试剂	六氯合铂（Ⅳ）酸钾〔$K_2(PtCl_6)$〕；六水合氯化钴〔$CoCl_2 \cdot 6(H_2O)$〕；浓盐酸（HCl）
仪器	烧杯（各种规格）；玻璃棒；容量瓶（各种规格）；分析天平（各种规格）；台秤（各种规格）；量筒（各种规格）；滴管；吸耳球；移液管（各种规格）；吸量管（各种规格）；酸式滴定管；碱式滴定管；锥形瓶；酸度计；可见分光光度计等

三、实验原理

色度是水样颜色深浅的度量。在室温下，纯水是一种无色透明的液体。在自然水体或废水中，某些可溶性有机物、部分无机离子和有色悬浮颗粒都会使水呈现一定的颜色，此颜色称为水的表观颜色。仅有溶解性物质产生的颜色称为水的真实颜色。

铂钴比色法　用于测定比较清洁的地表水、地下水、饮用水和轻度污染并略带黄色调的水样的色度。该方法以六氯合铂（Ⅳ）酸钾和六水合氯化钴为标准物质，配制成标准色列，与被测定水样颜色比较。规定每升溶液中含有1 mg K_2PtCl_6 和2 mg $CoCl_2 \cdot 6H_2O$ 所产生的色度为1度。

稀释倍数法　用于污染较严重的地面水和工业废水色度的测定。采用逐级稀释的方法，当水样稀释至与纯水（光学纯水）相比刚好看不见颜色时的稀释倍数作为表达颜色的强度（倍），同时辅以水样颜色深浅（无色、浅色和深色）、色调（红、橙、黄、绿、蓝和紫等）等文字描述。

任务1 写出六氯合铂(Ⅳ)酸钾的结构式。
任务2 查资料确定固体六氯合铂(Ⅳ)酸钾和六水合氯化钴的颜色。

四、实验内容

(一)试剂准备

1. 光学纯水的制备

实验流程如下：

$$\text{蒸馏水或去离子水} \xrightarrow{0.2\ \mu m\ \text{滤膜过滤}} \text{光学纯水(色度为0)}$$

2. 色度标准贮备液

取1.246 g六氯合铂(Ⅳ)酸钾(K_2PtCl_6)及1.000 g六水合氯化钴($CoCl_2 \cdot 6H_2O$),溶于200 mL水中,加入100 mL浓盐酸,转入1000 mL容量瓶,定容到1000 mL。

任务3 写出配制流程中所涉及的称量仪器、体积测量或体积控制仪器名称。
任务4 按照铂钴比色法对色度的规定,计算该贮备液的色度。

(二)水样色度的测定

1. 铂钴比色法(标准系列法)

(1)标准溶液的配制

取11支干净的50 mL的比色管,分别准确移取上述的色度标准贮备液0.00、0.50、1.00、1.50、2.00、2.50、3.00、3.50、4.00、4.50、5.00 mL置于比色管中,用水定容至标线,标准系列色度记录在表3-5。

表3-5 比色法标准系列记录表

步骤 \ 编号	1	2	3	4	5	6	7	8	9	10	11
①色度标准贮备液/mL	0.00	0.50	1.00	1.50	2.00	2.50	3.00	3.50	4.00	4.50	5.00
②光学纯水定容/mL	50										
③标准系列色度/度											
④水样比色											
⑤水样色度/度	相当于标准系列的色度×水样稀释倍数										

任务5　根据色度标准贮备液的色度，填写表3-5中标准系列色度。
任务6　用文字描述表3-5中步骤④比色结果，并填入表中。
问题1　测定色度的同时，为什么必须测定pH值？
问题2　铂钴比色法在一套规格、材料一致的光学透明玻璃比色管中进行，装水样的比色管是否需要用水样润洗？水样体积是否需要严格控制？

(2)水样的测定

①采样后，需静置15 min，取上层清液或者过滤后取滤液。分别移取50.0 mL澄清透明的水样于比色管中；如果水样色度较大，可酌情取少量水样，用蒸馏水稀释至50.0 mL。

②将水样与标准系列目视比较，观察时，可将比色管置于白瓷板或者白纸上，使光线从管底部向上透过液柱，目光自管口垂直向下观察，记下与水样色度相同的铂钴标准系列的色度，记录在表3-5。

2. 稀释倍数法

(1)标准系列的配制

取10支干净的50 mL的比色管，分别准确移取水样50.0、25.0、20.0、10.0、5.0、2.5、2.0、1.0、0.5、0.0 mL置于比色管中，用水定容至标线，与标准色度进行对比，记录在表3-6中。

(2)测定步骤

①取100～150 mL澄清的水样于烧杯中，以白色瓷板为背景，观察并描述其颜色种类。

②分别取澄清的水样，用水稀释至不同倍数的溶液，取50 mL置于50 mL的比色管中，以白色瓷板为背景，由上向下观察稀释后的水样颜色。并与无色水相相比较，直到刚好看不出颜色。记录此时的稀释倍数。数据记录在表3-6。

表3-6　稀释倍数法标准系列记录表

步骤 \ 编号	1	2	3	4	5	6	7	8	9	10
①水样/mL	50.0	25.0	20.0	10.0	5.0	2.5	2.0	1.0	0.5	0.0
②光学纯水定容/mL	50									
③稀释倍数										
③色度和色调的描述										
⑤水样色度/倍										

任务 7 根据稀释过程计算 1～10 号比色管稀释倍数，并填入表 3-6 中。
任务 8 根据 1 号比色管和 10 号比色管的颜色，对水样的色度和色调进行文字描述。
任务 9 根据稀释倍数法的原理，确定并描述水样的色度。
问题 3 除 1 号和 10 号比色管，2～9 号比色管中水样体积如何控制？
问题 4 对于同样一种水样，铂钴比色法和稀释倍数法是否具有可比性？

五、结果计算

1. 铂钴比色法

比色法计算色度，按照公式(3-1)：

$$C = \frac{M}{V} \times 500 \tag{3-1}$$

式中，C——水样的色度，度；

M——相当于铂钴溶液的用量，mL；

V——水样的体积，mL。

2. 稀释倍数法

色度(倍)用公式(3-2)计算得到：

$$色度 = 2^n \tag{3-2}$$

式中，n——用光学纯水以 2 的倍数稀释试料至刚好与光学纯水相比无法区别为止时的稀释次数。

六、注意事项

(1)pH 值对色度的影响较大，pH 值较高时往往色度加深。在测量色度时应该测定溶液 pH 值。

(2)当水体受到污染时，水样颜色与标准色序列不一致时，应该用文字描述颜色。

(3)由于氯铂酸钾价格高，实验中可以用 0.5000 g 铂丝，溶于王水中。于通风橱中进行，放在石棉网上加热，使铂丝溶解成氯铂酸，蒸发至干。加少许盐酸，加热使剩余硝酸分解，如此反复处理数次。加入 1.000 g 六水合氯化钴($CoCl_2 \cdot 6H_2O$)和10 mL纯水，再加入 100 mL 盐酸，移入 1000 mL 容量瓶中，用纯水定容，所得标准溶液的色度为 500 度。

(4)如果样品中有泥土或者其他分散很小的悬浮物，虽经处理而达不到透明水样时，则只测其“表观颜色”。

实验3　水中悬浮物(SS)的测定

（重量法）

一、实验目的

(1)掌握水体悬浮物的定义及意义。

(2)掌握重量法测定水中悬浮物的原理和方法。

二、实验要求

根据重量法测定水中悬浮物(suspended substance，简称 SS)的有关原理和方法，利用实验室可提供的试剂、仪器和材料，选择最合理的方案(仪器、试剂、步骤等)，寻找最合理的答案，完成下列任务，回答有关问题，最终独立完成实验。实验室可提供的试剂和仪器见表 3-7。

表 3-7　实验室可提供的试剂和仪器

试剂	纯水，蒸馏水
仪器和材料	烧杯(各种规格)；玻璃棒；容量瓶(各种规格)；分析天平(各种规格)；台秤(各种规格)；称量瓶；干燥器；量筒(各种规格)；滴管；吸耳球；移液管(各种规格)；吸量管(各种规格)；全玻璃微孔滤膜过滤器，CN-CA 滤膜(孔径 0.45 μm，直径 60 mm)；吸滤瓶；真空泵；无齿扁嘴镊子

三、实验原理

1. 悬浮物的定义

悬浮物(suspended solids)指悬浮在水中的固体物质，包括不溶于水中的无机物、有机物及泥沙、黏土、微生物等。水中悬浮物含量是衡量水污染程度的指标之一。水中的残渣分为可滤残渣和不可滤残渣，SS 指的是不可滤残渣，即无法通过 0.45 μm滤膜或过滤器的有机或者无机固体物质，包括不溶于水中的无机物、泥沙、黏土和微生物等。

2. 测定方法

水中悬浮物含量可通过重量分析法进行测定，即通过用 0.45 μm 滤膜过滤，称量截留在滤膜上的经 103～105 ℃恒重的固体物质的质量来确定水样中悬浮物的含量。

任务1　写出天然水体中悬浮物的主要成分。

任务2　写出重量分析中“恒重”的含义及方法。

四、实验内容

（一）采样

所用聚乙烯瓶或硬质玻璃瓶要用洗涤剂洗净，再依次用自来水和蒸馏水冲洗干净。在采样之前，再用即将采集的水样清洗三次。然后，采集具有代表性的水样500～1000 mL，盖严瓶塞。采集的样品尽快测定，如需放置，应该于4 ℃保存，不超过7天。

问题1　聚乙烯塑料瓶或硬质玻璃瓶是否需要用水样润洗？

问题2　漂浮或浸没在水样中的不均匀固体物质如何处理？

问题3　测定水样中化学物质含量时，通常要在水样中加入保护剂，防止水样变质，重量分析法测定水样悬浮物含量时，是否可以加入保护剂？

（二）滤膜的恒重

实验流程如下：

$$\underset{(称量瓶)}{滤膜}\xrightarrow{烘箱\ 103\sim105\ ℃,0.5\ h}\xrightarrow{冷却}恒重\ B$$

（三）水样过滤

实验流程如下：

$$100\ mL\ 待测水样\xrightarrow{0.45\ \mu m\ 滤膜过滤}固体物质\xrightarrow{10\ mL\ 蒸馏水洗涤3次,过滤}固体物质+滤膜$$

（四）固体物质恒重

实验流程如下：

$$\underset{(称量瓶)}{固体物质+滤膜}\xrightarrow{103\sim105\ ℃,0.5\ h}\xrightarrow{冷却}恒重\ A$$

问题4　是否需要知道称量瓶的质量？

问题5　实验中应用何种称量仪器？

问题 6　100 mL 待测水样体积如何控制？

问题 7　本方法一般以固体物质质量在 5～100 mg 为宜，如果固体物质质量过小，对测量的精密度和准确度有何影响？

任务 3　列式计算水样悬浮物含量。

任务 4　总溶解性固体物(total dissolved solid，简称 TDS)也可以用重量分析法进行测定，请设计用重量分析法测定 TDS 的实验方案。

五、数据记录及数据处理

测定的数据记录在表 3-8。

表 3-8　悬浮物测定实验数据记录表

采样时间：______年______月______日　　　　测试人：

分析编号	样品名称	V 样品体积/mL	B(称量瓶+滤膜)干重/mg	A(称量瓶+滤膜+悬浮物)干重/mg	悬浮物含量/mg · L^{-1}

悬浮物浓度计算，按照公式(3-3)：

$$c = \frac{(A - B) \times 10^6}{V} \tag{3-3}$$

式中，c——水中悬浮物浓度，mg · L^{-1}；

A——悬浮物+滤膜+称量瓶重量，g；

B——滤膜+称量瓶重量，g；

V——试样体积，mL。

六、注意事项

(1)漂浮或者浸没的不均匀固体物质不属于悬浮物质，应该从水中剔除。

(2)样品不能加入任何保护剂，以防破坏物质在固、液间的分配平衡。

(3)滤膜上截留过多的悬浮物质，可能夹带过多的水分，还可能造成过滤困难，遇此情况，可少取水样或者稀释过滤，一般以 5～10 mg 悬浮物质作为量取的试样体积的适用范围。

实验 4　水样电导率的测定

一、实验目的

(1)掌握溶液导电能力与电导率的关系。

(2)学习电导率仪的使用方法。

二、实验要求

根据水样电导率测定的有关原理和方法,利用实验室可提供的试剂和仪器,选择最合理的方案(仪器、试剂、步骤等),寻找最合理的答案,完成下列任务,回答有关问题,最终独立完成实验。实验室可提供的试剂和仪器见表 3-9。

表 3-9　实验室可提供的试剂和仪器

试剂	氯化钾(KCl);氯化钠(NaCl);浓盐酸(HCl)
仪器	烧杯(各种规格);玻璃棒;容量瓶(各种规格);分析天平(各种规格);台秤(各种规格);量筒(各种规格);滴管;吸耳球;移液管(各种规格);吸量管(各种规格);酸式滴定管;碱式滴定管;锥形瓶;碘量瓶;酸度计;电导率仪;可见分光光度计等

三、实验原理

水是一种极弱的电解质,纯水的导电能力很差,当水中溶解酸、碱、盐等电解质后,导电能力将大为增加。金属的导电能力通常用电阻来描述,当两个电极(通常为铂电极或铂黑电极)插入溶液中组成电导池(见图 3-1),通过物理的方法可以测出两电极间的电阻 R。根据欧姆定律,温度一定时,电阻 R 与电极间的距离 l 成正比,与电极的截面积 A 成反比。见公式(3-4)。

$$R = \rho \frac{l}{A} \tag{3-4}$$

式中,ρ——比例常数,称为电阻率;

$\frac{l}{A}$——电导池常数,用 Q 表示(对于确定的电导电极为定值)。

任务1　写出在国际单位制的情况下，电阻 R 和电阻率 ρ 的单位。

问题1　简述金属导电的原因和电解质溶液导电的原因，并说明温度对它们的导电能力有何影响？

又因为电导为电阻的倒数，电导用 G 表示，则

$$G = \frac{1}{R} = \kappa \frac{A}{l} = \frac{\kappa}{Q} \tag{3-5}$$

式中，κ——比例常数，称为电导率。

当已知电导池常数 Q，通过测定水溶液的电阻 R_x 后，通过上式即可求出水溶液的电导率。实际工作中，电导率测量原理见图 3-2。图中，R_x 为水溶液电阻；R_m 为分压电阻。

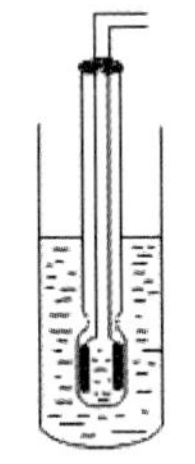

图 3-1　电导池结构示意图

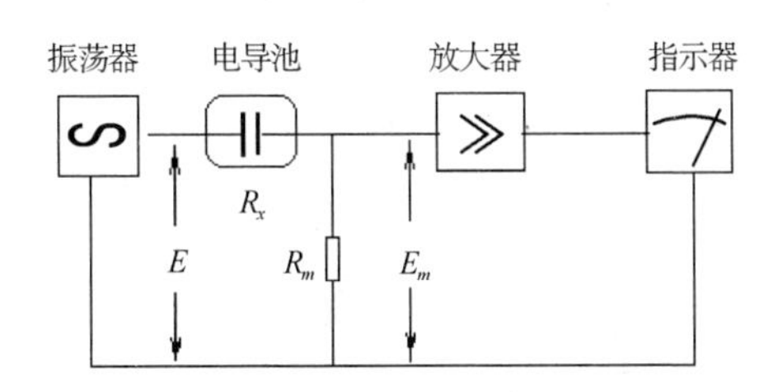

图 3-2　电导率测量原理示意图

由电学原理可知分压电阻、总电压及测量分压的关系，用公式(3-6)表示：

$$E_m = \frac{ER_m}{R_m + R_x} = \frac{ER_m}{R_m + Q/\kappa} \tag{3-6}$$

在分压电阻 R_m、总电压 E 已知的情况下，通过测量分压 E_m，即可求得电导率 κ。

问题2　在国际单位制的情况下，电导 G 通常用 S(西门子)作为单位，相应地电导率 κ 的单位是什么？

问题3　电导率测量原理图中振荡器提供交流电源，为什么不用直流电源？

问题4　对于电解质溶液，写出影响电解质溶液电导率的因素。这些因素是如何影响溶液的电导率的？

电导率随温度变化而变化，温度每升高 1 ℃，电导率约增加 2%，通常规定 25 ℃为测定电导率的标准温度。如果测定温度不是 25 ℃，可通过公式(3-7)校正至 25 ℃时的电导率：

$$\kappa_{25} = \frac{\kappa_t}{1 + \alpha(t - 25)} \tag{3-7}$$

式中，t——测定时水样的温度，℃；

α——各离子电导率平均温度系数，一般取 0.022；

$\kappa(t)$——电导率。

四、实验内容

（一）试剂配制

配制 0.01 mol · L^{-1} KCl 标准溶液。

任务 2　写出配制 0.01 mol · L^{-1} KCl 标准溶液的配制流程。

任务 3　指出配制流程中所使用的称量仪器和体积测量仪器的名称。

任务 4　查资料确定该标准溶液在 25 ℃时的电导率数值 κ_s。

（二）电导池常数的校正

电导池常数一般都是已知的，但电极在使用与保存过程中，因受测定介质以及空气等因素的影响，其数值会有所变化，需要进行校正。通常可以用已知电导率的标准溶液来进行校正（见表 3-10、表 3-11）。

校正方法一般包括四个步骤：①清洗、清洁待测电极并接入仪器，插入标准溶液；②温度补偿拧置 25 ℃刻度线；③测量开关置“校正”档，调节常数校正拧至仪器显示 1.00；④测量开关置“电导”档，读出仪器读数 D_s。

电导池常数的校正结果 Q(待)可通过公式(3-8)进行计算：

$$Q(\text{待}) = \frac{\kappa_s}{D_s} \tag{3-8}$$

表 3-10　不同浓度不同温度下 KCl 标准溶液的电导率

编号	浓度/mol · L^{-1}	电导率/S · cm^{-1}				
		15 ℃	18 ℃	20 ℃	25 ℃	35 ℃
1	1.000	0.09212	0.09780	0.10170	0.11131	0.13110
2	0.100	0.010455	0.011162	0.011644	0.012852	0.015353
3	0.010	0.0011414	0.0012200	0.0012737	0.0014083	0.0016876
4	0.001	0.0001185	0.0001267	0.0001322	0.0001465	0.0001765

表 3-11　电导池常数校正记录表

KCl 溶液(mol · L^{-1})	$\kappa_s/\mu S \cdot cm^{-1}$	$D_s/\mu S$	Q(待)/cm^{-1}
0.100			
0.010			

(三)水样电导率的测定

电导率的测定数据记录在表 3-12。

表 3-12　电导率测定记录表

采样时间:______年______月______日　　　　测试人:

水样	采样地点	温度 t/℃	电导率 $\kappa(t)/\mu S \cdot cm^{-1}$	电导率 $\kappa(25)/\mu S \cdot cm^{-1}$
自来水				
二级水				
一级水				

五、实验结果计算

(1)恒温 25 ℃下,测定水样的电导率,仪器的读数即为水样的电导率,以单位 $\mu S \cdot cm^{-1}$表示。

(2)在任意水温下测定,必须记录水样温度,样品测定结果按照公式(3-9)计算:

$$\kappa_{25} = \kappa_t/[1+\alpha(t-25)] \tag{3-9}$$

式中,κ_{25}——水样在 25 ℃时电导率,$\mu S \cdot cm^{-1}$;

κ_t——水样在 t ℃时电导率,$\mu S \cdot cm^{-1}$;

α——各种离子电导率的平均温度系数,取值 0.022 $℃^{-1}$;

t——测定时水样的温度,℃。

六、质量保证及控制

(1)对未知电导池常数的电极(或者需要校正电导池常数时),可用该电极测定已知电导率的 KCl 标准溶液(25±5 ℃)的电导,算出该电池的电导池常数。

(2)水样采样后应该尽快测定,并且水样保持澄清,如有粗大物质、油和脂类会干扰测定,应该过滤或者萃取除去。

(3)使用中若发现电极读数不正常,应更换电极。用完之后,电极用去离子水清洗干净,并用滤纸吸干表面水分,装入盒中保存备用。

实验5　水中溶解氧(DO)的测定

（碘量法）

一、实验目的

(1)了解天然水体水中溶解氧的意义及源和汇。

(2)学会天然水样采集的方法。

(3)掌握化学分析法测定溶解氧的原理和方法。

二、实验要求

根据间接碘量法测定水中溶解氧(dissolved oxygen,简称DO)的有关原理和方法,利用实验室可提供的试剂、仪器和材料,选择最合理的方案(仪器、试剂、步骤等),寻找最合理的答案,完成下列任务,回答有关问题,最终独立完成实验。实验室可提供的试剂和仪器见表3-13。

表3-13　实验室可提供的试剂和仪器

试剂	浓硫酸(H_2SO_4);氢氧化钠(NaOH);碘化钾(KI);四水硫酸锰($MnSO_4 \cdot 4H_2O$);碘酸钾(KIO_3);五水硫代硫酸钠($Na_2S_2O_3 \cdot 5H_2O$);碳酸钠(Na_2CO_3);纯水;淀粉;重铬酸钾($K_2Cr_2O_7$);水杨酸($C_7H_6O_3$);氯化锌($ZnCl_2$)
仪器和材料	烧杯(各种规格);玻璃棒;容量瓶(各种规格);分析天平(各种规格);台秤(各种规格);称量瓶;量筒(各种规格);滴管;吸耳球;移液管(各种规格);吸量管(各种规格);碘量瓶;锥形瓶;溶解氧瓶等

三、实验原理

1. 溶解氧定义

溶解在水中的分子态氧称为溶解氧,通常记作DO,用每升水里氧气的毫克数表示。水中的溶解氧的含量与空气中氧的分压、水的温度都有密切关系。在自然情况下,空气中的含氧量变动不大,故水温是主要的因素,水温越低,水中溶解氧的含量越高。水中溶解氧的多少是衡量水体自净能力的一个指标。

2. 溶解氧源和汇

源:空气自然溶解(7%);水生植物光合作用(89%);其他(4%)。

汇:向空气中逸散或随水流失;化学作用耗氧;生物作用耗氧等。

问题 1　气体在水中的溶解度符合什么定律？写出其数学表达式。

问题 2　水体中的溶解氧为什么是水体自净能力的指标？

3. 间接碘量法原理

间接碘量法就是在水样中加入硫酸锰和碱性碘化钾，水中溶解氧将低价锰氧化成高价锰，生成四价锰的氢氧化物棕色沉淀。加酸后，氢氧化物沉淀溶解，并与碘离子反应而释放出游离碘。以淀粉为指示剂，用硫代硫酸钠标准溶液滴定释放出的碘，根据滴定溶液消耗量计算溶解氧含量。

问题 3　直接碘量法是一种什么方法？其滴定剂和指示剂分别是什么？

问题 4　该原理涉及的化学反应方程式是什么？

四、实验内容

(一)试剂准备

1. 340 g·L^{-1} $MnSO_4$ 溶液的配制

任务 1　假定实验中需要 1L 此浓度溶液，写出配制流程。

任务 2　写出配制流程中所需要的称量仪器和体积控制仪器名称。

2. 碱性碘化钾溶液的配制

配制流程如下：

$$35\ g\ NaOH + 30\ g\ KI \xrightarrow{H_2O\text{溶解}} \xrightarrow{H_2O\text{稀释、定容}} 100\ mL\text{溶液}$$

任务 3　写出上述配制流程中所需要的称量仪器和体积控制仪器名称。

3. $c(1/6\ KIO_3)=0.01000$ mol·L^{-1}标准溶液的配制

任务 4　假定实验中需要 1 L 此浓度溶液，写出配制流程。

任务 5　写出配制流程中所需要的称量仪器和体积控制仪器名称。

4. 10 g·L^{-1}淀粉指示剂的配制

配制过程如下：

(1)10 g 可溶性淀粉$+0.2\ g\ ZnCl_2 \xrightarrow{\text{少量}H_2O\text{搅拌}}$糊状物

(2)1000 mL 沸水 $\xrightarrow{\text{糊状物搅拌}}$ $\xrightarrow{\text{加热煮沸}}$ 透明溶液 $\xrightarrow{\text{冷却}}$ 淀粉指示剂

任务 6 写出配制流程中所需要的称量仪器和体积控制仪器名称。

问题 5 该淀粉溶液的质量分数浓度为多少?

问题 6 $ZnCl_2$ 有何用途?

5. $c(1/2\ H_2SO_4)=2\ mol \cdot L^{-1}$溶液的配制

任务 7 假定实验中需要 1L 此浓度溶液,写出配制流程。

任务 8 写出配制流程中所需要的体积测量和体积控制仪器名称。

(二)硫代硫酸钠的配制与标定

1. 硫代硫酸钠溶液配制

称取 2.5 g $Na_2S_2O_3 \cdot 5H_2O$,加入 0.4 g NaOH,用冷蒸馏水溶解后,稀释至1000 mL。

任务 9 计算硫代硫酸钠溶液近似浓度($mol \cdot L^{-1}$)。

任务 10 写出配制溶液过程使用仪器名称。

问题 7 $NaCO_3$ 在这里起什么作用?

问题 8 为何用冷蒸馏水溶解硫代硫酸钠?

2. 硫代硫酸钠溶液标定(间接碘量法)

准确移取试剂 KIO_3 溶液 20.00 mL 于 100 mL 容量瓶中,用水定容。移入锥形瓶中,加入碘化钾 0.5 g、2 $mol \cdot L^{-1}$ H_2SO_4 溶液 5 mL,盖紧塞子、混匀、置暗处 5 min,用硫代硫酸钠滴定至黄色,加入 10 $g \cdot L^{-1}$ 淀粉指示剂 1 mL,继续滴定到无色,达到滴定终点。滴定过程数据记录见表 3-14。

表 3-14 硫代硫酸钠滴定记录表

步骤 \ 数据 \ 编号	1	2	实验过程使用仪器名称
①取试剂 KIO_3 溶液/mL	20.00		
②冷蒸馏水/mL	100		
③加 KI 固体/g	0.5		
④加 2 $mol \cdot L^{-1}$的硫酸溶液/mL	5		

续表

步骤 \ 数据 \ 编号		1	2	实验过程使用仪器名称
⑤盖紧塞子、混匀、置于暗处/min		5		/
⑥用溶液硫代硫酸钠滴定		至黄色		
⑦加淀粉指示剂/mL		1		
⑧用溶液硫代硫酸钠滴定	初读数/mL			
	终读数/mL			
	净体积/mL			
	平均体积 V/mL			
⑨$Na_2S_2O_3$ 浓度/$mol \cdot L^{-1}$				/

注：实验中应先用硫代硫酸钠滴定到淡黄色再加淀粉指示剂，此时显蓝色，然后继续用硫代硫酸钠滴定到无色。

任务 11　写出有关反应。

任务 12　推导 $Na_2S_2O_3$ 浓度计算公式，记录实验数据并计算实验结果。

任务 13　将实验过程所使用的体积测量仪器、称量仪器名称填写在表格相应的位置。

问题 9　实验中 KI 用量有何要求？

问题 10　除了 KIO_3 基准物质可用于标定硫代硫酸钠浓度，还可以用什么基准物质标定硫代硫酸钠浓度？写出有关反应过程。

（三）水样的采集

水样应采集在 250～300 mL 细口瓶（溶解氧瓶）中，水样应充满全部细口瓶。水样预处理就在细口瓶中进行。针对不同的水体，采集方法如下。

1. 地表水样

使水样充满细口瓶至溢流，小心避免溶解氧的损失。在消除附着在瓶中的气泡后立即固定。

2. 配水系统

用惰性材料管与配水系统管路连接，将惰性材料管插入细口瓶底部，用溢流方式将水样注入瓶中，溢流体积大约为细口瓶体积的 10 倍。水样注满细口瓶后立即固定。

(四)水样预处理与分析测定

(1)溶解氧的固定:用吸液管插入溶解氧瓶的液面下,加入 1 mL 硫酸锰溶液,2 mL碱性碘化钾溶液,盖好瓶塞,颠倒混合数次,静置。一般在取样现场固定。

(2)打开瓶塞,立即用吸液管插入液面下加入 2.0 mL 浓硫酸。盖好瓶塞,颠倒混合摇匀,至沉淀物全部溶解,放于暗处静置 5 min。

(3)吸取 100.00 mL 上述溶液于 250 mL 锥形瓶中,用硫代硫酸钠标准溶液滴定至溶液呈淡黄色,加入 1 mL 淀粉溶液,继续滴定至蓝色刚好褪去,记录硫代硫酸钠溶液用量。

(4)另一只锥形瓶移取 100 mL 蒸馏水,重复上面(1)(2)(3)的步骤。滴定数据记录在表 3-15 中。

任务 14　实验中 $MnSO_4$ 和 KI 用量有何要求。

任务 15　为什么加入硫酸锰,作用是什么?

任务 16　写出实验中需要的体积控制仪器名称。

任务 17　写出有关化学反应方程式。

表 3-15　滴定过程数据记录表

<table>
<tr><td colspan="2">编号
步骤</td><td>1</td><td>2</td><td>3</td><td>4</td></tr>
<tr><td colspan="2">①取样/mL</td><td>100</td><td>100</td><td>100</td><td>蒸馏水</td></tr>
<tr><td colspan="2">②硫酸锰溶液/mL</td><td></td><td></td><td></td><td></td></tr>
<tr><td colspan="2">③碱性碘化钾溶液/mL</td><td></td><td></td><td></td><td></td></tr>
<tr><td colspan="2">④盖好瓶塞,静置/min</td><td colspan="4">15</td></tr>
<tr><td colspan="2">⑤硫酸溶液/mL</td><td colspan="4">2</td></tr>
<tr><td colspan="2">⑥盖好瓶塞,静置/min</td><td colspan="4">5 min,沉淀溶解</td></tr>
<tr><td colspan="2">⑦取上述棕红色溶液/mL</td><td>100</td><td>100</td><td>100</td><td>100</td></tr>
<tr><td colspan="2">⑧用溶液硫代硫酸钠滴定</td><td colspan="4">淡黄色</td></tr>
<tr><td colspan="2">⑨加淀粉指示剂/mL</td><td>1</td><td>1</td><td>1</td><td>1</td></tr>
<tr><td rowspan="5">⑩用溶液硫代硫酸钠滴定</td><td>初读数/mL</td><td></td><td></td><td></td><td></td></tr>
<tr><td>终读数/mL</td><td></td><td></td><td></td><td></td></tr>
<tr><td>净体积/mL</td><td></td><td></td><td></td><td></td></tr>
<tr><td>平均体积/mL</td><td colspan="3"></td><td></td></tr>
<tr><td>净体积相对相差 V_1</td><td colspan="3">V_1</td><td>V_0</td></tr>
</table>

注:实验中应先用硫代硫酸钠滴定到淡黄色再加淀粉指示剂 1 mL,此时显蓝色,然后继续用硫代硫酸钠滴定到无色。

任务 18　写出加碱性碘化钾溶液体积控制仪器。
任务 19　写出滴定反应方程式。
任务 20　写出溶解氧公式推导(忽略 $MnSO_4$、碱性 KI、浓硫酸对体积的影响)。

五、结果计算

溶解氧浓度计算，按照公式(3-10)：

$$DO=\frac{c_1\times(V_0-V_1)\times 8\times 1000}{100.0} \tag{3-10}$$

式中，DO——溶解氧，$mgO_2\cdot L^{-1}$；

c_1——硫代硫酸钠标准溶液的浓度，$mol\cdot L^{-1}$；

V_1——水样滴定消耗硫代硫酸钠标准溶液体积，mL。

V_0——空白样滴定消耗硫代硫酸钠标准溶液体积，mL。

六、注意事项

(1)当水样中含有亚硝酸盐时会干扰测定，可加入叠氮化钠使水中的亚硝酸盐分解而消除干扰。其加入方法是预先将叠氮化钠加入碱性碘化钾溶液中。

(2)如水样中含 Fe^{3+} 达 100～200 $mg\cdot L^{-1}$时，可加入 1 mL 40%氟化钾溶液消除干扰。

(3)如水样中含氧化性物质(如游离氯等)，应预先加入相当量的硫代硫酸钠对其去除。

(4)水样采集后应加入硫酸锰和碱式碘化钾以固定 DO，当水样含有藻类、悬浮物、氧化还原性物质时，必须进行预处理。

实验6　水体化学需氧量(COD)的测定

（重铬酸钾法）

一、实验目的

(1)明确水体化学需氧量的含义以及意义。

(2)掌握回流操作和重铬酸钾法测定化学需氧量的原理和方法。

二、实验要求

根据重铬酸钾法测定化学需氧量(Chemical Oxygen Demand,简称COD)的有关原理和方法,利用实验室可提供的试剂、仪器和材料,选择最合理的方案(仪器、试剂、步骤等),寻找最合理的答案,完成下列任务,回答有关问题,最终独立完成实验。实验室可提供的试剂和仪器见表3-16。

表3-16　实验室可提供的试剂和仪器

试剂	重铬酸钾($K_2Cr_2O_7$);硫酸铁铵〔$NH_4Fe(SO_4)_2 \cdot 12H_2O$〕;硫酸亚铁铵〔$(NH_4)_2Fe(SO_4)_2 \cdot 6H_2O$〕;浓硫酸($H_2SO_4$);硫酸银($Ag_2SO_4$);蒸馏水;邻菲罗啉($C_{12}H_8N_2 \cdot H_2O$);硫酸亚铁($FeSO_4 \cdot 7H_2O$)
仪器	烧杯(各种规格);玻璃棒;容量瓶(各种规格);分析天平(各种规格);台称(各种规格);量筒(各种规格);滴管;移液管(各种规格);吸量管(各种规格);滴定管(酸式和碱式);回流装置;电热板;电热炉;电热套

任务1　查阅资料,写出本实验用到的试剂和仪器。

三、实验原理

天然水体中存在着各种各样的还原性物质(主要是有机物)。这些还原性物质被氧气氧化时所需要消耗的氧气的量,称为化学需氧量(真实含义)。可见,COD是表示水体有机污染程度的重要综合性指标,是环境保护和水质控制中经常需要测定的项目。

但是,通常情况下,氧气与这些还原性物质反应情况复杂,反应时间长短不一,在实验中无法通过此反应来确定化学需氧量。理论上,可以在水样中定量加入强氧化剂(如重铬酸钾、高锰酸钾等)与还原性物质反应,根据强氧化剂消耗的量换算成需要消耗的氧气的量(即化学需氧量——直接滴定法含义)。然而,由于水体中(特别是污水中)还原性物质情况复杂,当用滴定剂滴定时难以保证在有限的时间里充分反应。

因此,实际操作中,为了保证水样中还原性物质充分反应,通常加入过量的强氧化剂(如重铬酸钾),然后用还原剂硫酸亚铁铵来滴定过量的强氧化剂,根据还原剂消耗的量来计算化学需氧量。

任务 2　查阅资料,判断标准状态下氧气、重铬酸钾和高锰酸钾氧化性的大小关系。

任务 3　写出本次测定 COD 实验的基本原理。

重铬酸钾法测定化学需氧量以重铬酸钾为氧化剂,亚铁离子溶液为滴定剂,由此计算得到的化学需氧量,用符号 COD_{Cr} 表示。

任务 4　写出水样中的还原性物质(主要是有机物)与过量重铬酸钾的反应方程。

任务 5　写出过量重铬酸钾与亚铁离子的反应方程。

四、实验内容

(一)试剂准备

1. H_2SO_4-Ag_2SO_4 溶液

$$5.0\ g\ Ag_2SO_4 \xrightarrow{500\ mL 浓\ H_2SO_4} \xrightarrow{溶解、定容} H_2SO_4\text{-}Ag_2SO_4 溶液$$

任务 6　写出上述配制流程中需要的称量仪器和体积测量仪器名称。

2. 硫酸亚铁铵溶液(滴定剂)的配制与标定

(1)硫酸亚铁铵溶液的配制

$$39\ g\ (NH_4)Fe(SO_4)_2 \cdot 6H_2O \xrightarrow{1:1 H_2SO_4 40\ mL} \xrightarrow{H_2O,溶解、稀释} 1000\ mL 溶液$$

问题 1　H_2SO_4 在配制流程中有何作用? 1∶1 H_2SO_4 的含义是什么?

任务 7　写出上述配制流程中需要的称量仪器、体积测量仪器和体积控制仪器名称。

任务 8　计算此溶液的近似浓度($mol \cdot L^{-1}$)。

(2)$c(1/6K_2Cr_2O_7)=0.250\ mol \cdot L^{-1}$ 标准溶液的配制

任务 9　假定实验中需要此溶液 1000 mL,写出配制流程,标明所需要的称量仪器和体积控制仪器名称。

(3)试亚铁灵指示剂的配制

$$0.7\ g\ FeSO_4 \cdot 7H_2O \xrightarrow{50\ mL\ H_2O,溶解} \xrightarrow{加1.5\ g邻二氮菲,H_2O溶解、稀释} 100\ mL溶液$$

(4)硫酸亚铁铵溶液的标定

取3支锥形瓶,分别准确移取试剂$K_2Cr_2O_7$ 10.00 mL于锥形瓶中,加水90 mL,浓硫酸30 mL,冷却至室温,加入试亚铁灵指示剂3滴,用硫酸亚铁铵溶液滴定,滴定过程颜色变化为黄色经蓝绿色最后得红褐色溶液。记录滴定过程消耗硫酸亚铁铵体积。滴定过程数据记录入表3-17。

表3-17 硫酸亚铁铵滴定记录表

步骤 \ 编号		1	2	3
①取$K_2Cr_2O_7$标准溶液/mL		10		
②H_2O/mL		90		
③浓H_2SO_4/mL		30		
④冷却/℃		冷却至室温		
⑤试亚铁灵指示剂/滴		3		
⑥硫酸亚铁铵溶液滴定	初读数/mL			
	终读数/mL			
	净体积/mL			

注:滴定过程颜色变化为黄色经蓝绿色最后得红褐色溶液;每日临用前均需按此法标定。

任务10 依次写出上述标定过程中步骤①、②、③、⑤所使用的体积测量或体积控制仪器名称。

任务11 推导计算硫酸亚铁铵溶液浓度的计算公式$c(Fe^{2+})/mol \cdot L^{-1}$。

任务12 根据实验过程计算硫酸亚铁铵溶液的准确浓度$/mol \cdot L^{-1}$。

问题2 为什么每日临用前硫酸亚铁铵溶液均需标定?

(5)$K_2Cr_2O_7$氧化剂溶液的配制

$$0.250\ mol \cdot L^{-1}\ K_2Cr_2O_7溶液50\ mL \xrightarrow{H_2O,稀释} 500\ mL溶液$$

问题3 水样测定过程中是否需要$K_2Cr_2O_7$的准确浓度?

任务13 写出上述配制流程中需要体积测量仪器或体积控制仪器名称。

(6)亚铁离子溶液(滴定剂)的配制

$$\underset{(经标定后)}{50\ mL硫酸亚铁铵溶液} \xrightarrow{H_2O,稀释、定容} 500\ mL$$

任务 14　写出上述配制流程中需要体积测量仪器或体积控制仪器名称。

任务 15　根据上述实验过程计算亚铁离子溶液的准确浓度 $c(Fe^{2+})/mol \cdot L^{-1}$。

(二)水样的采集与测定

1. 水样的采集

水样(不得少于 100 mL)应采集在玻璃瓶中,并尽快分析。若不能及时分析,应加入浓硫酸使水样 pH 值小于 2.0,并放置冰箱保存(4 ℃以下),在 5 天以内测定。

2. 水样分析测定

取两支磨口锥形瓶,分别准确移入 20 mL 水样和蒸馏水(空白溶液),加入 $K_2Cr_2O_7$ 氧化剂溶液20 mL,玻璃珠 3～5 粒,连接好冷凝管(实验回流装置见图 3-3),从冷凝管上部加入 H_2SO_4-Ag_2SO_4 溶液30 mL,加热回流大约 2 h,冷却至室温,用 90 mL 蒸馏水淋洗(从冷凝管上部加入),加入试亚铁灵指示液 3 滴,用硫酸亚铁铵滴定,颜色变化为黄色经蓝绿色最后得红褐色溶液。同时取 20 mL 蒸馏水做空白。数据记录见表 3-18。

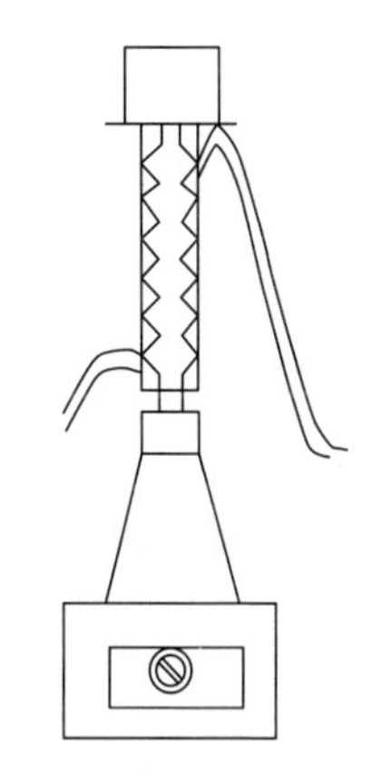

图 3-3　COD 测定回流装置图

表 3-18　滴定实验记录表

<table>
<tr><th colspan="2">步骤</th><th>体积数据</th><th>体积数据</th><th>使用仪器名称</th></tr>
<tr><td colspan="2">①加入水样或蒸馏水/mL</td><td>20(水样)</td><td>20(蒸馏水)</td><td></td></tr>
<tr><td colspan="2">②取 $K_2Cr_2O_7$ 氧化剂溶液/mL</td><td colspan="2">20</td><td></td></tr>
<tr><td colspan="2">③加入玻璃珠/粒</td><td colspan="2">3～5</td><td>/</td></tr>
<tr><td colspan="2">④加入 H_2SO_4-Ag_2SO_4 溶液/mL</td><td colspan="2">30</td><td></td></tr>
<tr><td colspan="2">⑤加热回流/h</td><td colspan="2">2</td><td>/</td></tr>
<tr><td colspan="2">⑥冷却,90 mL 水淋洗</td><td colspan="2">总体积≈140 mL</td><td></td></tr>
<tr><td colspan="2">⑦加入试亚铁灵指示液/滴</td><td colspan="2">3</td><td></td></tr>
<tr><td rowspan="3">⑧亚铁离子溶液(滴定剂)滴定,浓度为 $c(Fe^{2+})$</td><td>初读数/mL</td><td></td><td></td><td></td></tr>
<tr><td>终读数/mL</td><td></td><td></td><td></td></tr>
<tr><td>净体积 V/mL</td><td>V_1</td><td>V_0</td><td></td></tr>
</table>

注:H_2SO_4-Ag_2SO_4 溶液从冷凝管上部加;90 mL 淋洗水从冷凝管上部加;滴定过程颜色变化:滴定过程颜色变化为黄色经蓝绿色,最后得红褐色溶液。

问题 4 什么叫空白试验？为什么要做空白试验？
任务 16 写出空白试验的流程，并在流程中标明所需要的体积测量仪器。
任务 17 记录空白试验数据。
任务 18 写出上述水样分析和空白试验过程的有关反应。

五、结果计算

COD_{Cr}的浓度计算，按照公式(3-11)：

$$COD_{Cr}\text{浓度(以 }O_2\text{ 计)}=\frac{(V_0-V_1)\times c\times 8\times 1000}{V} \tag{3-11}$$

式中，COD_{Cr}——COD 的实测浓度，$mg\cdot L^{-1}$；

V_0——滴定空白试验消耗硫酸亚铁铵溶液的体积，mL；

V_1——滴定水样实验消耗硫酸亚铁铵溶液的体积，mL；

c——硫酸亚铁铵标准溶液的浓度，$mol\cdot L^{-1}$；

V——水样的体积，mL；

8——氧〔(1/2)O〕摩尔质量，$g\cdot mol^{-1}$。

六、质量保证

(1)若水样体积在 10～50 mL，试剂用量和浓度按照表 3-19 调整。

表 3-19 试剂用量和浓度变化用量表

水样体积/mL	0.2500 $mol\cdot L^{-1}$ $K_2Cr_2O_7$ 溶液体积/mL	H_2SO_4-Ag_2SO_4 溶液体积/mL	Hg_2SO_4 溶液体积/mL	$(NH_4)_2Fe(SO_4)_2$ 溶液浓度/$mol\cdot L^{-1}$	滴定前总体积 溶液体积/mL
10.0	5.0	15	0.2	0.050	70
20.0	10.0	30	0.4	0.100	140
30.0	15.0	45	0.6	0.150	210
40.0	20.0	60	0.8	0.200	280
50.0	25.0	75	1.0	0.250	350

(2)若水体化学需氧量小于 50 $mg\cdot L^{-1}$，应改用 0.250 $mol\cdot L^{-1}$重铬酸钾标准溶液，回滴时用 0.01 $mol\cdot L^{-1}$硫酸亚铁铵溶液。水样加热回流后，溶液中的重铬酸钾余量应该为加入量的 1/5～4/5 为宜。

(3)方法准确度检验——对照实验

①邻苯二甲酸氢钾($KC_8H_5O_4$)标准溶液的配制

$$\underset{(105\ ^\circ\text{C烘干 2 h})}{0.4251\ \text{g 邻苯二甲酸氢钾}} \xrightarrow{H_2O,\text{溶解}} \xrightarrow{\text{定量转移、定容}} 1000\ \text{mL}$$

任务 19　写出上述配制流程中需要的称量仪器和体积控制仪器名称。

任务 20　根据化学需氧量的真实含义，计算该标准溶液的化学需氧量（以 $mgO_2 \cdot L^{-1}$ 表示）。

注：以上配置邻苯二甲酸氢钾相当于 500 mg·L^{-1} 的 COD_{cr} 标准溶液，COD_{cr} 测定结果保留三位有效数字。

②对照实验

取 2 mL 邻苯二甲酸氢钾（$KC_8H_5O_4$）标准溶液稀释到 20 mL，按上述的水样分析过程进行实验，同时进行空白试验。按表 3-20 记录数据并计算结果。

表 3-20　对照实验记录表

V(KHP)/mL	COD 理论值	$V_1(Fe^{2+})$/mL	$V_0(Fe^{2+})$/mL	COD 测定值	误差%

注：误差应小于 4%。

(4) COD_{Cr} 的测定结果应该保留三位有效数字。

(5) 每次实验时，应对硫酸亚铁铵溶液进行标定，室温较高时尤其应该注意其浓度的变化。

实验7 水体生化需氧量(BOD_5)的测定

（稀释接种法）

一、实验目的

(1)理解生化需氧量的含义。

(2)了解生化需氧量测定的意义以及稀释法测定生化需氧量的原理和方法。

(3)掌握稀释水的制备、稀释倍数选择、溶解氧测定等操作技能。

二、实验要求

根据五日生化需氧量测定的有关原理和方法，利用实验室可提供的试剂、仪器和材料，选择最合理的方案（仪器、试剂、步骤等），寻找最合理的答案，完成下列任务，回答有关问题，最终独立完成实验。实验室可提供的试剂和仪器见表3-21。

表3-21 实验室可提供的试剂和仪器

试剂	无水氯化钙($CaCl_2$)；三氯化铁($FeCl_3 \cdot 6H_2O$)；硫酸镁($MgSO_4 \cdot 7H_2O$)；磷酸二氢钾(KH_2PO_4)；磷酸氢二钾(K_2HPO_4)；磷酸氢二钠($Na_2HPO_4 \cdot 7H_2O$)；氯化铵(NH_4Cl)；葡萄糖($C_6H_{12}O_6$)；谷氨酸($C_5H_9NO_4$)；浓盐酸(HCl)；氢氧化钠(NaOH)
仪器和材料	烧杯（各种规格）；玻璃棒；容量瓶（各种规格）；分析天平（各种规格）；台秤（各种规格）；称量瓶；量筒（各种规格）；滴管；吸耳球；移液管（各种规格）；吸量管（各种规格）；碘量瓶；锥形瓶；恒温培养箱；20 L细口玻璃瓶；抽气泵；虹吸管；搅拌棒等

三、实验原理

生化需氧量(biochemical oxygen demand，简称BOD)是指在规定的条件下，微生物分解水中的某些可氧化的物质，特别是分解有机物的生物化学过程消耗的溶解氧。对于碳水化合物，此生物化学过程可表示为：

$$6C_6H_{12}O_6+16O_2+4NH_3 \xrightarrow{\text{微生物}} 4C_5H_7O_2N+16CO_2+28H_2O$$

在自然条件下，微生物分解有机物是一个缓慢的过程。生化需氧量通常情况下是指水样充满完全密闭的溶解氧瓶中，在20±1 ℃的暗处培养5 d±4 h或2+5 d±4 h（先在0～4 ℃的暗处培养2 d，接着在20±1 ℃的暗处培养5 d），分别测定培养前后水样中溶解氧的浓度，由培养前后溶解氧的浓度之差，计算每升样品消耗的溶解氧量(以 $mg \cdot L^{-1}$ 表示),简称 BOD_5。

稀释接种法是将污水经过适当稀释,使水中含有足够溶解氧和营养物质的情况下,外加分解有机物的微生物后,通过测定培养前后溶解氧的差值确定生化需氧量的方法。

任务 1　简述 BOD_5 测定的基本原理。

问题 1　从 BOD 的定义来看,测定 BOD 有何意义? BOD 与 COD 有何关系?

问题 2　发生上述生物化学过程的条件有哪些?

四、实验内容

(一)试剂准备

1. 营养盐溶液

(1)磷酸盐缓冲溶液

$$\left.\begin{array}{l}8.5\ g\ KH_2PO_4\\21.8\ g\ K_2HPO_4\\33.4\ g\ Na_2HPO_4\\1.7\ g\ NH_4Cl\end{array}\right\}\xrightarrow{溶解}\xrightarrow{稀释、定容}1\ L(pH=7.2)$$

(2)硫酸镁溶液〔$c(MgSO_4)=11.0\ g \cdot L^{-1}$〕

$$22.5\ g\ MgSO_4 \cdot 7H_2O \xrightarrow{溶解}\xrightarrow{稀释、定容}1000\ mL$$

(3)氯化钙溶液〔$c(CaCl_2)=27.6\ g \cdot L^{-1}$〕

$$27.5\ g\ CaCl_2 \xrightarrow{溶解}\xrightarrow{稀释、定容}1000\ mL$$

(4)氯化铁溶液〔$c(FeCl_3)=0.15\ g \cdot L^{-1}$〕

$$0.25\ g\ FeCl_3 \cdot 6H_2O \xrightarrow{溶解}\xrightarrow{稀释、定容}1000\ mL$$

问题 3　缓冲溶液具有什么重要性质?

任务 2　上述试剂配制流程中该用什么样的称量仪器和体积控制仪器?

2. 稀释水

$$\underset{(细口瓶)}{18\ L\ H_2O}\xrightarrow{20\ ℃,曝气1\ h}\xrightarrow{加磷酸盐、硫酸镁、氯化钙及氯化铁溶液各1\ mL}\underset{(20\ ℃保存,24\ h内使用)}{稀释水}$$

注意:稀释水 BOD_5 应小于 $0.2\ mg \cdot L^{-1}$。

问题 4　曝气有何作用?

问题 5　由亨利定律计算气体在水中的溶解度需要哪些参数?

3. 接种液配制

取污水于 20 ℃放置 24～36 h 后,取上清液为接种液,

(1)生活污水:COD≤300 $mg \cdot L^{-1}$,TOC≤100 $mg \cdot L^{-1}$。

(2)含有城镇污水的河水,江、湖水。

(3)污水处理厂的出水。

分析难降解的废水时,在其排污口下游,取适当的水样作为驯化接种液。

4. 接种稀释水

接种稀释水按接种液来源,通常有三种配制方法,表 3-22 给出了接种液的三种常见来源以及在配制接种稀释水时每升稀释水所需要的接种液用量。

表 3-22　不同水养的接种液用量

接种液来源	接种液用量
生活污水	1～10 mL
河水或湖水	10～100 mL
污水处理厂出水	1～10 mL

注:接种的稀释水 pH 值为 7.2,BOD_5 应小于 1.5 $mg \cdot L^{-1}$,当天配制当天使用。

问题 6　稀释水中加入接种液有何用途?

问题 7　如何控制接种液的体积?

5. $c(HCl)=0.5\ mol \cdot L^{-1}$溶液

任务 3　写出该试剂配制流程(假定需要 1000 mL)。

任务 4　写出上述试剂配制流程中所需体积测量和体积控制仪器。

6. $c(NaOH)=0.5\ mol \cdot L^{-1}$溶液

任务 5　写出该试剂配制流程(假定需要 1000 mL)。

任务 6　写出上述试剂配制流程中所需称量仪器和体积控制仪器。

7. 葡萄糖-谷氨酸溶液

$$\left.\begin{matrix} 0.150\ g\ \text{葡萄糖}(C_6H_{12}O_6) \\ 0.150\ g\ \text{谷氨酸}(C_5H_9NO_4) \end{matrix}\right\} \xrightarrow{\text{溶解}} \xrightarrow{\text{定量转移}} \xrightarrow{\text{定容}} 1000\ mL$$

任务7　写出上述试剂配制流程中所需称量仪器和体积控制仪器。
任务8　计算该溶液理论上的生化需氧量($mg \cdot L^{-1}$)。

8. 亚硫酸钠溶液(现用现配)

$$1.575\ g\ Na_2SO_3 \xrightarrow{溶解} \xrightarrow{定量转移} \xrightarrow{定容} 1000\ mL$$

任务9　写出上述试剂配制流程中所需称量仪器和体积控制仪器。
任务10　计算此溶液的物质的量浓度,并说明此溶液要现用现配的原因。

9. (1+1)H_2SO_4
10. $100\ g \cdot L^{-1}$ KI溶液
11. $5\ g \cdot L^{-1}$淀粉溶液

(二)水样的采集、预处理与稀释倍数的确定

1. 采样

将水样充满并密封于棕色玻璃瓶中,样品量不小于1000 mL,在0～4 ℃的暗处运输和保存,并于24 h内尽快分析。24 h内不能分析,可冷冻保存,冷冻样品测试前,需解冻、均值化和接种处理。

2. 水样预处理

(1)pH值调节

用盐酸溶液(c=0.5 $mol \cdot L^{-1}$)或氢氧化钠溶液(c=0.5 $mol \cdot L^{-1}$)将水样pH值调整到pH约7.2。

(2)游离氯的去除

按表3-23对水样进行分析,确定水样中游离氯的含量。

表3-23　水样中游离氯的分析测定

步骤		数据
①待测水样体积/mL		100
②1%H_2SO_4/mL		1
③10%KI/mL		1
④10 $g \cdot L^{-1}$淀粉指示剂/mL		1
⑤亚硫酸钠溶液滴定	初读数/mL	
	终读数/mL	
	净体积V/mL	
⑥游离氯含量$c(Cl_2)$/$mg \cdot L^{-1}$		

当游离氯含量大于 0.1 mg·L^{-1}时，需加入亚硫酸钠消除其影响。

任务 11　写出上述分析过程有关反应，根据反应过程写出计算游离氯含量的公式。

任务 12　如游离氯含量 $c(Cl_2)$大于 0.1 mg·L^{-1}，为消除其影响确定每升水样需要加入的亚硫酸钠质量。

(3)稀释倍数的确定

当试样中有机物含量较多，BOD_5 质量浓度大于 6 mg·L^{-1}，且样本有足够的微生物时，采用稀释法测定；若试样有机物较多，BOD_5 质量浓度大于 6 mg·L^{-1}，但是样本无足够的微生物时，采用接种法测定。

稀释倍数可根据样品的总有机碳(TOC)、高锰酸盐指数(I_{Mn})或化学需氧量(COD_{Cr})的测定值，按照表 3-24 列出的 BOD_5 与总有机碳(TOC)、高锰酸盐指数(I_{Mn})、化学需氧量(COD_{Cr})的比值 R 估计 BOD_5 的期望值(R 与样品的类型有关)，再根据表 3-25 确定稀释因子。当不能准确地选择稀释倍数时，一个样品做 2～3 个不同的稀释倍数。

表 3-24　典型的比值 R

水样的类型	总有机碳 R (BOD_5/TOC)	高锰酸盐指数 R (BOD_5/I_{Mn})	化学需氧量 R (BOD_5/COD_{Cr})
未处理的废水	1.2～2.8	1.2～1.5	0.35～0.65
生化处理的废水	0.3～1.0	0.5～1.2	0.20～0.35

由表 3-24 中选择适当的 R 值，按公式(3-12)计算 BOD_5 的期望值：

$$C = R \cdot Y \tag{3-12}$$

式中，C——BOD_5 的期望值，mg·L^{-1}；

Y——总有机碳(TOC)、高锰酸盐指数(I_{Mn})或化学需氧量(COD_{Cr})的值，mg·L^{-1}。

由估算出的 BOD_5 的期望值，按表 3-25 确定样品的稀释倍数。

表 3-25　BOD_5 测定的稀释倍数

BOD_5 的期望值/(mg·L^{-1})	稀释倍数	水样类型
6～12	2	河水，生物净化的城市污水
10～30	5	河水，生物净化的城市污水
20～60	10	生物净化的城市污水
40～120	20	澄清的城市污水或轻度污染的工业废水
100～300	50	轻度污染的工业废水或原城市污水

续表

BOD$_5$ 的期望值/(mg · L^{-1})	稀释倍数	水样类型
200～600	100	轻度污染的工业废水或原城市污水
400～1200	200	重度污染的工业废水或原城市污水
1000～3000	500	重度污染的工业废水
2000～6000	1000	重度污染的工业废水

(三)水样的测定

1. 培养液的制备及测定

培养液的制备及测定流程如下：

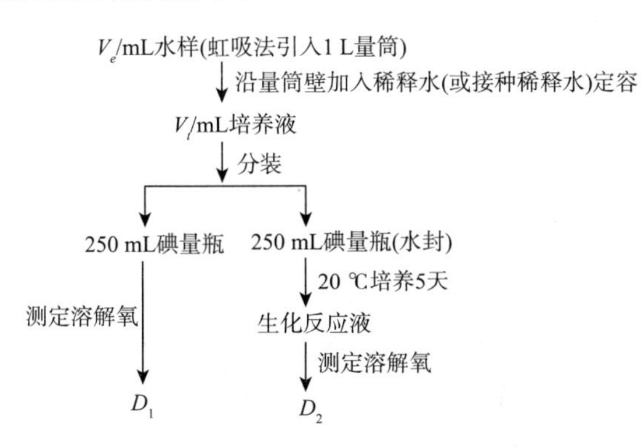

测定数据记录在表 3-26。

表 3-26　培养液的制备及测定数据记录

步骤		数据
②待测水样体积/mL		$V_e=$
②稀释水(或接种稀释水)定容得培养液/mL		$V_t=$
③稀释水(或接种稀释水)在培养液中所占比例 f_1		$f_1=(V_t-V_e)/V_t$
④待测水样在培养液中所占比例 f_2		$f_2=V_e/V_t$
⑤溶解氧 DO 测定结果	培养液溶解氧/mg · L^{-1}	$D_1=$
	5 天后培养液溶解氧残留/mg · L^{-1}	$D_2=$

2. 空白试验

按照上述培养液测定的步骤，测定蒸馏水培养后的 DO，记录入表 3-27。

表 3-27　空白试验记录表

DO 测定结果	(空白溶液)溶解氧/mg · L^{-1}	$B_1=$
	(空白溶液)培养 5 天后溶解氧残留/mg · L^{-1}	$B_2=$

问题 8　何谓空白试验?

五、结果计算

1. 不经过稀释的水样测定结果

$$c_{BOD_5}=c_1-c_2 \tag{3-13}$$

式中，c_{BOD_5}——BOD 质量浓度，$mg \cdot L^{-1}$；

c_1——水样培养前溶解氧质量浓度，$mg \cdot L^{-1}$；

c_2——水样培养后溶解氧质量浓度，$mg \cdot L^{-1}$。

2. 稀释接种法测定结果

$$c(BOD_5)=\frac{(D_1-D_2)-(B_1-B_2)f_1}{f_2} \tag{3-14}$$

式中，c_{BOD_5}——BOD 质量浓度，$mg \cdot L^{-1}$；

D_1——接种稀释水在培养前的溶解氧的质量浓度，$mg \cdot L^{-1}$；

D_2——接种稀释水在培养后的溶解氧的质量浓度，$mg \cdot L^{-1}$；

B_1——空白样在培养前的溶解氧的质量浓度，$mg \cdot L^{-1}$；

B_2——空白样在培养后的溶解氧的质量浓度，$mg \cdot L^{-1}$；

f_1——接种稀释水或稀释水在培养溶液中所占的比例；

f_2——原样品在培养溶液中所占的比例。

六、质量保证和质量控制

(1)空白试验结果：稀释接种法空白试验的测定结果(B_1-B_2)不能超过 1.5 $mg \cdot L^{-1}$。

(2)接种液、稀释水质量的检查：取 20 mL 葡萄糖-谷氨酸标准溶液于 1 L 量筒中，用接种稀释水稀释至1000 mL，测定 BOD_5，结果应在 180～230 $mg \cdot L^{-1}$范围内。

(3)实验操作最好在 20 ℃左右室温下进行，实验用稀释水和水样应该保持 20 ℃。

(4)所用试剂和稀释水如发现浑浊有细菌生长时，应该弃去重新配制。

实验8 水中氨氮、硝酸盐氮、亚硝酸盐的测定

8-1 水中氨氮的测定

（纳氏试剂法）

一、实验目的

(1)了解纳氏试剂法测定水体中氨态氮的反应原理。

(2)掌握分光光度法测定氨氮的有关原理和方法。

二、实验要求

根据纳氏试剂分光光度法测定水体氨态氮的有关原理和方法，利用实验室可提供的试剂、仪器和材料，选择最合理的方案(仪器、试剂、步骤等)，寻找最合理的答案，完成下列任务，回答有关问题，最终独立完成实验。实验室可提供的试剂和仪器见表3-28。

表3-28 实验室可提供的试剂和仪器

试剂	碘化汞(HgI)；碘化钾(KI)；氢氧化钠($NaOH$)；酒石酸钾钠($KNaC4H_6O_6 \cdot 4H_2O$)；硫代硫酸钠($Na_2S_2O_3 \cdot 5H_2O$)；硫酸锌($ZnSO_4 \cdot 7H_2O$)；浓盐酸(HCl)；硼酸(H_3BO_3)；溴百里酚蓝($C_{27}H_{28}O_5SBr_2$)；淀粉；氯化铵(NH_4Cl)；硫酸铵($(NH_4)_2SO_4$)；碳酸氢铵(NH_4HCO_3)；浓氨水($NH_3 \cdot H_2O$)；轻质氧化镁(MgO)；硫酸(H_2SO_4)
仪器和材料	烧杯(各种规格)；玻璃棒；容量瓶(各种规格)；分析天平(各种规格)；台秤(各种规格)；称量瓶；量筒(各种规格)；滴管；吸耳球；移液管(各种规格)；吸量管(各种规格)；碘量瓶；锥形瓶；可见分光光度计；紫外分光光度计；红外分光光度计；荧光分光光度计；防沫剂(玻璃珠)；比色管；定氮蒸馏装置

三、实验原理

游离态的氨分子(NH_3)或铵根离子(NH_4^+)在碱性条件下能与纳氏试剂反应生成淡红棕色配位化合物——碘化氨基·氧合二汞(Ⅱ)，反应方程如下：

$$NH_4^+ + 2[HgI_4]^{2-} + 4OH^- \rightleftharpoons \left[O \begin{matrix} \diagup Hg \diagdown \\ \diagdown Hg \diagup \end{matrix} NH_2 \right] I + 7I^- + 3H_2O$$

（红棕色）

该配位化合物在可见光区域形成吸收光谱，该化合物在 420 nm 处产生最大吸收。其溶液色度与氨氮含量成正比，在波长 420 nm 范围内测其吸光度，利用标准曲线法，计算其氨氮含量。本法最低检出浓度为 0.025 mg·L^{-1}（光度法），测定上限为2 mg·L^{-1}。

任务 1　简述标准曲线法测定氨氮的原理和方法

问题 1　如何制作吸收光谱？吸收光谱有何用途？

四、实验内容

（一）试剂准备

1. 纳氏试剂（HgI_2-KI-NaOH）溶液

（1）16.0 g NaOH＋50 mL H_2O→溶解、冷却。

（2）7.0 g KI＋10.0 g HgI_2 $\xrightarrow{H_2O,溶解}$ $\xrightarrow{NaOH 溶液混合, H_2O 稀释、定容}$ 100 mL 溶液

任务 2　写出上述试剂配制过程中所需要的称量仪器和体积测量仪器名称。

问题 2　纳氏试剂应保存在什么容器中？

2. $c(KNaC_4H_6O_6)$＝500 g·L^{-1}酒石酸钾钠溶液

3. $c(Na_2S_2O_3)$＝3.5 g·L^{-1}硫代硫酸钠溶液

4. $c(ZnSO_4)$＝100 g·L^{-1}硫酸锌溶液

5. $c(NaOH)$＝250 g·L^{-1}氢氧化钠溶液

6. $c(H_3BO_3)$＝20 g·L^{-1}硼酸溶液

任务 3　写出上述五种试剂配制流程。

任务 4　写出上述五种试剂配制过程中所需要的称量仪器和体积测量仪器名称。

7. 溴百里酚蓝指示剂

0.05 g 溴百里酚蓝 $\xrightarrow{50 mL H_2O,溶解}$ $\xrightarrow{加 10 mL 乙醇, 用 H_2O 稀释、定容}$ 100 mL

任务 5　查资料确定溴百里酚蓝指示剂的变色范围及颜色变化情况。

任务 6　写出上述试剂配制流程中所需要的称量和体积测量或体积控制仪器名称。

8. 淀粉-碘化钾试纸

称取 1.5 g 可溶性淀粉于烧杯中，用少量水调成糊状，加入 200 mL 沸水，搅拌混匀放置至冷却。加 0.50 g 碘化钾（KI）和 0.50 g 碳酸钠（Na_2CO_3），用水稀释至 250 mL。将滤纸条浸渍后，取出晾干，于棕色瓶中密封保存。

任务 7　写出上述制作过程中所需要的称量和体积测量或体积控制仪器名称。

问题 3　实验中淀粉-碘化钾试纸的作用是什么？

9. $c(NaOH)=1\ mol \cdot L^{-1}$溶液

10. $c(HCl)=1\ mol \cdot L^{-1}$溶液

任务 8　写出氢氧化钠和盐酸溶液的配制流程。

任务 9　写出上述试剂配制流程中所需要的称量和体积控制仪器名称。

11. 氨氮标准贮备溶液 $c(N)=1000\ \mu g \cdot mL^{-1}$

任务 10　写出该试剂配制流程。

任务 11　写出上述试剂配制流程中所需要的称量和体积控制仪器名称。

12. 氨氮标准使用液 $c(N)=10\ \mu g \cdot mL^{-1}$

任务 12　写出该试剂的配制流程。

任务 13　写出上述试剂配制流程中所需要的体积测量或体积控制仪器名称。

（二）水样采集与预处理

1. 水样采集

水样采集在聚乙烯瓶或玻璃瓶内，要尽快分析。如需保存，应加硫酸使水样酸化至 $pH<2$，在 2～5 ℃下可保存 7 d。

2. 水样预处理

（1）含有余氯水样的预处理——氧化还原

若水样中存在余氯，可加入适量的硫代硫酸钠溶液去除。每加 0.5 mL 可去除 0.25 mg 余氯。用淀粉-碘化钾试纸检验余氯是否除尽。

（2）含有悬浮颗粒物水样的预处理——絮凝沉淀

100 mL 样品中加入 1 mL 硫酸锌溶液和 0.1～0.2 mL 氢氧化钠溶液，调节 pH 约为 10.5，混匀，放置使之沉淀，倾取上清液分析。必要时，用经水冲洗过的中速滤纸过滤，弃去初滤液 20 mL。也可对絮凝后样品离心处理。

(3)有色水样的预处理——预蒸馏

预蒸馏实验装置见图 3-4。在接收瓶内加入 50 mL 硼酸溶液,确保冷凝管出口在硼酸溶液液面之下。分取 250 mL 样品,移入凯氏烧瓶中,加几滴溴百里酚蓝指示剂,必要时,用氢氧化钠溶液或盐酸溶液调整 pH 在 6.0(指示剂呈黄色)～7.4(指示剂呈蓝色),加入 0.25 g 轻质氧化镁及数粒玻璃珠,立即连接氮球和冷凝管。加热蒸馏,使馏出液速率约为 10 mL·min^{-1},待馏出液达 200 mL 时,停止蒸馏,加水定容至 250 mL。

任务 14　写出预蒸馏中的主要反应。

任务 15　填写上述实验过程中所需要的体积测量仪器名称。

50 mL 硼酸溶液:

250 mL 样品:

定容至 250 mL:

问题 4　水样预蒸馏结束前,为什么要将导管离开液面之后再停止加热?

问题 5　水样预蒸馏时,溶液的 pH 值高低对测定结果有什么影响?

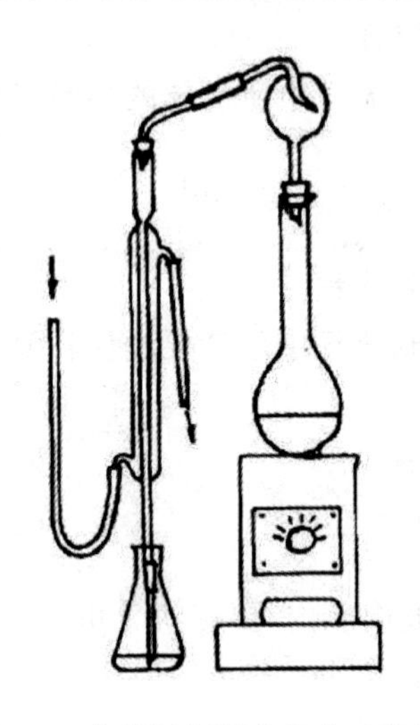

图 3-4　水样氨氮预蒸馏实验装置

(三)水样分析

1. 校准曲线的制作

取 6 支 50 mL 容量瓶,分别精确移取 0.00、0.50、1.00、2.50、5.00、10.00 mL 氨氮标准使用液置于容量瓶中,加入试剂酒石酸钾钠溶液 1 mL,纳氏试剂(HgI_2-KI-NaOH)溶液 1.5 mL,定容至 50 mL。静置 10 min,于 $\lambda=420$ nm 处测定吸光度,记

录在表3-29。

表3-29　标准曲线记录表

步骤 \ 编号	0	1	2	3	4	5
①试剂氨氮标准使用液/mL	0.00	0.50	1.00	2.50	5.00	10.00
②试剂酒石酸钾钠/mL	1					
③纳氏试剂/mL	1.5					
④定容/mL	50					
⑤静置/min	10					
⑥氨氮含量 $m/\mu g$						
⑦吸光度 A						
⑧做 A-m 标准曲线,求回归方程						

2. 水样测定

(1)清洁水样(无余氯、无悬浮颗粒物、无色度)的测定

实验流程:

$$25\ \text{mL 水样} \xrightarrow{1\ \text{mL 酒石酸钾钠溶液},1.5\ \text{mL 纳氏试剂,用水定容}} 50\ \text{mL} \xrightarrow{\text{静置 10 min}} \xrightarrow{\lambda=420\ \text{nm}} \text{吸光度 } A_x$$

任务16　写出上述流程中水样和试剂体积控制仪器名称。

任务17　设校准曲线为 $A=a+bm$,由水样吸光度 A_x 写出计算水样氨氮浓度($mg \cdot L^{-1}$)的公式

(2)预处理水样的分析测定

$$\text{25 mL 预处理水样} \xrightarrow{1\ \text{mL 酒石酸钾钠},1.5\ \text{mL 试剂纳氏试剂,用水定容}} 50\ \text{mL} \xrightarrow{\text{静置 10 min}} \xrightarrow{\lambda=420\ \text{nm}} \text{吸光度 } A_y$$

空白试验:用蒸馏水代替水样,针对不同的水样,按水样预处理相同的步骤进行预处理,测定吸光度 A_0。

问题6　何谓空白试验?

问题7　上述预处理水样实验方案中,氨氮浓度是不是实际水样氨氮浓度?

问题8　水样中如有余氯,对氨氮测定结果有何影响?如何消除?

问题9　实际水样浓度与预处理水样浓度有何关系?

五、结果分析

1. 清洁水样铵氮浓度计算

清洁水样铵氮浓度按式(3-15)计算：

$$c_1 = \frac{A_x - a}{bV_1} \tag{3-15}$$

式中，c_1——清洁水样铵氮浓度，$mg \cdot L^{-1}$；

A_x——清洁水样吸光度；

a——回归方程的截距；

b——回归方程的斜率；

V_1——清洁水样体积，mL。

2. 预处理水样氨氮浓度计算

预处理水样氨氮浓度按式(3-16)计算：

$$c_2 = \frac{A_y - A_0 - a}{bV_2} \tag{3-16}$$

式中，c_2——预处理水样铵氮浓度，$mg \cdot L^{-1}$；

A_x——预处理水样吸光度；

A_0——空白试验吸光度；

a——回归方程的截距；

b——回归方程的斜率；

V_2——预处理水样体积，mL。

六、注意事项

(1)纳氏试剂中碘化钾与碘化汞的比例对显色反应的灵敏度有较大影响，静止后生成的沉淀应该去除。

(2)氨氮蒸馏应该避免发生爆沸，否则造成馏出液温度升高，氨吸收不完全。

(3)滤纸经常含有痕量氨，应该用无氨水冲洗 2～3 min，玻璃器皿要确保无氨。

(4)水中若有余氯，则应该加入 0.35％硫代硫酸钠溶液，每毫升可去除 0.5 mg 余氯。

8-2　水体中硝酸盐氮的测定
（紫外分光光度法）

一、实验目的

(1)认识天然水体中无机态氮的形态。
(2)掌握紫外分光光度计的结构和用途。
(3)掌握紫外分光光度法测定硝酸盐氮的技术原理及方法。

二、实验要求

根据紫外分光光度法测定水体中硝态氮的原理和方法，利用实验室可提供的试剂、仪器和材料，选择最合理的方案（仪器、试剂、步骤等），寻找最合理的答案，完成下列任务，回答有关问题，并最终独立完成实验。实验室可提供的试剂和仪器见表 3-30。

表 3-30　实验室可提供的试剂和仪器

试剂	硝酸钾（KNO_3）；硝酸钠（$NaNO_3$）；亚硝酸钠（$NaNO_2$）；浓硝酸（HNO_3）；盐酸（HCl）；氨基磺酸（H_3NO_3S）
仪器和材料	烧杯（各种规格）；玻璃棒；容量瓶（各种规格）；分析天平（各种规格）；台秤（各种规格）；称量瓶；量筒（各种规格）；滴管；吸耳球；移液管（各种规格）；吸量管（各种规格）；比色管；可见分光光度计；紫外分光光度计；红外分光光度计；原子吸收分光光度计等

三、实验原理

1. 无机态氮的形态及关系

氨氮、硝酸盐氮、亚硝酸盐氮互相转换。

问题 1　无机态氮有哪几种形态?
任务 1　写出无机态氮形态之间的相互关系。

2. 硝酸根离子的结构特征

就硝酸盐而言，NO_3^- 离子呈平面三角形结构（见图 3-5），硝酸根中存在三个 NO σ 键，同时存在一个 Π_4^6 离域键，在紫外区域能够发生电子跃迁，从而吸收紫外辐射，形成紫外吸收光谱。

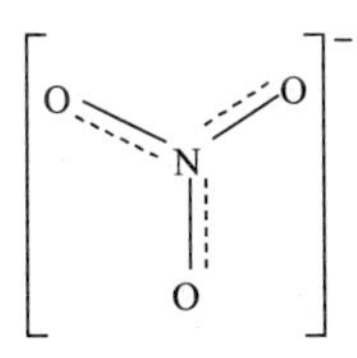

图 3-5　硝酸根离子结构示意图

实验原理：本实验采用不经显色反应，利用硝酸根离子在 220 nm 波长下有最大吸收的原理直接测定。

3. 紫外-可见分光光度计基本原理

紫外-可见分光光度计主要由辐射源（光源）、色散系统、检测系统、吸收池、数据处理系统五部分组成，通常波长范围：190～900 nm（200～400 nm 的紫外光区、400～900 nm 的可见光区）。

通过测定不同波长条件下的吸光度可以建立吸光度与波长之间的关系曲线——吸收曲线（或吸收光谱）。通过测定不同浓度溶液的吸光度可以建立吸光度与浓度之间的关系曲线——标准曲线。

任务 2 写出紫外分光光度计的主要部件及各部件的功能。
任务 3 描述紫外分光光度计的主要用途。
任务 4 描述紫外分光光度法定量分析依据和定量分析方法。

四、实验内容

（一）试剂配制

1. 1000 μg · mL^{-1} NO_3^- 标准贮备液

任务 5 写出此溶液配制流程。
任务 6 指出配制流程中所用的称量仪器以及体积控制仪器名称。

2. 10 μg · mL^{-1} NO_3^- 标准使用液

任务 7 写出此溶液配制流程。
任务 8 指出配制流程中所用的体积测量仪器或体积控制仪器名称。

3. 1 mol · L^{-1} HCl 溶液

任务 9 写出此溶液配制流程。
问题 2 为什么要配制盐酸，其作用是什么？

（二）吸收光谱/吸收曲线的制作

选择任意两个浓度的硝酸盐溶液测定吸光度，记录在表 3-31。

表 3-31　制作 A-λ 关系图

λ/nm		260	255	……	205	200
A	溶液(　)号					
	溶液(　)号					

问题 3　每改变一次波长是否都需要用 0 号溶液调零?

任务 10　绘制两条不同浓度溶液的吸收曲线(A-λ 关系图)。

任务 11　根据吸收曲线,确定吸收曲线参数。

溶液(　)号　λ_{max}=________ A_{max}=________ $\varepsilon(\lambda_{max})$=________

溶液(　)号　λ_{max}=________ A_{max}=________ $\varepsilon(\lambda_{max})$=________

任务 12　归纳吸收曲线的特点,说明吸收曲线在光谱分析中的用途。

(三)标准系列溶液的配制及吸光度测定

取 6 支 50 mL 容量瓶,分别精确移取 0.00,0.10,0.20,0.50,1.00,2.00 mL 10 $\mu g \cdot mL^{-1}$ NO_3^- 标准使用液置于容量瓶中,加入盐酸溶液 1 mL,定容至 50 mL。静置 10 min,于 λ=220 nm 处测定吸光度,记录在表 3-32。

表 3-32　标准系列吸光度记录表

步骤 \ 编号	0	1	2	3	4	5
①NO_3^- 标准使用液/mL	0	0.10	0.2	0.5	1.0	2.0
②HCl 溶液/mL	1					
③稀释定容/mL	50					
④$c(NO_3^-)$/mol · L^{-1}						
⑤$m(NO_3^-)$/μg						
⑥吸光度 A						

任务 13　填写表中 $c(NO_3^-)$和 $m(NO_3^-)$的数值。

任务 14　绘制 A-$c(NO_3^-)$关系曲线,建立回归方程。

问题 4　编号为 0 的溶液叫什么溶液,在实验中有何用途?

问题 5　根据该实验方案,理论上吸光度 A 与硝酸根含量 $m(NO_3^-)$有什么关系?

(四)水样及空白测定

取水样和空白(超纯水代替)各自 50 mL,测定吸光度,记录在表 3-33。

表 3-33 水样及空白吸光度记录表

步骤 \ 数据 \ 编号	水样	空白(蒸馏水)
①试样(水样或蒸馏水)/mL	50	50
②HCl 溶液/mL		
③$m(NO_3^-)/\mu g$		
④$c(NO_3^-)/mol \cdot L^{-1}$		
⑤吸光度 A	$A_x=$	$A_0=$

任务 15 填写上面的质量及浓度值。

(五)加标回收率实验

取两只比色管,精确移入水样 10 mL,标记为 1 管和 2 管,2 管中加入 0.5 mL 100 $\mu g \cdot mL^{-1}$ NO_3^- 溶液,然后各自定容至 50 mL,测定吸光度,记录在表 3-34。

表 3-34 加标回收率数据记录表

步骤 \ 数据 \ 编号	1	2
①水样(　号)/mL	10.00	10.00
②100 $\mu g \cdot mL^{-1}$ NO_3^- 溶液/mL	0.00	0.50
③定容/mL	50	50
④吸光度	$A_1=$	$A_2=$
⑤NO_3^- 含量/μg	$X_1=$	$X_2=$

问题 6 计算回收率(%)。

问题 7 选择题:

①回收率的大小反映了分析方法的(　　)。

A. 准确度　B. 选择性　C. 精密度　D. 灵敏度

②回收率的数值(　　)。

A. 可以等于 100%　B. 可以小于 100%

C. 可以大于 100%　D. ABC 皆有可能

五、结果计算

硝酸根离子浓度计算，按照公式(3-17)：

$$c=\frac{(A_x-A_0-a)}{b} \tag{3-17}$$

式中，c——水样的硝酸根离子浓度，$mg \cdot L^{-1}$；

A——水样的吸光度；

A_0——空白样的吸光度；

a——回归方程的截距；

b——回归方程的斜率。

六、注意事项

(1)水样预处理：了解水样受污染程度和变化情况，含有有机物的水样，NO_3^- 离子浓度较高时，要进行预处理。

(2)当水样存在六价铬离子时，絮凝剂采用氢氧化铝，并放置 0.5 h 以上再取上清液以供测试。

(3)计算回收率时，用不含硝酸根及有机物的水样，分别加入 50，100 μg 硝酸根，回收率分别为 98.0%，101.0%；加入 1000 μg 硝酸根时，回收率为 100.5%。

8-3 水体亚硝酸盐的测定

一、实验目的

(1)认识亚硝酸盐对环境的危害及测定意义。

(2)掌握分光光度法测定亚硝酸盐氮的技术方法。

二、实验要求

根据分光光度法测定水体中亚硝态氮的原理和方法,利用实验室可提供的试剂、仪器和材料,选择最合理的方案(仪器、试剂、步骤等),寻找最合理的答案,完成下列任务,回答有关问题,并最终独立完成实验。实验室可提供的试剂和仪器见表 3-35。

表 3-35 实验室可提供的试剂和仪器

试剂	对氨基苯磺酸($C_6H_7NO_3S$);盐酸萘基乙二胺($C_{12}H_{14}N_2 \cdot 2HCl$);亚硝酸钠($NaNO_2$);氢氧化铝〔$Al(OH)_3$〕
仪器和材料	三角瓶(各种规格);量筒;烧杯(各种规格);pH 试纸;玻璃棒;微量可调移液器;试管(各种规格);分光光度计等

三、实验原理

天然水中亚硝酸盐的含量很低。在洁净的地表水中,亚硝酸盐的含量一般不会超过 0.1 $mg \cdot L^{-1}$。亚硝酸盐是氮氧化合物无机化的中间产物,不稳定。分析水中亚硝酸根(NO_2^-)可以推测水体的被污染程度及其氧化还原程度。亚硝酸根的测定,应在水样采集后立即进行,以免其成分发生改变。本实验用氨基苯磺酸法测定。

基本原理:在酸性条件下(pH 在 2 以下),亚硝酸盐与对氨基苯磺酰胺生成重氮盐,重氮盐与盐酸萘乙二胺发生偶联反应,生成的玫瑰红色偶氮化合物在 540 nm处形成最大吸收峰,可通过分光光度法测定其响应值,据此推算亚硝酸盐的浓度。

问题 1 亚硝酸盐对环境有何危害?

任务 1 简述亚硝酸盐测定的基本原理。

四、实验内容

(一)试剂配制

1. 100 $\mu g \cdot mL^{-1} NO_2^-$ 标准储备溶液

任务 2 写出本溶液配制流程。

任务 3 指出配制流程中所用的称量仪器以及体积控制仪器名称。

2. 5 $\mu g \cdot mL^{-1} NO_2^-$ 标准使用溶液

任务 4 写出本溶液配制流程。

任务 5 指出配制流程中所用的体积测量仪器或体积控制仪器名称。

3. 氢氧化铝悬浮液

溶解 125.00 g 硫酸铝钾 $AlK(SO_4)_2 \cdot 12H_2O$(分析纯)于 1 L 水中,加热到 60 ℃。在不断搅拌下慢慢加入 55 mL 氨水,放置约 1 h 后。用水反复洗涤沉淀到洗出液中氨氮化合物、硝酸盐、亚硝酸盐。待澄清后,倾出上层清液,只留悬浮,最后加入 100 mL 水,使用前震荡均匀。

4. 对氨基苯磺酸

称取 0.60 g 对氨基苯黄酸溶于 80 mL 热水中,冷却后加 20 mL 浓盐酸,摇匀。

5. 醋酸钠

称取 16.40 g 醋酸钠溶解于水中,稀释至 100 mL。

6. 盐酸 N-α-苯胺溶液

称取 0.60 g 盐酸萘乙二胺溶于含有 1 mL 浓盐酸的水中,并加水稀释至 100 mL,如溶液浑浊则应该过滤,溶液储于棕色瓶中保存并置于冰箱。

(二)标准系列溶液的配制及吸光度测定

取 50 mL 比色管,分别加入标准使用液 0、0.5、1.0、2.0、4.0、6.0 mL 稀释定容至 50 mL,加入 1 mL 对氨基苯磺酸,1 mL 醋酸钠及 1.0 mL 盐酸 N-α-苯胺溶液,用水定容至 50 mL,混匀,静置 20 min,测定吸光度。标准系列溶液的配置及测定,记录在表 3-36。

表 3-36 标准系列记录表

步骤 \ 编号	0	1	2	3	4	5
①取 NO_2^- 标准使用溶液/mL	0	0.5	1.0	2.0	4.0	6.0
②稀释定容/mL	50					
③对氨基苯磺酸溶液/mL	1					
④醋酸钠溶液/mL	1					
⑤盐酸萘乙二胺溶液/mL	1					
⑥静置/min	20					
⑦$c(NO_2^-)/\mu g \cdot mL^{-1}$						
⑧$m(NO_2^-)/\mu g$						
⑨吸光度 A						

任务 6 填写表中 $m(NO_2^-)$和 A 的数值。

任务 7 做出浓度 c 和吸光度 A 的标准曲线,求回归方程。

问题 2 编号为 0 的溶液叫什么溶液,在实验中有何用途?

(三)样品测定

1. 样品制备

水样如有颜色和悬浮物,可以考虑 100 mL 水样中加入氢氧化铝 2 mL,搅拌,静置过滤,弃去 25 mL 初滤液,取 50 mL 滤液测定。

2. 样品及空白测定

先将水样调节至中性,准确吸取 50 mL 水样于比色管中,加入 1 mL 对氨基苯磺酸、1 mL 醋酸钠及 1.0 mL 盐酸萘乙二胺溶液,混匀,静置 20 min,测定吸光度 A_x。

空白溶液:取 50 mL 蒸馏水代替水样,按照相同步骤进行,测定吸光光度 A_0,作为空白。数据记录在表 3-37。

表 3-37 水氧测定记录表

步骤	水样	空白
①取水样	50	50
②对氨基苯磺酸溶液/mL	1	1
③醋酸钠溶液/mL	1	1
④盐酸萘乙二胺溶液/mL	1	1
⑤静置/min	20	20
⑥测定吸光度		

问题3　测定亚硝酸盐过程,加入氨基苯磺酸的目的的是什么?
问题4　盐酸萘乙二胺为什么要储藏于棕色瓶中?
问题5　初取的水样,为什么要加入氢氧化铝溶液?

五、数据计算:

NO_2^- 的浓度计算,按照公式(3-17):

$$c=\frac{(A_x-A_0-a)}{b} \tag{3-17}$$

式中,c——水样的 NO_2^- 的浓度,$mg \cdot L^{-1}$;

A_x——水样的吸光度;

A_0——空白样的吸光度;

a——回归方程的截距;

b——回归方程的斜率。

六、注意事项

(1)配制标准溶液必须使用容量瓶,移取溶液使用移液管。

(2)严格控制反应时间,必须保持时间一致。

(3)亚硝酸盐是含氮化合物分解过程产生的中间产物,很不稳定,采样后尽快测定分析。

实验9 水样总磷的测定
（钼锑抗分光光度法）

一、实验目的

(1)了解钼锑抗光度法测定水样总磷的反应原理。
(2)掌握分光光度法测定磷的原理和方法。

二、实验要求

根据钼酸铵分光光度法测定水样总磷有关原理和方法，利用实验室可提供的试剂、仪器和材料，选择最合理的方案（仪器、试剂、步骤等），寻找最合理的答案，完成下列任务，回答有关问题，最终独立完成实验。实验室可提供的试剂和仪器见表3-38。

表3-38 实验室可提供的试剂和仪器

试剂	浓硝酸(HNO_3)；浓硫酸(H_2SO_4)；高氯酸($HClO_4$)；磷酸(H_3PO_4)；氢氧化钠(NaOH)；抗坏血酸($C_6H_8O_6$)；七钼酸铵〔$(NH_4)_6Mo_7O_{24}\cdot 4H_2O$〕；酒石酸锑钾($C_8H_4K_2O_{12}Sb_2\cdot 3H_2O$)；磷酸二氢钾($KH_2PO_4$)；酚酞；酒精；过硫酸钾($K_2S_2O_8$)
仪器和材料	烧杯(各种规格)；玻璃棒；容量瓶(各种规格)；分析天平(万分之一)；台秤(各种规格)；称量瓶；量筒(各种规格)；滴管；吸耳球；移液管(各种规格)；吸量管(各种规格)；碘量瓶；锥形瓶；比色管(50 mL)；高压蒸汽消毒器；可见分光光度计；紫外分光光度计；红外分光光度计；荧光分光光度计等

三、实验原理

基本原理：在中性条件下，试样中的磷在强氧化剂过二硫酸钾或硝酸-高氯酸介质中全部转化为正磷酸盐(PO_4^{3-})，正磷酸盐在锑盐的存在下与钼酸铵发生反应，生成磷钼杂多酸盐，磷钼杂多酸盐被还原剂抗坏血酸还原成蓝颜色的化合物，该蓝颜色化合物在可见光(700 nm处)形成吸收光谱。该方法在显色反应中因用到了钼酸盐、锑盐和抗坏血酸等试剂，故而得名钼锑抗分光光度法。

任务1 查阅资料，写出磷酸测定的所需的基本试剂和仪器。
问题1 磷酸盐在水体有哪些存在形态？

四、实验内容

(一)试剂准备

1. 1∶1 H_2SO_4 溶液

> **问题 2**　1∶1H_2SO_4 的含义是什么?
> **任务 2**　若实验中需要该硫酸溶液 1000 mL,写出配制该硫酸溶液的方法,指出需要的体积测量仪器或体积控制仪器的名称。

2. $c\left(\frac{1}{2}H_2SO_4\right)=1\ mol \cdot L^{-1}$溶液

> **任务 3**　写出 $c\left(\frac{1}{2}H_2SO_4\right)$与 $c(H_2SO_4)$的关系。
> **任务 4**　若实验中需要该硫酸溶液 1000 mL,计算需要浓硫酸的体积并指出所需要的体积测量仪器名称。

3. $c(NaOH)=6\ mol \cdot L^{-1}$溶液

> **任务 5**　若实验中需要 1000 mL 该溶液,写出配制流程。
> **任务 6**　指出配制流程中所需要的称量仪器和体积控制仪器名称。

4. $c(NaOH)=1\ mol \cdot L^{-1}$溶液

> **任务 7**　若实验中需要 1000 mL 该溶液,写出配制流程。
> **任务 8**　指出配制流程中所需要的体积测量仪器和体积控制仪器名称。

5. $c(K_2S_2O_8)=50\ g \cdot L^{-1}$溶液

> **任务 9**　若实验中需要 100 mL 该溶液,写出配制流程。
> **任务 10**　指出配制流程中所需要的称量仪器和体积控制仪器名称。

6. $c(C_6H_8O_6)=100\ g \cdot L^{-1}$溶液(抗坏血酸溶液)

> **任务 11**　若实验中需要 100 mL 该溶液,写出配制流程。
> **任务 12**　指出配制流程中所需要的称量仪器和体积控制仪器名称。

7. 钼-锑盐溶液

配制流程如下：

(1)钼酸铵溶液：13 g 七钼酸铵＋100 mL H_2O→溶液。

(2)酒石酸钾溶液：0.35 g 酒石酸锑钾＋100 mL H_2O→溶液。

(3)钼锑盐溶液：加钼酸铵溶液与 300 mL(1＋1)H_2SO_4 中，加入酒石酸钾溶液，并不断搅拌，混匀，储存于棕色瓶中。

任务 13 指出上述钼酸铵溶液、酒石酸钾溶液、钼锑盐溶液配置过程所需要的称量仪器和体积测量仪器名称。

8. 色度-浊度补偿液

取 2 份体积的 1∶1 H_2SO_4 溶液与 1 份体积的抗坏血酸溶液混合配制而成(现用现配)。

9. 磷标准贮备液

配制流程如下：

$$0.2197\ g\ KH_2PO_4 \xrightarrow{5\ mL\ 试剂\ 1:1\ H_2SO_4，用水溶解} \xrightarrow{定量转移、定容} 1000\ mL\ 溶液$$

任务 14 计算该溶液中磷的体积质量浓度($\mu g \cdot L^{-1}$)。

任务 15 指出配制流程中所需要的称量仪器和体积控制仪器名称。

10. 磷标准使用液

配制流程如下：

$$10\ mL\ 磷标准贮备液 \xrightarrow{稀释、定容} 250\ mL\ 溶液$$

任务 16 计算该溶液中磷的体积质量浓度($\mu g \cdot L^{-1}$)。

任务 17 指出配制流程中所需要的体积测量仪器和体积控制仪器名称。

11. 10 $g \cdot L^{-1}$酒精酚酞溶液

任务 18 假定实验中需要该溶液 50 mL，写出配制流程。

任务 19 指出配制流程中所需要的称量仪器和体积控制仪器名称。

任务 20 写出酚酞指示剂的变色范围，并指出其酸式色和碱式色的颜色。

(二)水样采集与保存

用玻璃瓶采取 500 mL 水样，用浓硫酸调节使其 pH 值≤1，保存备用。也可不加任何试剂将采集得到的水样冷藏保存。

(三)水样预处理

1. 过硫酸钾消解预处理

20 mL 水样(中性)(50 mL 比色管) —4 mL 过硫酸钾溶液,定容至 25 mL,盖紧塞子→ —高压加热 30 min→ —停止加热,压力归零→ —冷却、加 1 mL 抗坏血酸、2 mL 钼锑抗试剂,定容→ 50 mL 预处理溶液

2. 硝酸-高氯酸消解预处理

20 mL 水样(250 mL 锥形瓶) —2 mL 浓硝酸,玻璃珠→ —电热板加热,浓缩→ 10 mL —冷却,5 mL 浓硝酸,加热浓缩→ 10 mL —冷却,3 mL 高氯酸,加热至冒白烟→ —调节电热板温度至回流状态→ 3～4 mL 消解液 —冷却,1 滴酒精酚酞试剂→ —滴加氢氧化钠溶液→ 微红 —滴加 $\frac{1}{2}$ H_2SO_4 溶液→ 无色 —定量转移、定容→ 50 mL 预处理液(50 mL 比色管)

问题 3　两种预处理方案中,水样体积如何控制?

问题 4　用过硫酸钾消解预处理时,需先将水样调至中性,作用是什么?如何调节?

(四)标准溶液配制及曲线的制作

取 6 只比色管,分别移入磷标准使用液 0.00、0.50、1.00、5.00、10.00、15.00 mL,加入过硫酸钾 4 mL,定容至 25 mL,高压消解 30 min,冷却,加抗坏血酸溶液 1 mL,加入试剂钼-锑盐溶液 2 mL,定容到 50 mL,测定吸光度。数据记录在表 3-39。

表 3-39　标准系列配置记录表

步骤 \ 数据 \ 编号	0	1	2	3	4	5
①取磷标准使用液/mL	0.00	0.50	1.00	5.00	10.00	15.00
②过硫酸钾溶液/mL	4					
③定容/mL	25					
④高压消解/min	30					
⑤冷却/min	30					
⑥1 mol·L^{-1} H_2SO_4 溶液/mL	1					
⑦钼-锑盐溶液/mL	2					
⑧稀释定容/mL	50					
磷浓度/μg·mL^{-1}						
吸光度 A						

任务 21 确定表中步骤①、③、⑦所使用体积测量仪器名称。

任务 22 制作 A-c 工作曲线，列出回归方程。

（五）水样预处理液的显色及测定

1. 显色及测定流程

25 mL 预处理液（50 mL 比色管）$\xrightarrow{\text{1 mL 抗坏血酸溶液，混匀}}$ $\xrightarrow{\text{2 mL 钼-锑盐溶液，显色}}$ $\xrightarrow{\lambda=700\ \text{nm}}$ 吸光度 A_x

2. 空白测定

取预处理液 25 mL，加入 3 mL 钼-锑盐溶液，测定吸光度 A_0。

五、结果计算；

水样含磷量结果计算，按照公式(3-18)：

$$c=\frac{(A_x-A_0-a)}{b} \tag{3-18}$$

式中，c——水中磷的浓度，mg · L^{-1}；

A_x——水样测定的吸光度；

A_0——空白样测定的吸光度；

a——回归方程的截距；

b——回归方程的斜率。

当水样预处理液存在浊度或色度时，需应用色度-浊度补偿液配制校准溶液，测定其吸光度 A_0，在计算时扣除其吸光度 A_0。

实验流程如下：

25 mL 预处理液（50 mL 比色管）$\xrightarrow{\text{3 mL 色度-浊度补偿液}}$ $\xrightarrow{\lambda=700\ \text{nm}}$ 吸光度 A_0

问题 5 加入的色度-浊度补偿液该用什么仪器控制其体积？

问题 6 比色时，该选择哪种溶液作为参比溶液？

问题 7 分光光度计常用的比色皿有 0.5 cm，1.0 cm，2.0 cm，3.0 cm 等规格，本实验选用 3.0 cm 比色皿进行实验，请问选择不同规格的比色皿的依据是什么？

问题 8 测定吸光度过程，若比色皿有气泡，会对结果产生什么影响？

问题 9 水体中总磷的测定过程，哪些因素会影响测定结果？

六、质量保证

1. 试剂与仪器

(1)过硫酸钾的纯度对实验结果影响较大，若无优级纯，可将分析纯纯化处理。

(2)实验所需的玻璃器皿均使用1%～5%稀盐酸或者稀硝酸浸泡，或者用不含磷的洗涤剂洗刷，再用自来水、蒸馏水冲洗数次。

2. 注意事项

(1)若采集水样后，用硫酸酸化固定，则用过硫酸钾消解前需用 NaOH 溶液将水样 pH 调至中性。

(2)一般用民用压力锅，在加热至顶压阀出气孔冒气时，锅内温度约为 120 ℃。

(3)若试样中含有浊度或者色度时，需配置一个空白试样，消解后用水稀释至标线，然后向试样中加入 3 mL 浊度-色度补偿液，但是不加抗坏血酸溶液和钼酸盐溶液，然后从试料的吸光度中扣除空白试样的吸光度。

(4)若显色时温度低于 13 ℃，在 20～30 ℃恒温水中显色 15 min 即可。

(5)比色皿用完后，应以硝酸或者铬酸浸泡清洗，再用蒸馏水冲洗，实验过程中，应尽量按照浓度从低到高顺序测定，以减少其产生的误差。

实验10 水中挥发酚类的测定

（4-氨基安替比林分光光度法）

一、实验目的

（1）了解苯酚污染对水环境的影响。

（2）掌握苯酚溶液的配制方法和标定原理。

（3）掌握4-氨基安替比林分光光度法测定水中酚类化合物的原理和方法。

二、实验要求

根据4-氨基安替比林分光光度法测定水中挥发酚类化合物的原理和方法，利用实验室可提供的试剂、仪器和材料，选择最合理的方案（仪器、试剂、步骤等），寻找最合理的答案，完成下列任务，回答有关问题，最终独立完成实验。实验室可提供的试剂和仪器见表3-40。

表3-40 实验室可提供的试剂和仪器

试剂	苯酚（C_6H_6O）；浓盐酸（HCl）；溴酸钾（$KBrO_3$）；溴化钾（KBr）；碘化钾（KI）；淀粉；硫代硫酸钠（$Na_2S_2O_3 \cdot 5H_2O$）；浓氨水（$NH_3 \cdot H_2O$），氯化铵（NH_4Cl）；4-氨基安替比林（$C_{11}H_{13}N_3O$）；铁氰化钾〔$K_3[Fe(CN)_6]$〕；硫酸铜（$CuSO_4 \cdot 5H_2O$）；磷酸（H_3PO_4）；氢氧化钠（NaOH）；氯仿（$CHCl_3$）；活性炭等
仪器和材料	烧杯（各种规格）；玻璃棒；容量瓶（各种规格）；分析天平（各种规格）；台秤（各种规格）；称量瓶；量筒（各种规格）；滴管；吸耳球；移液管（各种规格）；吸量管（各种规格）；碘量瓶；锥形瓶；可见分光光度计；紫外分光光度计；红外分光光度计；荧光分光光度计；全玻璃蒸馏器等

三、实验原理

根据中华人民共和国国家环境保护标准定义，挥发酚是指随水蒸气蒸馏出并能和4-氨基安替比林反应生成有色化合物的酚类化合物。

基本原理：酚类化合物在pH为10.0±0.2介质中，在铁氰化钾存在下，酚类与4-氨基安替比林反应，生成橙红色化合物吲哚酚安替比林，其水溶液在510 nm出现最大吸收。应用分光光度法可测定水中挥发酚的含量。

四、实验内容

(一)试剂准备

1. 苯酚贮备液的配制

$$1.0\ g\ 无色苯酚 \xrightarrow{H_2O\ 溶解} \xrightarrow{稀释、定容} 1000\ mL$$

任务 1 苯酚在空气中易氧化生成红色的化合物，写出该化合物的名称。根据苯酚的结构，确定所配溶液的酸碱性。

任务 2 确定配制流程中所使用的称量仪器和体积控制仪器名称

2. 溴酸钾-溴化钾溶液的配制

$$3.2\ g\ KBrO_3 + 10.0\ g\ KBr \xrightarrow{H_2O\ 溶解} \xrightarrow{稀释、定容} 1000\ mL$$

任务 3 指出上述配制流程中所需要的称量仪器和体积控制仪器名称。

任务 4 查标准电极电位，判断在酸性条件下溴酸钾与溴化钾反应的可能性。

3. 1%淀粉指示剂的配制

4. 0.1 $mol \cdot L^{-1}$ $Na_2S_2O_3$ 溶液的配制与标定

5. 2% 4-氨基安替比林溶液

任务 5 写出 2% 4-氨基安替比林溶液配制流程。

任务 6 指出配制流程中所需要的称量仪器和体积控制仪器名称。

6. 8%铁氰化钾溶液

任务 7 写出配制流程。

任务 8 指出配制流程中所需要的称量仪器和体积控制仪器名称。

7. 氨-氯化铵缓冲溶液(pH=10.7)

配制流程如下：

$$20\ g\ NH_4Cl \xrightarrow{100\ mL\ 浓氨水} \xrightarrow{溶解} 缓冲溶液(pH=9.8)$$

任务9　指出配制流程中所需要的称量仪器和体积控制仪器名称。

任务10　已知氨水的 $pK_b = 4.75$，计算该缓冲溶液的 pH 值。

问题1　缓冲溶液有什么性质？

(二)苯酚贮备液的标定

1. 苯酚贮备液标定实验

取 2 只 250 mL 的碘量瓶，分别取 10 mL 苯酚标准贮备液置于内，加入蒸馏水90 mL，准确加入试剂溴酸钾-溴化钾溶液 10.00 mL，浓盐酸 5 mL，置于暗处反应 10 min，然后加入碘化钾 1 g，摇匀，置于暗处 5 min，加入 1%淀粉 1 mL，用0.1 mol·L^{-1} $Na_2S_2O_3$ 溶液进行滴定，数据记录在表 3-41。

表 3-41　苯酚贮备液标定记录表

步骤 \ 数据 \ 编号		1	2
①取苯酚贮备液/mL(碘量瓶)		10.00	10.00
②蒸馏水/mL		90	
③溴酸钾-溴化钾溶液/mL		10.00	
④浓盐酸/mL		5	
⑥盖紧塞子、摇匀、置暗处/min		10	
⑦碘化钾/g		1	
⑧盖塞、摇匀、置暗处/min		5	
⑨1%淀粉/mL		1	
⑩硫代硫酸钠滴定	初读数/mL		
	终读数/mL		
	净体积/mL		
	平均体积 V_2/mL		

注：实验中应先用试剂硫代硫酸钠滴定到淡黄色再加淀粉指示剂，此时显蓝色，然后继续用硫代硫酸钠滴定到无色(下同)。

任务11　依次写出①②③④步骤中所使用的体积测量仪器的名称。

任务12　写出步骤⑦所使用的称量仪器的名称。

问题2　步骤③中溴酸钾-溴化钾溶液用量有何要求？

问题3　步骤⑦中碘化钾用量有何要求？

2. 空白试验

取 2 只 250 mL 的碘量瓶，分别取 10 mL 蒸馏水置于内，加入蒸馏水 90 mL，遵循上述苯酚贮备液标定实验步骤进行滴定，数据记录在表 3-42。

表 3-42　空白试验记录表

步骤 \ 数据 \ 编号		1	2
①取蒸馏水 V/mL(碘量瓶)		10.00	10.00
②蒸馏水/mL		90	
③溴酸钾-溴化钾溶液/mL		10.00	
④浓盐酸/mL		5	
⑥盖塞、摇匀、置暗处/min		10	
⑦碘化钾/g		1	
⑧盖塞、摇匀、置暗处/min		5	
⑨1%淀粉/mL		1	
⑩硫代硫酸钠滴定	初读数/mL		
	终读数/mL		
	净体积/mL		
	平均体积 V_1/mL		

问题 4　为什么要做空白试验?

问题 5　实验中溴酸钾-溴化钾溶液用量有何要求，应用什么仪器来控制体积?

问题 6　实验中碘化钾用量有何要求，应用什么称量仪器?

任务 13　比较苯酚贮备液实验和空白试验的过程，给出空白试验的意义。

任务 14　写出贮备液实验过程中的有关化学反应。

任务 15　写出空白试验过程中的有关化学反应。

任务 16　根据任务 14、任务 15 反应原理，证明计算苯酚贮备液浓度公式：

$$苯酚浓度(\mathrm{mg\cdot mL^{-1}})=\frac{\frac{1}{6}c(V_1-V_2)\times M(C_6H_5OH)}{V}$$

式中，c 为试剂硫代硫酸钠的准确浓度；M 为苯酚的摩尔质量，g。

(三)标准曲线的制作

1. 苯酚标准使用液的配制

配制流程如下：

$$1\ \text{mL 苯酚贮备液}\xrightarrow{\text{稀释}}\xrightarrow{\text{定容}}100\ \text{mL}$$

任务 17 指出上述配制流程中所需要的体积测量仪器和体积控制仪器名称。

任务 18 计算标准使用液中苯酚的体积质量浓度(mg · mL^{-1})。

2. 标准系列溶液的配制及测定

配制标准溶液,测定吸光度,数据记录在表 3-43。

表 3-43 标准系列的配置及数据记录

步骤 \ 数据 \ 编号	1	2	3	4	5
①取苯酚标准使用液/mL	0.00	2.00	4.00	6.00	8.00
②氨-氯化铵缓冲溶液/mL	0.5				
③4-氨基安替比林溶液/mL	1.0				
④铁氰化钾溶液/mL	1.0				
⑤定容/mL	50				
⑥混匀、放置/min	10				
⑦苯酚含量 m/mg					
⑧吸光度 A(510 nm,b=2 cm)					

任务 19 指出步骤①、②、③、④所使用的体积测量仪器名称。

任务 20 根据苯酚标准使用液的准确浓度计算步骤⑦中各溶液中苯酚含量(mg)。

任务 21 根据吸光度数据 A,制作 A-m 标准曲线,并列出回归方程。

(四)水样采集、预处理及测定

1. 水样采集

样品采集量应大于 500 mL,贮于硬质玻璃瓶中。

采集后的样品应及时加磷酸酸化至 pH 约 4.0,并加适量硫酸铜,使样品中硫酸铜质量浓度约为 1 g · L^{-1}。

采集后的样品应在 4 ℃下冷藏,24 h 内进行测定。

问题 7　水样中游离氯的存在对测定结果会造成影响，如何判断游离氯的存在？如何消除其影响？
问题 8　如何通过实验确定加磷酸后水样的 pH 值？
问题 9　水样中加入硫酸铜有何作用？若使样品中硫酸铜浓度约为 1 g·L^{-1}，1 L 水样中应加入 $CuSO_4 \cdot 5H_2O$ 多少克？

2. 水样预蒸馏

实验流程如下：

250 mL 水样（500 mL 全玻璃蒸馏器）$\xrightarrow{\text{25 mL 蒸馏水，3～4 粒玻璃珠}}$ $\xrightarrow{\text{3～4 滴 0.05\% 甲基橙}}$

橙红色溶液 $\xrightarrow{\text{加热蒸馏}}$ 250 mL 溜出液

问题 10　分别用什么仪器控制水样、蒸馏水以及溜出液的体积？
问题 11　实验中加入玻璃珠，有什么作用？

3. 馏出液的测定分析

(1)水样分析流程如下：

10 mL 馏出液 $\xrightarrow{\text{0.5 mL 氨-氯化铵缓冲溶液}}$ $\xrightarrow{\text{1 mL4-氨基安替比林}}$ $\xrightarrow{\text{1 mL 铁氰化钾溶液}}$

$\xrightarrow{\text{定容至 50 mL，静置 10 min}}$ $\xrightarrow{\lambda=510\ \text{nm}}$ A_x

(2)空白样的测定

取 250 mL 蒸馏水，重复上述水样预蒸馏及馏出液分析的步骤，测该空白的吸光度 A_0。

任务 22　指出控制馏出液所使用的体积测量仪器名称。
问题 12　分光光度法选择不同厚度比色皿进行实验的依据是什么？

五、结果计算

酚的浓度计算，见公式(3-19)：

$$c=\frac{A_x-A_0-a}{b\times V} \tag{3-19}$$

式中，c——酚的浓度，mg·mL^{-1}；

A_s——水样的吸光度；

A_b　　空白液的吸光度；

a——回归方程的截距；

b——回归方程的斜率；

V——水样体积，mL。

六、注意事项

(1)水样中的酚不稳定，易挥发和氧化，并受微生物作用而损失，因此水样采集后，加氢氧化钠保存，并尽快测定。

(2)氧化性、还原性物质、金属离子及芳香胺类化合物，对测定有干扰，应该预蒸馏，除去大多数干扰物质。

(3)样品和标准液加入缓冲液和4-氨基安替比林溶液后，要混匀才能加入铁氰化钾，否则导致结果偏低。

(4)萃取比色中，试剂空白以氯仿为参比的吸光度，应该在0.10以下，否则4-氨基安替比林溶液应该重新配置或采用新出厂的氯仿产品。

(5)当苯酚溶液呈现红色时，则需对苯酚溶液进行精制。

实验 11 水中铬的测定(总铬)

（二苯碳酰二肼分光光度法）

一、实验目的

(1)了解水中铬存在的形态及意义。

(2)学习用二苯碳酰二肼分光光度法测定废水中重金属铬的原理和方法。

(3)掌握改变价态消解预处理方法。

二、实验要求

根据二苯碳酰二肼分光光度法测定废水中重金属铬的原理和方法,利用实验室可提供的试剂、仪器和材料,选择最合理的方案(仪器、试剂、步骤等),寻找最合理的答案,完成下列任务,回答有关问题,最终独立完成实验。实验室可提供的试剂和仪器见表 3-44。

表 3-44 实验室可提供的试剂和仪器

试剂	重铬酸钾($K_2Cr_2O_7$);三氯化铬($CrCl_3 \cdot 6H_2O$);硫酸铬〔$Cr_2(SO_4)_3 \cdot 15H_2O$〕;高锰酸钾($KMnO_4$);亚硝酸钠($NaNO_2$);浓硫酸($H_2SO_4$);浓磷酸($H_3PO_4$);浓硝酸($HNO_3$);浓氨水($NH_3 \cdot H_2O$);丙酮($CH_3COCH_3$);尿素($CON_2H_4$);二苯碳酰二肼(DPC);二氯甲烷($CH_2Cl_2$);氢氧化锌($Zn(OH)_2$);硫酸锌($ZnSO_4$);氢氧化钠(Naoh);二苯碳酰二肼($C_{13}H_{14}N_4O$)等
仪器和材料	烧杯(各种规格);玻璃棒;容量瓶(各种规格);分析天平(各种规格);台秤(各种规格);称量瓶;量筒(各种规格);滴管;吸耳球;移液管(各种规格);吸量管(各种规格);碘量瓶;锥形瓶;比色管;可见分光光度计;紫外分光光度计;原子吸收分光光度计等

三、实验原理

1. 水体中铬的形态

水体中的铬有不同的价态存在,主要有三价铬和六价铬,铬的毒性与其价态有关,六价铬有致癌性,毒性比三价铬强约百倍。三价态铬 Cr(Ⅲ)包括 Cr^{3+}、$Cr(OH)_2^+$、$Cr(OH)_2^+$ 等,六价态铬 Cr(Ⅵ)包括 CrO_4^{2-}、$Cr_2O_7^{2-}$ 等。

2. 测定原理

基本原理:在水体中先加入过量的高锰酸钾,将 Cr(Ⅲ)氧化成 Cr(Ⅵ),剩余的高锰酸钾用亚硝酸钠分解,接着用尿素分解过量的亚硝酸钠,经过处理的试液,加入二苯碳酰二肼(DPC),在酸性介质中,Cr(Ⅵ)将二苯碳酰二肼(DPC)氧化成二苯基偶氮碳酰肼(DPCO),二苯基偶氮碳酰肼与六价态铬Cr(Ⅵ)的还原产物Cr(Ⅲ)结合生成紫红色配位化合物,再在$\lambda=540$ nm处测定吸光度。

本实验的反应过程如下:

氧化：

$$\mathrm{Cr(Ⅲ)} \xrightarrow{\text{用 } KMnO_4, H^+} \mathrm{Cr(Ⅵ)}$$

显色：

HN–NH–C₆H₅ / O=C / HN–NH–C₆H₅ (DPC) + Cr(Ⅵ) ⟶ HN–NH–C₆H₅ / O=C / N=N–C₆H₅ + Cr(Ⅲ)

(DPC)　　　　紫红色配位化合物

任务1　查资料确定Cr(Ⅲ)与Cr(Ⅵ)的毒性大小关系。

任务2　写出CrO_4^{2-}与$Cr_2O_7^{2-}$的转化反应。

任务3　以Cr^{3+}和$Cr_2O_7^{2-}$为例,说明由$KMnO_4$氧化Cr(Ⅲ)的可能性。实验中过量的$KMnO_4$由$NaNO_2$来分解,写出有关反应。

四、实验内容

(一)试剂准备

1. (1+1)H_2SO_4溶液
2. (1+1)H_3PO_4溶液
3. (1+1)氨水溶液

任务4　写出上述三种试剂配制流程。

任务5　指出配制流程中所需要的体积测量仪器和体积控制仪器名称。

4. 200 g·L^{-1}尿素溶液
5. 20 g·L^{-1}亚硝酸钠溶液

任务6　写出上述两种试剂配制流程。

任务7　指出配制流程中所需要的称量仪器和体积控制仪器名称。

6. 4% $KMnO_4$ 溶液

任务 8 写出上述试剂配制流程。

任务 9 指出配制流程中所需要的称量仪器和体积控制仪器名称。

7. 2 g·L^{-1}DPC(二苯碳酰二肼)-丙酮溶液

任务 10 写出上述试剂配制流程。

任务 11 指出配制流程中所需要的称量仪器和体积控制仪器名称。

8. 100 μg· mL^{-1}铬标准贮备液

任务 12 根据实验原理确定所需要的试剂名称及试剂质量。

任务 13 写出配制流程并指明所需要的称量仪器和体积控制仪器名称。

9. 1.00 μg· mL^{-1}铬标准使用液

任务 14 写出配制流程。

任务 15 指出配制流程中所需要的体积测量仪器和体积控制仪器名称。

(二)标准曲线的制作

取 6 只比色管,依次准确加入 0.0,0.50,1.00,2.00,4.00,8.00 mL 铬标准使用液(浓度为 1.00 μg· mL^{-1}),用水稀释至 40 mL,加入(1+1)H_2SO_4 溶液 0.5 mL,(1+1)H_3PO_4 溶液 0.5 mL,加入 2 mL DPC(二苯碳酰二肼)-丙酮显色剂溶液,定容至 50 mL,静置 10 min,测定其吸光度,记录在表 3-45。

表 3-45 标准溶液记录表

步骤 \ 数据 \ 编号	0	1	2	3	4	5
①取铬标准使用液/mL	0.00	0.50	1.00	2.00	4.00	8.00
②定容/mL	40					
③(1+1)H_2SO_4 溶液/mL	0.5					
④(1+1)H_3PO_4 溶液/mL	0.5					
⑤DPC(二苯碳酰二肼)-丙酮溶液/mL	2.0					
⑥定容/mL	50					
⑦静止/min	10					
⑧铬含量 m/μg						
⑨吸光度 A						

任务 16 指出步骤①、②、③、④、⑤所使用的体积测量仪器或体积控制仪器名称。

任务 17 根据实验过程确定步骤⑥中各溶液中铬含量 $m/\mu g$。

任务 18 做 A-m 标准曲线并列出回归方程。

（三）水样预处理

1. 清洁地面水

清洁地面水用高锰酸钾氧化后即可进入下一步分析程序。

2. 消解处理

含有大量有机物的水样，需按下列方案进行消解处理，方可进入下一步分析程序。

50 mL 水样（100 mL 烧杯）$\xrightarrow{5\ mL 浓硝酸,3\ mL(1+1)H_2SO_4}$ $\xrightarrow{加热、蒸发}$ $\xrightarrow{冷却}$ 清澈溶液 $\xrightarrow{稀释、定容}$

10 mL溶液 $\xrightarrow{试剂(1+1)氨水中和}$ pH1～2 溶液 $\xrightarrow{定量转移、定容}$ 50 mL 预处理液

问题 1 50 mL 水样体积如何控制？

问题 2 按此方案消解过程铬的形态及铬总浓度是否会发生改变？

（四）预处理液的氧化及测定

1. 氧化流程

50 mL 预处理液或清洁地面水（250 mL 锥形瓶）$\xrightarrow{玻璃珠 3 粒,试剂(1+1)H_2SO_4、试剂(1+1)H_3PO_4 各 0.5\ mL}$ $\xrightarrow{2 滴 KMnO_4 试剂}$

紫红色溶液 $\xrightarrow{加热至沸腾}$ 约 20 mL 溶液 $\xrightarrow{冷却,加入 1\ mL 尿素溶液}$

$\xrightarrow{滴加 1\ mL 亚硝酸钠溶液}$ 无色测定液

问题 3 预处理液或清洁地面水体积如何控制？

问题 4 玻璃珠有何作用？

问题 5 如何控制试剂（1＋1）H_2SO_4、试剂（1＋1）H_3PO_4 和试剂尿素溶液的体积？

问题 6 试剂亚硝酸钠溶液、试剂 $KMnO_4$ 的用量有何要求？

2. 测定流程

取无色测定液按标准曲线制作流程在同等条件下进行显色及测定，数据记录在表 3-46。

表 3-46　水样测定结果记录表

吸光度 A_x	总铬含量 m_x/μg	水样总铬浓度/μg · mL^{-1}

任务 19　有一清洁水样同时含有 Cr(Ⅵ)和 Cr(Ⅲ)，请设计一方案用二苯碳酰二肼分光光度法同时测定 Cr(Ⅵ)和 Cr(Ⅲ)的含量?

问题 7　影响结果测定准确度的因素有哪些? 如何减少干扰?

3. 空白测定

取 50 mL 蒸馏水，遵循上述水样预处理、水样氧化和测定的基本步骤，测定空白的吸光度 A_0。

五、结果计算

水体中铬的浓度计算，见公式(3-20)：

$$c=\frac{A_x-A_0-a}{b\times V} \tag{3-20}$$

式中，c——水体中 Cr(Ⅵ)的浓度，μg · mL^{-1}；

A_x——直接测得水样的吸光度；

A_0——直接测得空白样的吸光度；

a——回归方程的截距；

b——回归方程的斜率；

V——水样体积，mL。

六、注意事项

(1)用于测定铬的玻璃器皿不可用重铬酸钾洗涤。

(2)Cr(Ⅵ)与显色剂的显色反应，一般控制酸度在 0.05～0.3 mol · L^{-1} (1/2H_2SO_4)范围，以 0.2 mol · L^{-1}时显色最好。

实验 12　天然水体酸度和碱度的测定

一、实验目的

(1)掌握有关水体酸度和碱度的概念。

(2)掌握酸碱滴定法测定天然水酸度和碱度的原理和方法。

二、实验要求

根据天然水酸度和碱度测定的原理和方法,利用实验室可提供的试剂、仪器和材料,选择最合理的方案(仪器、试剂、步骤等),寻找最合理的答案,完成下列任务,回答有关问题,最终独立完成实验。实验室可提供的试剂和仪器见表 3-47。

表 3-47 实验室可提供的试剂和仪器

试剂	氢氧化钠($NaOH$);碳酸钠(Na_2CO_3);碳酸氢钠($NaHCO_3$);碳酸钙($CaCO_3$);浓硫酸(H_2SO_4);浓盐酸(HCl);浓硝酸(HNO_3);邻苯二甲酸氢钾(KHP);二甲苯赛安路 FF($C_{25}H_{27}N_2NaO_7S_2$);甲基橙;95%酒精;酚酞
仪器和材料	烧杯(各种规格);玻璃棒;容量瓶(各种规格);分析天平;台秤;称量瓶;量筒(各种规格);滴管;吸耳球;移液管(各种规格);吸量管(各种规格);酸式滴定管;碱式滴定管;碘量瓶;锥形瓶等

三、实验原理

1. 天然水体中的无机态碳

天然水体中的无机态碳主要来自于大气中二氧化碳的溶解过程,大气中的二氧化碳溶解在天然水中形成碳酸,碳酸在水中存在两级离解平衡,因此在水体中存在着碳的四种形态,即 CO_2、H_2CO_3、HCO_3^- 和 CO_3^{2-}。由于 H_2CO_3 含量极低,通常把 CO_2 和 H_2CO_3 合并为 $H_2CO_3^*$。

任务 1　气体在水中的溶解度可由亨利定律计算,而得已知干燥空气中 CO_2 的体积分数为 320 ppm,水在 25 ℃时的蒸气压为 0.0313 atm,CO_2 的亨利常数为 3.38×10^{-2} mol · L^{-1} · atm^{-1}。确定水体中 $H_2CO_3^*$ 的浓度(不考虑碳酸的离解)。

任务 2　写出 $H_2CO_3^*$ 的两级离解平衡反应,通过查阅资料确定其 Ka_1 和 Ka_2。

2. 酸度的定义及测定

酸度是指水中含有能与强碱发生中和作用的物质的总和。亦即能够给出质子(即 H^+)的全部物质的总和。

任务 3　根据酸度的定义,写出有关离子反应;并确定各反应完全进行时理论上溶液的 pH 值。

问题 1　根据上述酸度的定义,请问 $0.1\ mol \cdot L^{-1}$ 的 HCl 与 $0.1\ mol \cdot L^{-1}$ 的 HAc 是否具有相同的酸度?

天然水体的酸度可以通过酸碱滴定法测定。根据天然水体的组成,选择不同的指示剂,滴定终点将有所不同。甲基橙作为指示剂滴定的酸度,称为甲基橙酸度或者无机酸度;用酚酞作为指示剂的酸度,称为酚酞酸度或者总酸度。

问题 2　甲基橙指示剂的变色范围为多少?

任务 4　若用甲基橙作为指示剂确定的酸度通常称为无机酸度,亦称甲基橙酸度。写出有关滴定反应。

问题 3　酚酞指示剂的变色范围为多少?

任务 5　若用酚酞作为指示剂确定的酸度通常称为 CO_2 酸度,亦称酚酞酸度。写出有关滴定反应。

任务 6　比较甲基橙酸度和酚酞酸度的大小。

3. 碱度的定义及测定

碱度是指水中含有能与强酸发生中和作用的物质的总和,亦即能够接受质子(即 H^+)的全部物质的总和。

任务 7　根据碱度的定义,写出有关离子反应;并确定各反应完全进行时理论上溶液的 pH 值。

问题 4　根据上述碱度的定义,请问 $0.1\ mol \cdot L^{-1}$ 的 NaOH 与 $0.1\ mol \cdot L^{-1}$ 的 $NH_3 \cdot H_2O$ 是否具有相同的酸度?

天然水体的碱度同样可以通过酸碱滴定法测定。根据天然水体的组成,选择不同的指示剂,滴定终点将有所不同。用酚酞作为指示剂的滴定结果的碱度,称为酚酞碱度。用甲基橙作为指示剂的滴定结果,称为甲基橙碱度或者总碱度。

任务 8 用甲基橙作为指示剂确定的碱度通常称为总碱度，亦称甲基橙碱度。写出有关滴定反应。

任务 9 用酚酞作为指示剂确定的碱度称为酚酞碱度。写出有关滴定反应。

任务 10 比较甲基橙碱度和酚酞碱度的大小。

四、实验内容

（一）试剂准备

1. 0.1%改良甲基橙指示剂

（1）甲基橙试剂的配制

$$1.0\ \text{g 甲基橙} \xrightarrow{500\ \text{mL}\ H_2O} \text{甲基橙水溶液}$$

（2）二甲苯赛安路 FF 试剂的配制

$$1.8\ \text{g 二甲苯赛安路 FF} \xrightarrow{500\ \text{mL 酒精}} \text{二甲苯赛安路 FF 酒精溶液}$$

任务 11 指出上述两试剂配制流程中所需要的称量仪器和体积测量仪器名称。

（3）改良甲基橙指示剂的配制及调整

①配制流程：

$$\left.\begin{array}{r}\text{甲基橙水溶液}\\ \text{二甲苯赛安路水溶液}\end{array}\right\} \xrightarrow{\text{混合}} 0.1\%\text{改良甲基橙指示剂}$$

②调整

取 2 滴指示剂用于酸碱滴定，检查是否有明显的颜色变化。如终点呈蓝灰色，可在改良的甲基橙指示剂溶液中滴加少许的 0.1%甲基橙；如终点呈灰绿色稍带红，可在改良的甲基橙指示剂溶液中滴加少许二甲苯赛安路 FF 酒精溶液。调整至敏锐终点（即从碱性变到酸性由绿色变为淡灰或无色）后，贮存于棕色瓶中。

任务 12 改良甲基橙指示剂是一种混合指示剂，其中二甲苯赛安路 FF 是一种中性蓝色染料，请确定该改良指示剂的酸式色和碱式色。

问题 5 与单一指示剂相比，混合指示剂在酸碱滴定中有何优点？

2. 0.5%酚酞指示剂

$$0.5\ \text{g 酚酞} \xrightarrow{100\ \text{mL 酒精}} \text{酚酞酒精溶液}$$

3. 0.0100 mol・L^{-1}碳酸钠标准溶液

任务 13　写出配制流程并指出所需要的称量仪器的名称和体积控制仪器的名称。
问题 6　碳酸钠的溶解包括下面用水都必须用冷蒸馏水来进行实验，为什么？

4. 0.02 mol・L^{-1} HCl 溶液的配制及标定

(1) HCl 溶液的配制

任务 14　写出由浓盐酸配制 1000 mL 0.02 mol・L^{-1} HCl 溶液的流程。
任务 15　指出配制流程中所需要的体积测量仪器的名称和体积控制仪器的名称。

(2) HCl 溶液的标定〔$c(Na_2CO_3)$ = ________ mol・L^{-1}〕

按照表 3-48 的步骤进行 HCl 溶液的标定，数据记录见表 3-48。

表 3-48　HCl 溶液的标定记录表

步骤 \ 数据 \ 次数		1	2	3
①碳酸钠标准液/mL		20	20	20
②改良甲基橙指示剂/滴		2	2	2
③HCl 溶液滴定	初读数/mL			
	终读数/mL			
	净体积/mL			
④数据处理	c(HCl)/mol・L^{-1}			
	$\bar{c}$(HCl)/mol・L^{-1}			
	相对平均偏差/%			

注：滴定的颜色由橘黄色刚变成橘红色，记录盐酸标准液的用量。

任务 16　写出步骤①、②所使用的体积测量仪器名称。
任务 17　写出滴定反应方程。
任务 18　推导 c(HCl)计算公式

5. 0.02 mol・L^{-1} NaOH 溶液的配制及标定

(1) NaOH 溶液的配制

任务 19　写出由 NaOH 配制 1000 mL 0.02 mol・L^{-1} NaOH 溶液的流程。
任务 20　指出配制流程中所需要的称量仪器的名称和体积控制仪器的名称。

(2)NaOH 溶液的标定〔c(HCl)=________ mol·L^{-1}〕

按照表 3-49 的步骤进行 HCl 溶液的标定，数据记录见表 3-49。

表 3-49　NaOH 溶液的标定记录表

步骤 \ 数据 \ 次数		1	2	3
①HCl 溶液/mL		20	20	20
②酚酞指示剂/滴		2	2	2
③NaOH 溶液滴定	初读数/mL			
	终读数/mL			
	净体积/mL			
④数据处理	c(NaOH)/mol·L^{-1}			
	$\bar{c}$(NaOH)/mol·L^{-1}			
	相对平均偏差/%			

注：滴定的颜色至溶液粉红色不退，读出来终读数。

任务 21　写出 NaOH 溶液配制过程所使用的体积测量仪器名称。

任务 22　写出滴定反应方程。

任务 23　推导 c(NaOH)计算公式。

(二)天然水酸度和碱度的测定

1. 酸度的测定〔已知 c(NaOH)=________ mol·L^{-1}〕

(1)无机酸度/甲基橙酸度

按照表中的步骤进行滴定，滴定结果记录在表 3-50。

表 3-50　无机酸度/甲基橙酸度测定记录表

步骤 \ 次数		1	2
①水样体积/mL		100	100
②改良甲基橙指示剂/滴		2	
③NaOH 溶液滴定	初读数/mL		
	终读数/mL		
	净体积/mL		
④无机酸度	NaOH/mmol·L^{-1}		
	$CaCO_3$/mg·L^{-1}		

注：滴定的颜色至溶液绿色不退，读出终读数。

(2)CO_2 酸度/酚酞酸度

按照表中的步骤进行滴定,滴定结果记录在表 3-51。

表 3-51　CO_2 酸度/酚酞酸度测定记录表

步骤＼次数		1	2
①水样体积/mL		100	100
②酚酞指示剂/滴		2	
③NaOH 溶液滴定	初读数/mL		
	终读数/mL		
	净体积/mL		
④CO_2 酸度	NaOH/mmol · L^{-1}		
	$CaCO_3$/mg · L^{-1}		

注:滴定的颜色至溶液粉红色不退,读出终读数。

2. 碱度的测定〔已知 c(HCl)=________ mol · L^{-1}〕

(1)酚酞碱度

按照表中的步骤进行滴定,滴定结果记录在表 3-52。

表 3-52　酚酞碱度测定记录表

步骤＼次数		1	2
①水样体积/mL		100	100
②酚酞指示剂/滴		2	
③HCl 溶液滴定	初读数/mL		
	终读数/mL		
	净体积/mL		
④酚酞碱度	HCl/mmol · L^{-1}		
	$CaCO_3$/mg · L^{-1}		

注:滴定的颜色至溶液粉红色刚退去,读出终读数。

(2)总碱度/甲基橙碱度

按照表中的步骤进行滴定,滴定结果记录在表 3-53。

表 3-53 总碱度/甲基橙碱度测定记录表

步骤 \ 次数		1	2
①水样体积/mL		100	100
②改良甲基橙指示剂/滴		2	
③HCl 溶液滴定	初读数/mL		
	终读数/mL		
	净体积/mL		
④总碱度	HCl/mmol · L^{-1}		
	$CaCO_3$/mg · L^{-1}		

注:滴定的颜色由绿色变为灰色,读出终读数。

(三)实验总结

问题 7 以 mmol · L^{-1}表示的酸度或碱度与以 mg · L^{-1}表示的酸度或碱度有什么关系?

问题 8 向某一天然水样中加入碳酸氢盐,以下指标将发生怎样变化?
(a)总酸度;(b)总碱度;(c)无机酸度;(d)CO_2 酸度;(e)酚酞碱度。

问题 9 采集的水样,如不立即进行碱度测定而长期存放,对测定碱度有何影响?

问题 10 影响酸碱度的因素有哪些?

五、结果计算

1. 酸度计算

$$\text{酚酞酸度(以 } CaCO_3 \text{ 计,mg} \cdot L^{-1}) = \frac{V_1 \times c_{NaOH} \times 50.50 \times 1000}{V} \tag{3-21}$$

$$\text{甲基橙酸度(以 } CaCO_3 \text{ 计,mg} \cdot L^{-1}) = \frac{V_2 \times c_{NaOH} \times 50.50 \times 1000}{V} \tag{3-22}$$

式中,V_1——酚酞作为指示剂时 NaOH 标准溶液耗用量,mL;

V_2——甲基橙作为指示剂时 NaOH 标准溶液耗用量,mL;

c(NaOH)——NaOH 标准溶液的浓度,mg · L^{-1};

V——水样体积,mL;

50.05——碳酸钙(1/2 $CaCO_3$)的摩尔质量,g · mol^{-1}。

2. 碱度计算

$$酚酞碱度(以 CaCO_3 计,mg·L^{-1})=\frac{V_3 \times c(HCl) \times 50.50 \times 1000}{V} \tag{3-23}$$

$$总碱度(以 CaCO_3 计,mg·L^{-1})=\frac{(V_3+V_4) \times c(HCl) \times 50.50 \times 1000}{V} \tag{3-24}$$

式中,V_3——酚酞作为指示剂时 HCl 标准溶液耗用量,mL;

V_4——甲基橙作为指示剂时 HCl 标准溶液耗用量,mL;

c(HCL)——HCl 标准溶液的浓度,mol· mL^{-1};

V——水样体积,mL;

50.05——碳酸钙(1/2 $CaCO_3$)的摩尔质量,g· mol^{-1}。

六、注意事项

(1)水样的碱度及酸度范围很广,测定时样品和实际的用量、浓度不能统一规定,表 3-54 给出了在不同酸度、碱度范围时,可供选择样品量和标准溶液的浓度。

表 3-54　滴定标准溶液

样品范围(以 $CaCO_3$ 计,mg·L^{-1})	浓度/mol· L^{-1}	样品量/mL
0～500	0.0200	100
400～1000	0.0200	50
500～1250	0.0500	100
1000～2500	0.0500	50
1000～2500	0.1000	100
2000～5000	0.1000	50
4000～10000	0.1000	25

(2)水中若有余氯存在,会使甲基橙褪色,可加少量 0.1 mol·L^{-1}硫代硫酸钠除去。

(3)以酚酞为指示剂进行酸度测定时,若水样中存在硫酸铝或硫酸铁,可生成氢氧化铝(铁)沉淀,使终点褪色,造成误差,这时可加氟化钾掩蔽,或将水样煮沸2 min,趁热滴定至红色不退。

(4)由于甲基橙指示剂,终点不够明显,固本实验采用改良甲基橙指示剂(pH≈3.8),代替甲基橙。

实验13　天然水硬度的测定

（EDTA滴定法）

一、实验目的

(1)了解水体总硬度的定义。

(2)掌握铬黑T、钙指示剂的使用条件和终点变化。

(3)掌握配位滴定的技术原理。

二、实验要求

根据天然水硬度测定的原理和方法，利用实验室可提供的试剂、仪器和材料，选择最合理的方案(仪器、试剂、步骤等)，寻找最合理的答案，完成下列任务，回答有关问题，并最终独立完成实验。实验室可提供的试剂和仪器见表3-55。

表3-55 实验室可提供的试剂和仪器

试剂	氢氧化钠($NaOH$)；氨水($NH_3 \cdot H_2O$)；碳酸钙($CaCO_3$)；氯化铵(NH_4Cl)；浓盐酸(HCl)；氯化钠($NaCl$)；铬黑T；钙指示剂；乙二胺四乙酸(EDTA，$Na_2H_2Y \cdot 2H_2O$)；硫酸镁($MgSO_4$)；三乙醇胺($C_6H_{15}O_3N$)
仪器和材料	烧杯(各种规格)；玻璃棒；容量瓶(各种规格)；分析天平(各种规格)；台秤(各种规格)；称量瓶；量筒(各种规格)；滴管；吸耳球；移液管(各种规格)；吸量管(各种规格)；酸式滴定管；碱式滴定管；碘量瓶；锥形瓶等

三、实验原理

硬度是指天然水体沉淀肥皂能力的一种量度，与水体中钙、镁离子的含量有关。由钙离子引起的硬度称为“钙硬度”，由镁离子引起的硬度称为“镁硬度”，由钙、镁离子总量引起的硬度称为“总硬度”。对于含有硬度的水，在使用肥皂作为洗涤用品时，由于生成沉淀，不仅造成浪费，而且污染衣服。化工生产、蒸汽动力工业、纺织洗染等部门对水的硬度都有一定的要求。

问题1　肥皂的主要成分是什么？写出钙、镁离子沉淀肥皂的有关反应。

任务1　写出钙硬度、镁硬度与总硬度的关系。

硬度可以以 EDTA 作为滴定剂通过配位滴定进行测定。通过控制溶液的 pH 值，选用不同的金属指示剂，可以分别测定钙离子、镁离子含量以及钙镁离子总量，从而确定水的硬度。

在一定 pH 条件下，金属离子与金属指示剂作用，生成有颜色的指示剂配色物。随着滴定剂 EDTA 的加入，EDTA 与金属离子反应生成 EDTA 配色物。终点时，EDTA 夺取指示剂配色物中的金属离子，释放出指示剂，显示终点颜色。

任务 2　写出 EDTA 的中文全称。

任务 3　若以 H_4Y 表示 EDTA，写出 EDTA 在水溶液中所有可能存在的形态，并说明影响各种形态相对含量的主要因素。

1. pH＝10 时的反应过程（M＝Ca、Mg）

当使用铬黑 T 为指示剂时，反应过程如下：

滴定前，　$M^{2+} + HIn^{2-} \rightleftharpoons MIn^- + H^+$

滴定中，　$M^{2+} + HY^{3-} \rightleftharpoons MY^{2-} + H^+$

终点时，　$MIn^- + HY^{3-} \rightleftharpoons MY^{2-} + HIn^{2-}$

（酒红色）　　　　（蓝色）

任务 4　写出配位滴定控制酸度的主要原因。

问题 2　为保证配位滴定定量进行，终点反应中，金属指示剂配合物 MIn^- 的稳定性与金属离子 EDTA 配合物 MY^{2-} 的稳定性需满足什么关系？

问题 3　从定量关系来看，金属离子与 EDTA 的反应有何特点？

任务 5　假定 EDTA 浓度为 c mol · L^{-1}，消耗体积为 V_1 mL，钙、镁离子的物质的量分别为 $n(Ca^{2+})$ 和 $n(Mg^{2+})$，写出上述反应过程的定量关系式。

2. pH＝12 时的反应过程

镁离子首先形成沉淀，当使用钙指示剂作为指示剂时，Ca^{2+} 与 EDTA 的反应过程与 pH＝10 时的反应过程相似。

问题 4　写出镁离子的沉淀形式。为何在此条件下钙离子不产生沉淀？

任务 6　假定 EDTA 浓度为 c mol · L^{-1}，消耗体积为 V_2 mL，钙离子的物质的量分别为 $n(Ca^{2+})$，写出上述反应过程的定量关系式。

3. 硬度的表示方法

我国对水的硬度规定如下，当 1 L 水中含 Ca^{2+}、Mg^{2+} 离子总量相当于 10 mg CaO 时，水的总硬度为 1 度。即，1 度＝10 mg CaO · L^{-1}。通常硬水是指 8 度以上的水。

法国等国家对水的硬度规定如下，1 L 水中含 Ca^{2+}、Mg^{2+} 离子总量相当于 10 mg $CaCO_3$ 时，水的总硬度为 1 度。即，1 度＝10 mg $CaCO_3 \cdot L^{-1}$。

四、实验内容

（一）试剂配制

1. pH＝10 氨-氯化铵缓冲溶液

配置流程：称取 1.25 g EDTA 二钠镁和 16.90 g 氯化铵溶于 143 mL 的氨水中，用水稀释到 250 mL。

> **任务 7**　假定实验中需要 1000 mL 该溶液，写出配制流程。
> **任务 8**　写出配制流程中所需要的称量仪器、体积测量仪器或体积控制仪器名称。

2. 2 mol · L^{-1} NaOH 溶液

> **任务 9**　假定实验中需要 1000 mL 该溶液，写出配制流程。
> **任务 10**　写出配制流程中所需要的称量仪器、体积测量仪器或体积控制仪器名称。

3. 1∶100 铬黑 T-NaCl 指示剂（铬黑 T 指示剂）

4. 1∶100 铬蓝黑 R-NaCl 指示剂（钙指示剂）

> **任务 11**　写出上述两种指示剂中 1∶100 的含义。
> **任务 12**　假定需要配制上述两种指示剂，写出需要称量仪器的名称。

5. Ca^{2+} 标准溶液

$$0.20\ \text{g 碳酸钙} \xrightarrow{\text{滴加 1∶1 HCl，加热溶解}} \xrightarrow{\text{加 100 mL 水煮沸}} \xrightarrow{\text{加数滴甲基红指示液，加 3 mol} \cdot L^{-1}\text{氨水}} \xrightarrow{\text{稀释、定容}} 250\ \text{mL 溶液}$$

> **任务 13**　写出 1∶1 HCl 的含义。
> **任务 14**　写出上述步骤所使用称量仪器名称和体积控制仪器名称。
> **任务 15**　根据实际配制流程计算所得溶液中钙离子的物质的量浓度。

6. 10 mmol · L^{-1} EDTA 溶液

（1）EDTA 溶液的配制

$$0.9\ \text{g EDTA} \xrightarrow{H_2O} \xrightarrow{\text{加热、溶解、定容}} 250\ \text{mL 溶液}$$

任务16 写出EDTA配置步骤中所使用称量仪器名称和体积控制仪器名称。
任务17 计算所得溶液中EDTA的近似浓度。

(2)EDTA溶液的标定

取三支锥形瓶，依次准确加入25 mL钙离子标准溶液，20 mL蒸馏水，5 mL pH=10的缓冲溶液，加入0.1 g铬黑T指示剂，用EDTA滴定。开始时滴定速度较快，接近终点时稍慢，并充分震荡，滴定至紫色消失，刚出现亮蓝色即为终点，记录所耗EDTA体积。数据填入表3-56。

表3-56 EDTA溶液的标定记录表

步骤 \ 数据 \ 次数		1	2	3
①加入钙离子标准溶液/mL		25	25	25
②加入 H_2O/mL		20	20	20
③加入pH=10缓冲溶液/mL		5	5	5
④加入铬黑T指示剂/g		0.1	0.1	0.1
⑤EDTA滴定	初读数/mL			
	终读数/mL			
	净体积/mL			
	平均体积 $\overline{V}$/mL			

任务18 写出表3-56中步骤①、②、③所使用的体积测量仪器的名称。
任务19 写出表3-56中步骤⑤所使用的称量仪器的名称。
任务20 结合实验过程，写出计算 c(EDTA)浓度的数学表达式(以 $mol \cdot L^{-1}$ 计)。
问题5 哪些基准物质可以用来标定EDTA?

(二)水样分析

1. 采样

水样采集后，于24 h完成测定，否则，每升水中加2 mL硝酸做保存剂(使pH降到2以下)。

2. 硬度的测定

(1)总硬度的测定

取三支锥形瓶，依次准确加入50 mL水样，加入5 mL pH=10的氨-氯化铵缓冲溶液，加入0.1 g铬黑T指示剂，用EDTA滴定，开始时滴定速度较快，接近终点时稍慢，并充分震荡，滴定至紫色消失，刚出现亮蓝色即为终点，记录所耗的 EDTA 平均体积$\overline{V_1}$。数据填入表 3-57。

表 3-57 总硬度的测定记录表

数据 步骤 \ 次数		1	2	3
①加入水样/mL		50	50	50
②加入 pH=10 缓冲溶液/mL		5	5	5
③加入铬黑 T 指示剂/g		0.1	0.1	0.1
④EDTA 滴定	初读数/mL			
	终读数/mL			
	净体积/mL			
	平均体积$\overline{V_1}$/mL			

(2)钙硬度的测定

取三支锥形瓶，依次准确加入 50 mL 水样，加入 2 mL 的 10%NaOH 溶液，加入 0.1 g 钙指示剂，用 EDTA 滴定，开始时滴定速度较快，接近终点时稍慢，并充分震荡，滴定至紫色消失，刚出现亮蓝色即为终点，记录所耗的 EDTA 平均体积$\overline{V_2}$。数据填入表 3-58。

表 3-58 钙硬度的测定记录表

数据 步骤 \ 次数		1	2	3
①加入水样/mL		50	50	50
②加入 10%NaOH/mL		2	2	2
③加入钙指示剂/g		0.1	0.1	0.1
④EDTA 滴定	初读数/mL			
	终读数/mL			
	净体积/mL			
	平均体积$\overline{V_2}$/mL			

问题 6 表 3-57、表 3-58 中步骤①该用什么样的体积控制仪器?

问题 7 为什么滴定过程，要控制在 5 min 之内完成?

问题 8 分析一下，为什么地下水的硬度容易大?

五、结果计算

$$总硬度=\frac{c\overline{V_1}M}{V_0}\times 1000\times\frac{1}{10} \tag{3-25}$$

式中，c——EDTA 标准滴定溶液的浓度，$mmol \cdot L^{-1}$；

$\overline{V_1}$——测定总硬度时滴定消耗的 EDTA 溶液的体积，mL；

M——CaO 的摩尔质量，$g \cdot mol^{-1}$；

V_0——水样的体积，mL。

任务 21　写出钙硬度的计算公式，并根据实验数据计算水样的钙硬度。

任务 22　写出镁硬度的计算公式，并根据实验数据计算水样的镁硬度。

六、注意事项

(1)由于 EDTA 配位反应较酸碱反应慢得多，故滴定时速度不宜太快。接近终点时，每加一滴 EDTA 溶液，都应该充分震荡，否则终点过早出现，使结果偏低。

(2)水样中加入缓冲溶液后，为防止 Ca^{2+}、Mg^{2+} 产生沉淀，必须都进行滴定，并在 5 min 之内完成滴定过程。

(3)如滴定至亮蓝色终点时，稍放置一会，又出现紫色，这可能是因微小颗粒状的钙、镁盐存在引起的。遇到这种情况，应该另取水样，滴加盐酸使其呈现酸性，然后加氨水使其呈碱性，再按照测定步骤进行。

实验14　水中氟化物的测定

一、实验目的

(1)了解离子选择性电极法的原理。

(2)掌握离子选择性电极法测定水体氟化物的方法。

二、实验要求

根据水中氟化物测定的有关原理和方法,利用实验室可提供的试剂和仪器,选择最合理的方案(仪器、试剂、步骤等),寻找最合理的答案,完成下列任务,回答有关问题,并最终独立完成实验。实验室可提供的试剂和仪器见表3-59。

表3-59 实验室可提供的试剂和仪器

试剂	氢氟酸(HF);氟化钠(NaF);醋酸钠(NaAc);二水合柠檬酸钠($C_6H_5Na_3O_7.2H_2O$);硝酸钠($NaNO_3$);浓盐酸(HCl)
仪器	烧杯(各种规格);玻璃棒;容量瓶(各种规格);分析天平(各种规格);台秤(各种规格);量筒(各种规格);滴管;吸耳球;移液管(各种规格);吸量管(各种规格);酸式滴定管;碱式滴定管;锥形瓶;碘量瓶;氟离子选择性电极,饱和甘汞电极;酸度计;磁力搅拌器;搅拌子;电导率仪等

三、实验原理

以氟离子选择性电极(结构见图3-6)作为指示电极,饱和甘汞电极作为参比电极,两电极插入含氟的待测溶液构成工作电池,电池结构可表示为:

氟离子选择性电极(指示电极)|待测溶液|饱和甘汞电极(参比电极)

根据电池电动势E与氟离子浓度c_{F^-}(严格来说为活度a_{F^-})的对数线性关系,通过测量工作电池电动势,即可确定水样F^-浓度。

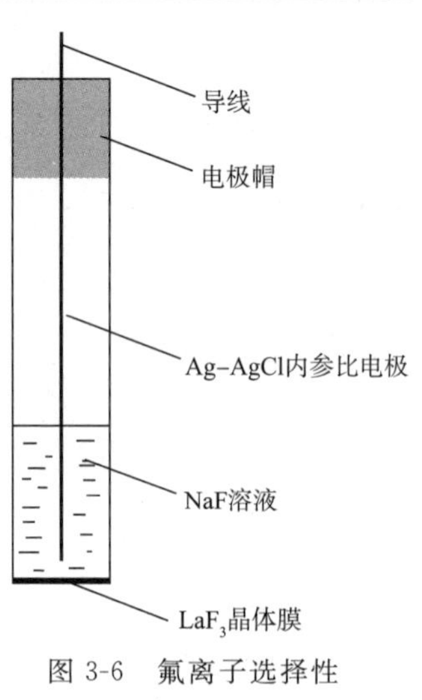

图3-6　氟离子选择性电极结构示意图

任务 1 写出 25 ℃时氟离子选择性电极的电极电位表达式。

任务 2 写出甘汞电极的电极符号，指出影响甘汞电极电极电位的因素，查资料确定饱和甘汞电极 25 ℃时的电极电位。

任务 3 给出工作电池在 25 ℃时的电动势(即电位)的表达式。

问题 1 何谓活度？活度与浓度有何关系？

问题 2 溶液的温度和离子强度对离子选择性电极测定水中氟离子有什么影响？

四、实验内容

(一)试剂配制

1. 100 $\mu g \cdot mL^{-1}$ F^-离子标准贮备液

任务 4 选择合适的试剂，写出配制 1000 mL 浓度为 100 $\mu g \cdot mL^{-1}$ F^-标准贮备液的流程。

任务 5 写出配制流程中所使用的称量仪器、体积测量仪器或体积控制仪器名称。

2. 10 $\mu g \cdot mL^{-1}$ F^-离子标准使用液

任务 6 写出由贮备液配制 100 mL 浓度为 10 $\mu g \cdot mL^{-1}$ F^-标准使用液的流程。

任务 7 写出配制流程中所使用的体积测量仪器或体积控制仪器名称。

3. 总离子强度调节缓冲溶液(TISAB)

配制流程：

58 g 二水合柠檬酸钠＋85 g 硝酸钠 $\xrightarrow{\text{蒸馏水溶解}}$ $\xrightarrow{\text{稀释、定容}}$ 1000 mL 溶液(用盐酸调节 pH 在 5～6)

任务 8 指出配制流程中使用的称量仪器和体积控制仪器名称。

问题 3 实验中配制 TISAB 溶液有何作用？

问题 4 柠檬酸盐在测定过程起什么作用？

4. 150 $mg \cdot mL^{-1}$醋酸钠溶液

配制流程：

$$15\ g\ NaAc \xrightarrow{\text{溶解、稀释、定容}} 100\ mL\ \text{溶液}$$

Ⅰ　　　　Ⅱ

任务 9　分别指出配制流程中步骤Ⅰ所使用的称量仪器和步骤Ⅱ中体积控制仪器名称。

任务 10　计算此溶液的物质的量浓度($mol \cdot L^{-1}$)。

5. 2 $mol \cdot L^{-1}$ HCl 溶液

任务 11　写出由浓盐酸配制 100 mL 该溶液的流程。

任务 12　指出配制流程中所使用的体积测量仪器或体积控制仪器名称。

(二)标准曲线法测定水样浓度

1. 标准曲线的制作

用移液管移取 0,1,3,5,10,20 mL F^- 标准使用液于 50 mL 的容量瓶中,加入 10 mL 总离子强度调节缓冲液,用水稀释至刻度,摇匀得到标准系列溶液。将溶液倒入100 mL聚乙烯烧杯中,按浓度由低至高的顺序,插入电极,在搅拌状态下测定稳态电位值(mV)。数据填入表 3-60。

表 3-60　标准系列数据记录表

步骤 \ 编号	0	1	2	3	4	5
①F^-标准使用液/mL	0	1	3	5	10	20
②总离子强度调节缓冲液/mL	10					
③定容/mL	50					
④标准溶液浓度 $c(F^-)/mol \cdot L^{-1}$						
⑤$\lg c(F^-)$						
⑥稳态电位 E(搅拌下)/V						

任务 13　建立 E-$\lg c(F^-)$ 线性回归方程,求相关系数。

2. 水样预处理及测定

(1)水样预处理过程

$$10\ mL\ \text{水样(烧杯)} \xrightarrow{20\ mL\ H_2O,\text{醋酸钠溶液或盐酸溶液调至近中性}} \xrightarrow{10\ mL\ \text{总离子强度缓冲液}} \xrightarrow{\text{定容}} 50\ mL$$

Ⅰ　　　　Ⅱ　　　　Ⅲ　　　　Ⅳ

注：若水样为中性溶液，可省略步骤(Ⅱ)，下同。

(2)电位测定

将水样预处理所得溶液在与制作标准曲线相同条件下测定电位 E_X。

(3)空白溶液用蒸馏水代替水样，按照测定水样的方法测定电位 E_0。

任务 14　写出实验流程步骤Ⅰ、Ⅲ、Ⅳ中所使用的体积测量仪器或体积控制仪器名称。

任务 15　根据标准曲线、水样预处理过程以及水样预处理溶液电位计算水样中氟离子含量($mg \cdot L^{-1}$)

(三)标准加入法测定水样浓度

当水样比较复杂时，采用标准加入法减少其他基体干扰，按照表 3-61 基本步骤进行，并记录数据。

表 3-61　标准加入法数据记录表

步骤＼编号	1	2
①浓度为 c_x 的水样(烧杯)/mL	V_x=10 mL	V_x=10 mL
②蒸馏水/mL	20	20
③醋酸钠溶液或盐酸溶液调节	近中性	近中性
④F^-离子标准使用液/mL	0	V_s=5 mL
⑤总离子强度调节缓冲液/mL	10	
⑥定容/mL	50	
⑦定容后浓度 c		
⑧稳态电位 E(搅拌状态下)/V	E_1=	E_2=

任务 16　设水样中氟离子浓度为 c_x($\mu g \cdot mL^{-1}$)，外加标准溶液(F^-离子标准使用液 2 号)浓度为 c_s($\mu g \cdot mL^{-1}$)，写出表 3-61 中步骤⑦浓度表达式。

任务 17　设 S 为氟离子选择性电极实测斜率，定义 $\Delta E=E_2-E_1$，证明水样浓度计算公式：$c_x=\frac{c_s V_s}{V_x}(10^{\frac{\Delta E}{s}}-1)^{-1}$ ($\mu g \cdot mL^{-1}$ F^-)。

任务 18　指出影响氟离子选择性电极实测斜率的因素。

五、结果计算

1. 标准曲线法

水样中氟离子的浓度计算：

$$c_{F^-} = 10^{\frac{(E-E_0-a)\times F}{2.303RTb}} \tag{3-26}$$

式中：c_{F^-}——废水中 F^- 质量浓度，$\mu g \cdot mL^{-1}$；

E——水样的稳态电位；

E_0——空白溶液的稳态电位；

a——回归方程的截距；

b——回归方程的斜率；

F——法拉第常数，96500 $C \cdot mol^{-1}$；

R——气体常数，8.314 $J \cdot K^{-1} \cdot mol^{-1}$；

T——热力学温度，K^{-1}。

根据检测结果，分析水样中 F^- 的污染状况，评价氟污染水体对人体健康的影响。

2. 标准加入法

水样中氟离子浓度计算：

$$c_x = \frac{c_s \times V_s}{V_x}(10^{\frac{E_2-E_1}{s}} - 1)^{-1} \tag{3-27}$$

式中：c_x——废水中 F^- 质量浓度，$\mu g \cdot mL^{-1}$；

E_2——原始水样的稳态电位；

E_1——加标液后水样的稳态电位；

V_x——浓度为 c_x 的水样体积，mL；

c_s——外加标准液的 F^- 质量浓度，$\mu g \cdot mL^{-1}$；

V_s——外加标准液的体积，mL。

六、注意事项

(1)氟离子选择电极，使用前应用 $10^{-3} \sim 10^{-5}$ $mol \cdot L^{-1}$ NaF 溶液活化 1～2 h，然后用去离子水清洗至测定电位在 300 mV 左右。

(2)本实验所用水为去离子水或者无氟蒸馏水。

(3)按照测量仪器和电极使用说明书，先接好线路，将各开关置于“关”位置，开启电源开关，预热 15 min 之后，按照说明书进行。测定前，试液达到室温，并与标准溶液温度一致。

(4)应保证电极浸泡在试液中有一定深度，在交办速度恒定的条件下测定电位。

(5)在测量过程中判断电极是否达到平衡极其重要。根据国际纯粹与应用化学联合会推荐的响应时间，定义电位变化≤1 $mV \cdot min^{-1}$ 可认为响应达到平衡。

实验 15　天然水中水溶性阴离子的测定

一、实验目的

(1)了解天然水中阴离子的类型及意义。

(2)熟悉离子色谱仪的基本结构和功能。

(3)掌握离子色谱仪定性定量分析阴离子的技术方法。

二、实验要求

根据天然水中水溶性阴离子的测定的有关原理和方法,利用实验室可提供的试剂、仪器和材料,选择最合理的方案(仪器、试剂、步骤等),寻找最合理的答案,完成下列任务,回答有关问题,并最终独立完成实验。实验室可提供的试剂和仪器见表3-62。

表 3-62　实验室可提供的试剂和仪器

试剂	氯化钾(KCl);硫酸钾(K_2SO_4);亚硝酸钠($NaNO_2$);硝酸钠($NaNO_3$);碳酸氢钠($NaHCO_3$);碳酸钠(Na_2CO_3);氢氧化钾(KOH);浓盐酸(HCl);浓硝酸(HNO_3);浓硫酸(H_2SO_4);溴化钾(KBr);超纯水
仪器和材料	烧杯(各种规格);玻璃棒;容量瓶(各种规格);分析天平(各种规格);台秤(各种规格);称量瓶;量筒(各种规格);滴管;吸耳球;移液管(各种规格);吸量管(各种规格);离子色谱仪(含淋洗液自动发生器);微量进样器;超声波发生器;0.45 μm 滤膜

三、实验原理

天然水中的水溶性离子主要来自于岩石或土壤中的矿物质与氧气、二氧化碳以及水的相互作用。天然水中主要含有八大离子,它们分别是 Na^+、K^+、Ca^{2+}、Mg^{2+}、HCO_3^-、NO_3^-、Cl^- 和 SO_4^{2-}。离子色谱法被认为是分析水溶性离子成分的最佳方法。

离子色谱是色谱的分支,它是将色谱法的高效分离技术与离子的自动检测技术相结合的一种分离分析技术。离子色谱仪以离子色谱交换树脂为固定相,电解质溶液为流动相,通过电导检测器进行检测。

本实验以阴离子交换树脂为固定相,以 $NaHCO_3$-Na_2CO_3 混合液为洗脱液,采用外标法定量,分析水中 Cl^-、SO_4^{2-}、NO_2^-、NO_3^-。当待测阴离子的试液进入分离柱后，在分离柱上发生，$R\text{-}HCO_3 + MX \xleftrightarrow{交换} RX + MHCO_3$（R代表离子交换树脂）。洗脱液不断经过分离柱，使交换在阴离子交换树脂上的各种阴离子又被洗脱。各种阴离子不断进行交换和洗脱过程，由于与离子交换树脂的亲和力不同，交换和洗脱有所不同，亲和力小的先流出分离柱，而亲和力大的后流出分离柱，因而各种离子得到分离。然后根据保留时间定性，峰面积定量。

在使用电导检测器时，待测阴离子从柱中被洗脱进入电导池，电导检测器随时检测出洗脱液中由于试液离子浓度变化导致的电导变化，并通过一定的方法使得试液中离子电导的测定得以实现。

离子色谱仪组成：高压恒流泵、六通阀进样、分离柱、抑制柱、再生泵、电导检测器和记录仪。离子色谱仪适用于微量或痕量阴离子（如 F^-、Cl^-、NO_2^-、Br^-、NO_3^-、HPO_4^{2-}、SO_3^{2-}、$S_2O_3^{2-}$、SO_4^{2-} 等）、阳离子（如 Li^+、Na^+、NH_4^+、K^+、Mg^{2+}、Ca^{2+} 等）的分析。

任务1　根据离子色谱仪简要的工作流程，请将下列文字填写完整：
液体样品在淋洗液(________)的带动下进入色谱柱(________)，在色谱柱进行离子交换________后，进入检测器，检测器依据各组分(离子)的物理性质或物理化学性质产生信号值(________或________)，信号输入记录仪得到信号随时间变化的色谱图。

问题1　离子色谱仪由哪几部分组成？简述各部分的主要功能。

问题2　色谱柱是色谱仪的核心部分，离子色谱仪以离子交换树脂作为色谱柱的固定相，依据不同离子对离子交换树脂亲和力的不同，通过离子交换实现分离。简述亲和力与离子半径、离子电荷的关系。

问题3　一张完美的离子色谱图能给出哪些重要信息？

四、实验内容

（一）试剂配制

1. $NaHCO_3$-Na_2CO_3 缓冲溶液

配制流程：

$$\left.\begin{array}{l}26.4\ g\ NaHCO_3\\ 25.44\ g\ Na_2CO_3\end{array}\right\}\xrightarrow{超纯水溶解}\xrightarrow{稀释、定容}1000\ mL\ 溶液$$

任务 2　指出配制流程中所需要的称量仪器和体积控制仪器名称。

任务 3　计算此溶液中 $NaHCO_3$ 和 Na_2CO_3 的物质的量浓度($mol \cdot L^{-1}$)。

任务 4　计算此溶液的 pH 值。

2. 洗脱使用液

取上述的缓冲溶液 10 mL,稀释定容至 1000 mL,备用。

3. 阴离子标准贮备液

具体配制过程见表 3-63。

表 3-63　阴离子标准贮备液配制记录表

步骤＼阴离子	Cl^-	SO_4^{2-}	NO_2^-	NO_3^-
①试剂选择(优级纯)	KCl	K_2SO_4	$NaNO_2$	$NaNO_3$
②干燥条件	105 ℃烘 2 h,干燥器保存		干燥器干燥 24 h 以上	
③称量/g				
④缓冲溶液/mL	10	10	10	10
⑤超纯水稀释、定容/mL	1000	1000	1000	1000
⑥阴离子浓度/$mg \cdot mL^{-1}$	1.00	1.00	1.00	1.00

任务 5　根据表 3-63 中阴离子的浓度,填写表中各试剂的质量。指出所需要的称量仪器名称。

问题 4　表 3-63 中缓冲溶液体积该用什么仪器控制?

问题 5　为什么试液都要加入 1%缓冲溶液成分?

4. 阴离子混合标准使用液

具体配制过程见表 3-64。

表 3-64　阴离子标准贮备液配制记录表

步骤＼阴离子	Cl^-	SO_4^{2-}	NO_2^-	NO_3^-
①量取体积/mL	3	25	5	1
②缓冲溶液/mL	5			
③超纯水稀释、定容/mL	100			
④阴离子浓度/$\mu g \cdot mL^{-1}$				

任务6 指出量取阴离子标准贮备液所用的仪器名称。

任务7 计算阴离子混合标准使用液中各离子的浓度($\mu g \cdot mL^{-1}$)。

5. 30 $mmol \cdot L^{-1}$ KOH 溶液(淋洗液)

任务8 假定需要此溶液 2000 mL,写出配制流程。

任务9 指出配制流程中所需要的称量仪器和体积控制仪器名称。

6. 标准系列溶液

具体配制过程见表 3-65。

表 3-65 阴离子标准使用液配制记录表

步骤 \ 编号	0	1	2	3	4	5	6
①阴离子混合标准使用液/mL	0	1	2	4	6	8	10
②缓冲溶液/mL	1						
③超纯水稀释、定容/mL	100						

问题6 表中 0 号溶液为空白溶液,实验中为何要配制此溶液?

(二)离子色谱条件的设定

色谱具体条件见表 3-66。

表 3-66 离子色谱方法参数记录表

分析柱	Ionpac AS11-HC 分离柱
抑制器	ASRS,直径为 4 mm
淋洗液	30 $mmol \cdot L^{-1}$KOH 溶液,流速 1 $mL \cdot min^{-1}$
检测器	电导检测器
进样量	20 μL

(三)标准系列溶液的离子色谱分析

仪器按照上述的方法设定好之后,平衡基线,测定标准系列的保留时间及峰面积。数据记录见表 3-67。

表 3-67　阴离子标准系列测定记录表

相关参数 \ 编号		0	1	2	3	4	5	6
Cl^-	浓度 $c(Cl^-)$/μg·mL^{-1}							
	保留时间/min							
	峰面积 $A(Cl^-)$							
	$A(Cl^-)$-$c(Cl^-)$标准曲线回归方程							
SO_4^{2-}	浓度 $c(SO_4^{2-})$/μg·mL^{-1}							
	保留时间/min							
	峰面积 $A(SO_4^{2-})$							
	$A(SO_4^{2-})$-$c(SO_4^{2-})$回归方程							
NO_2^-	浓度 $c(NO_2^-)$/μg·mL^{-1}							
	保留时间/min							
	峰面积 $A(NO_2^-)$							
	$A(NO_2^-)$-$c(NO_2^-)$回归方程							
NO_3^-	浓度 $c(NO_3^-)$/μg·mL^{-1}							
	保留时间/min							
	峰面积 $A(NO_3^-)$							
	$A(NO_3^-)$-$c(NO_3^-)$回归方程							

(四)水样处理及离子色谱分析

1. 水样预处理

水样澄清后，取上清液，然后过 0.45 μm 滤膜后待测，测定峰面积为 A_x。

2. 空白试验

用蒸馏水代替水样，取一定量，然后过 0.45 μm 滤膜后待测，测定峰面积为 A_0。

不同离子测定数据记录见表 3-68。

表 3-68　水样测定数据记录表

水样	待测离子	Cl^-	SO_4^{2-}	NO_2^-	NO_3^-
	保留时间/min				
	峰面积				
	阴离子浓度/μg·mL^{-1}				

任务 10　根据各离子回归方程以及水样分析过程，确定水样中各待测离子浓度。

五、数据分析

阴离子的浓度计算，见公式(3-28)：

$$c_{\text{阴离子}} = \frac{A_x - A_0 - a}{b} \tag{3-28}$$

式中，$c_{\text{阴离子}}$——水样中阴离子浓度，$\mu g \cdot mL^{-1}$；

A_X——水样中阴离子的峰面积；

A_0——空白样中阴离子的峰面积；

a——回归方程的截距；

b——回归方程的斜率。

六、注意事项

(1)用高灵敏度的离子色谱法测定时，一般应该稀释样品，对未知样最好稀释100倍以后测定，根据所得结果，再选择适当的稀释倍数。实际水样的浓度应乘以相应的稀释倍数。

(2)对有机物含量高的样品，应该先用有机溶剂萃取大量的有机物，然后再取水样进行分析；对严重污染或者成分复杂的样品，可采用预处理的方法，同时去除有机物和重金属离子。

实验 16　水体中 TOC 的测定

（非色散红外吸收法）

一、实验目的

(1)熟悉有机碳的测定原理。

(2)学会总有机碳(total organic carbon，TOC)分析仪使用方法及流程。

(3)熟练掌握环境样品的采集、前处理，仪器和分析方法的选取以及标准溶液的配制。

二、实验要求

根据对水体中 TOC 的测定有关原理和方法，利用实验室可提供的试剂、仪器和材料，选择最合理的方案(仪器、试剂、步骤等)，寻找最合理的答案，完成下列任务，回答有关问题，并最终独立完成实验。实验室可提供的试剂和仪器见表 3-69。

表 3-69　实验室可提供的试剂和仪器

试剂	邻苯二甲酸氢钾($C_8H_5KO_4$)；碳酸氢钠($NaHCO_3$)；碳酸钠(Na_2CO_3)；盐酸(HCl)；高纯氮气；高纯氧气；超纯纯净水
仪器和材料	TOC 分析仪；烘箱；干燥皿；天平(万分之一)；高纯氧气(罐)带压力表；容量瓶(各种规格)；烧杯(各种规格)；移液管(各种规格)；洗瓶；洗耳球

三、实验原理

1. 基本原理

水体中总有机碳(TOC)是评价水体中有机物污染程度的一项重要参考指标。TOC 的测定一般采用燃烧法，在高温下(900 ℃)，使水样中的有机物气化燃烧。将水溶液中的总有机碳氧化为二氧化碳，测定其含量。利用二氧化碳与总有机碳之间碳含量的对应关系，对水溶液中总有机碳进行定量测定。

近年来，国内外已经研制的各种类型的 TOC 分析仪，按照工作原理的不同，分为燃烧氧化-非色散红外吸收法、电导法、气相色谱法、湿法氧化-非色散红外吸收法。只需要一次性转化，流程简单，重现性好，灵敏度高，因此 TOC 分析仪得到国内外的广泛应用。

(1)差减法测定 TOC 的原理

水样分别被注入高温燃烧管和低温燃烧管中，高温燃烧管中的水样受高温催化氧化,使有机物和无机碳酸盐均转换为 CO_2,经过低温燃烧管的水样,受酸化而使无机盐转换为 CO_2,两者生成的 CO_2 依次导入非红外色散检测器,从而分别测得水中的总碳(TC)和无机碳(IC),总碳和无机碳的差值即为总有机碳 TOC。一般当水中苯、甲苯、环己烷和二氯甲烷含量较高时,用差减法测定。

(2)直接测定 TOC 的原理

将水样酸化后曝气,使各种碳酸盐分解成二氧化碳而驱除,再注入高温燃烧管中,可直接测定总有机碳。但是由于曝气过程中,会造成水样中的挥发性有机物的损失而产生测定误差,因此,其测定结果只是不可吹出的有机碳值。一般水体中挥发性有机物含量较少或者无机碳酸根离子含量较高时,用直接法测定。

地面水中常见共存离子 SO_4^{2-} 超过 400 mg · L^{-1},Cl^- 超过 400 mg · L^{-1},NO_3^- 超过 100 mg · L^{-1},PO_4^- 超过 100 mg · L^{-1},S^{2-} 超过 100 mg · L^{-1}。这些离子对测定有干扰,要作适当的前处理,以消除对测定结果的干扰,由于受水样、注射针孔的影响,测定结果不包括全部颗粒态碳。

2. TOC 测定方法

使用高温炉和低温炉皆有的 TOC 测定仪。将同一等量水样分别注入高温炉(900 ℃)和低温炉(150 ℃),则水样中的有机碳和无机碳均转化为 CO_2,而低温炉的石英管中装有磷酸浸渍的玻璃棉,能使无机碳酸盐在 150 ℃分解为 CO_2,有机物却不能被分解氧化。将高、低温炉中生成的 CO_2 依次导入非红外色散检测器,分别测得总碳(TC)和无机碳(IC),两者之差即为总有机碳(TOC)。

3. 总有机碳 TOC 分析仪结构

总有机碳 TOC 分析仪的组成包括进样口、无机碳反应器、有机碳氧化反应器(或是总碳氧化反应器)、气液分离器、非红外色散检测器、数据处理部分。

问题 1 何谓有机碳(TOC)? 它在水体中代表什么意义?
问题 2 测定有机碳的方法有哪些?
问题 3 差减法测定有机碳时,测定结果与哪些因素有关?
任务 1 写出有机碳分析仪的基本构成及差减法和直接法测定的基本原理。

四、实验内容

(一)试剂配制

1. 总碳标准贮备液(c=400 mg · L^{-1})

任务 2 写出配制流程。

任务 3　指出配制流程中所需要的体积测量仪器或体积控制仪器名称。

2. 总碳标准使用液(c=80 mg · L^{-1})

任务 4　写出配制流程。

任务 5　指出配制流程中所需要的称量仪器和体积控制仪器名称。

3. 无机碳标准贮备溶液(c=400 mg · L^{-1})

任务 6　写出配制流程。

任务 7　指出配制流程中所需要的体积测量仪器或体积控制仪器名称。

4. 无机碳标准使用液(c=80 mg · L^{-1})

任务 8　写出配制流程。

任务 9　指出配制流程中所需要的称量仪器和体积控制仪器名称。

(二)样品的测定

1. 样品采集及保存

水样采集后,必须贮存于棕色玻璃瓶中。常温下水样可保存 24 h,如不能及时分析,可加硫酸将其 pH 值调至≤2,于 4 ℃冷藏,可保存 7 天。

2. 标准曲线的绘制

取一组 7 个 10 mL 的具塞比色管,分别加入 0.00,0.50,1.50,3.00,4.50,6.00,7.50 mL 的有机碳标准溶液、无机碳标准溶液,混匀,配置成 0.0,0.40,1.20,2.40,3.60,4.80,6.00 mg · L^{-1}的有机碳和无机碳标准系列溶液,然后按照上述的步骤,用测得的标准系列吸收峰高值,减去空白试验的吸收峰高值,得到校正吸收峰高值。由标准系列溶液的浓度与对应的校正吸收峰高值绘制有机碳和无机碳校准曲线,标准系列数据记录入表 3-70。

表 3-70　标准系列数据记录表

样品编号	1	2	3	4	5	6	7
总碳标准使用液/mL	0.00	0.50	1.50	3.00	4.50	6.00	7.50
无机碳标准使用液/mL	0.00	0.50	1.50	3.00	4.50	6.00	7.50
水,定容/mL	100	100	100	100	100	100	100
总碳浓度/mg · L^{-1}							

续表

样品编号	1	2	3	4	5	6	7
无机碳浓度/$mg \cdot L^{-1}$							
TC 响应值							
IC 响应值							
TOC 响应值							

问题 4　表 3-70 中 1 号溶液为空白溶液，实验中为何要配制此溶液？

任务 10　做 TC，IC，TOC 的浓度 c 与响应值的标准曲线，列出回归方程。

3. 水样测定

经酸化的水样，在测定之前用氢氧化钠（NaOH）中和至中性，测定有机碳和无机碳，测量仪器出现相应的吸收峰高值 A_x。空白试验用水代替试样测定有机碳和无机碳，测量仪器出现相应的吸收峰高值 A_0。数据记录见表 3-71。

表 3-71　水样 TC、IC、TOC 测定记录表

	TC	IC	TOC
水样响应值 A_x			
空白响应值 A_0			

任务 11　根据标准曲线计算出水样中 TC，IC，TOC 的浓度。

五、结果分析

1. 差减法

根据所测式样吸收峰峰面积，减去空白试验吸收峰峰面积的校正值，从标准曲线上查得或由校准曲线回归方程算得总碳（TC）和无机碳（TIC）值，总碳与无机碳之差值，即为样品总有机碳浓度。

有机碳的浓度计算，见公式（3-29）：

$$c(\mathrm{TOC}) = c(\mathrm{TC}) - c(\mathrm{IC}) \tag{3-29}$$

式中，$c(\mathrm{TOC})$——试样总有机碳质量浓度，$mg \cdot L^{-1}$；

$c(\mathrm{TC})$——试样总碳质量浓度，$mg \cdot L^{-1}$；

$c(\mathrm{IC})$——试样无机碳质量浓度，$mg \cdot L^{-1}$；

2. 直接法

有机碳、无机碳、总碳的浓度计算，见公式（3-30）：

$$c(\text{TOC},\text{TC},\text{IC}) = \frac{A_x - A_0 - a}{b} \tag{3-30}$$

式中，c(TOC，TC，IC)——试样总有机碳（总碳、无机碳）质量浓度，$mg \cdot L^{-1}$；

A_X——水样中有机碳（总碳、无机碳）的峰面积；

A_0——空白样中有机碳（总碳、无机碳）的峰面积；

a——回归方程的截距；

b——回归方程的斜率。

六、注意事项

(1)TOC 分析仪测量前必须进行赶气泡、吹洗各 3 次，必须进行仪器检漏。

(2)蒸馏水必须为新换或新制，盐酸必须新配。

(3)每次测定样品后必须清洗管路，以防污染管路。

(4)载气压力必须相对稳定在 0.99～1.15 bar，二级压力表指示为 0.1～0.12 MPa。

实验 17　水中的正构烷烃测定

（气相色谱法）

一、实验目的

(1)熟悉气相色谱仪主要部件及各部件的功能。

(2)加深对色谱分析定性、定量分析依据的理解。

(3)理解外标法测定待测组分含量的方法。

二、实验要求

根据气相色谱法测定降水中正构烷烃的有关原理和方法，利用实验室可提供的试剂、仪器和材料，选择最合理的方案(仪器、试剂、步骤等)，寻找最合理的答案，完成下列任务，回答有关问题并最终独立完成实验。实验室可提供的试剂和仪器见表3-72。

表 3-72　实验室可提供的试剂和仪器

试剂	无水乙醇(C_2H_6O)；正己烷(C_6H_{14})；正庚烷(C_7H_{16})；正十四烷[$CH_3(CH_2)_{12}CH_3$]；正十五烷($C_{15}H_{32}$)；正十六烷($C_{16}H_34$)等
仪器和材料	烧杯(各种规格)；玻璃棒；容量瓶(各种规格)；分析天平(各种规格)；台秤(各种规格)；称量瓶；量筒(各种规格)；滴管；吸耳球；移液管(各种规格)；吸量管(各种规格)；微量移液器(各种规格)；气相色谱仪；高纯 N_2；高纯 H_2；高纯 O_2；高纯 He；微量注射器；色谱柱(DB-5 石英毛细管柱)；FID 检测器；ECD 检测器；TCD 检测器；固相萃取装置；K-D 浓缩仪；循环真空泵；烘箱等

三、实验原理

大气中的正构烷烃主要来自于石油产品的挥发，以及水生和陆生植物蜡质层的排放。正构烷烃是一类没有支链的烷烃化合物，其理化性质相近，气相色谱分析法能将它们有效地进行分离和测定。

气相色谱法是利用待测组分在两相间________________的不同来实现分离后进行定性定量分析的仪器分析方法。特别适用于测定__________挥发、__________沸点、热稳定性__________的__________及__________化合物。

气相色谱仪的基本构造：载气及流速控制系统、进样系统、色谱柱系统、检测器系统、记录器系统及温控系统。

任务 1　请将上述文字填写完整。

任务 2　外标法也叫标准曲线法，结合色谱分析原理，介绍标准曲线法在色谱分析中的原理及实验过程。

问题 1　分离在气相色谱仪的哪个部位进行？

问题 2　气相色谱法定性和定量分析的依据分别是什么？

分析原理：利用被测定物质各组分在不同两相间分配系数的微小差异，当两相做相对运动时，这些物质在两相间进行反复多次分配，使得原来的微小差异产生明显的效果，而使不同组分得到分离，根据保留时间定性，根据峰面积进行定量。

任务 3　实验选用 DB-5 石英毛细管柱，查资料确定该色谱柱中的固定液为何物。

问题 3　本实验测定降水中的正构烷烃类化合物，应选用何种检测器？

四、实验内容

(一)试剂配制

1. 正构烷烃(含 C_6H_{14}，$C_{14}H_{30}$，$C_{15}H_{32}$，$C_{16}H_{34}$)混合标准贮备液

配制流程：

正己烷(C_6H_{14})0.01 g
正十四烷($C_{14}H_{30}$)0.01 g
正十五烷($C_{15}H_{32}$)0.01 g
正十六烷($C_{16}H_{34}$)0.01 g
—无水乙醇、溶解、稀释、定容→ 100 mL 溶液

任务 4　指出配制流程中所需要的称量仪器和体积控制仪器名称。

任务 5　计算混合标准溶液中各组分的浓度($\mu g \cdot mL^{-1}$)。

注：配制流程中各正构烷烃的质量为参考质量，计算浓度时按实际称量质量计算。

2. 正构烷烃(含 C_6H_{14}，$C_{14}H_{30}$，$C_{15}H_{32}$，$C_{16}H_{34}$)混合标准系列溶液

正构烷烃混合标准系列的配制记录在表 3-73。

表 3-73 正构烷烃混合标准系列记录表

步骤＼编号		1	2	3	4	5	6
①正构烷烃混合标准系列溶液/mL		0	0.1	0.2	0.3	0.4	0.5
②无水乙醇定容/mL		50					
③浓度/$\mu g \cdot mL^{-1}$	正己烷						
	正十四烷						
	正十五烷						
	正十六烷						

任务 6 指出步骤①所需要的体积测量仪器名称。

任务 7 计算步骤③混合标准系列溶液中各组分的浓度($\mu g \cdot mL^{-1}$)。

(二)仪器条件的设定及标准系列溶液的测定

1. 开机及仪器参数设定

仪器参数见表 3-74。

表 3-74 气相色谱仪参数记录表

①温度	
进样口	275 ℃
检测器	程序升温:初始温度 120 ℃,保持 1 min,以 6 ℃ · min^{-1}升温至 300 ℃,保持 5 min
②高纯 N_2(载气)	
柱流量	流量 3 $mL \cdot min^{-1}$
尾吹气	流量 40 $mL \cdot min^{-1}$
③高纯 H_2	
燃气	流量 40 $mL \cdot min^{-1}$
④空气	
助燃气	流量 45 $mL \cdot min^{-1}$
⑤进样	
进样量	1.0 μL

2. 正构烷烃(含 C_6H_{14},$C_{14}H_{30}$,$C_{15}H_{32}$,$C_{16}H_{34}$)混合标准系列溶液的色谱分析

按照上述的仪器参数配置好仪器后,等基线稳定后,开始进样,测定的标准系列数据记录见表 3-75。

表 3-75　正构烷烃标准系列测定记录表

组分	浓度 $c/\mu g \cdot mL^{-1}$	保留时间 t_r/min	峰面积 A	A-c 标准曲线及回归方程
正己烷				
正十四烷				
正十五烷				
正十六烷				

任务 8　学习气相色谱仪的基本使用方法。

任务 9　由不同组分不同浓度的测量数据对分析结果进行归纳总结。

（三）水样预处理及分析测定

1. 水样预处理

当大气降水中的正构烷烃作为待测组分时，降水中的水作为基体以及其他干扰组分对待测组分测定结果会造成一定的影响，为消除基体及干扰物的影响，必须将待测组分与基体及干扰组分进行分离。

固相萃取就是利用 SPE 柱中的选择性吸附剂来吸附水样中的待测组分，从而实现待测组分与基体及干扰物分离的一种技术。水样过 SPE 柱，被 SPE 柱吸附的待测组分经过洗脱得到洗脱液，洗脱液浓缩定容后就可进行色谱分析。

水样预处理流程：

大气降水样品（$V \geqslant 500$ mL）$\xrightarrow{0.45\ \mu m\ 滤膜过滤}$ $\xrightarrow{SPE\ 柱吸附分离，60\ ℃烘干}$ $\xrightarrow{6\ mL\ 正庚烷洗脱}$ $\xrightarrow{K\text{-}D\ 浓缩器浓缩、定容}$ 1.0 mL 溶液

同时取蒸馏水，重复上面的水样预处理步骤，定容后作为空白。

问题 4 选择题

①分离可以提高分析方法的：

(A)准确度 (B)灵敏度 (C)选择性 (D)精密度

②浓缩可以提高分析方法的：

(A)准确度 (B)灵敏度 (C)选择性 (D)精密度

问题 5 水样预处理流程中需要准确控制的测量数据有哪些?

任务 10 与“相似相溶原理”类似，吸附剂对化合物的吸附符合“相似相吸原理”，根据大气降水中的待测组分，查资料确定 SPE 柱中的吸附剂。

2. 色谱分析

水样中正构烷烃数据测定结果记录入表 3-76。

表 3-76 正构烷烃数据测定结果记录

进样量	1.0 μL			
色谱条件	参照表 3-74			
样品	水样		空白	
待测组分	保留时间 t_r/min	峰面积 A_x	保留时间 t_r/min	峰面积 A_0
正己烷				
正十四烷				
正十五烷				
正十六烷				

五、结果分析

水样中单组份烃类计算，见公式(3-31)：

$$c_i = \frac{(A_x - A_0 - a)V_i}{bV} \tag{3-31}$$

式中，c_i——样品中组分 i 的质量浓度，$mg \cdot L^{-1}$；

A_x——水样中目标物的峰面积；

A_0——空白样中目标物的峰面积；

a——回归方程的截距；

b——回归方程的斜率；

V_i——萃取液的体积，mL；

V——水样的体积，mL。

水样中总烃类的计算，见公式(3-32)：

$$c = \sum c_i \tag{3-32}$$

式中，c——水样中总烃类的质量浓度，$mg \cdot L^{-1}$；

c_i——样品中分组分 i 的质量浓度，$mg \cdot L^{-1}$。

六、注意事项

（1）在萃取过程中，会出现乳化现象，用离心、过滤的方法破乳或者冷冻方法破乳。

（2）在样品分析时，若处理过程溶剂转换不完全，会出现保留时间飘移，峰变宽或者双峰现象。

（3）每批溶剂均应该分析试剂空白，每分析一批样品，至少做一个空白试验，各组分回收率保证在 60％～120％。

第四章　大气环境监测实验

实验18　空气中总悬浮颗粒物(TSP)的测定
（重量法）

一、实验目的

(1)掌握大气中总悬浮颗粒物的测定的原理、方法和操作过程。
(2)熟悉颗粒物采样器、分析天平、恒温恒湿箱等的使用。

二、实验要求

根据重量法测定空气中总悬浮颗粒物(total suspended particles,简称TSP)的有关原理和方法,利用实验室可提供的材料和仪器,选择最合理的方案(仪器、步骤等),寻找最合理的答案,完成下列任务,回答有关问题,并最终独立完成实验。实验室可提供的材料和仪器见表4-1。

表4-1　实验室可提供的材料和仪器

材料	超细玻璃纤维滤膜(直径8～10 cm);滤膜袋或者储存盒等
仪器	X光看片机;分析天平(各种规格);台秤(各种规格);中流量采样器(流量0.05—0.15 $m^3 \cdot min^{-1}$);恒温恒湿箱(箱内空气温度要求在15～30 ℃范围内连续可调,控温精度±1 ℃,相对湿度应控制在50%±5%);中流量孔口流量计;干燥器;气压计;温度计;镊子等

三、实验原理

大气颗粒物的粒径范围在0.01～100 μm,统称为总悬浮颗粒物,测定总悬浮颗粒物一般可以采用大流量(1.1～1.7 $m^3 \cdot min^{-1}$)和中流量(0.05～0.15 $m^3 \cdot min^{-1}$)采样法。本实验通过中流量采样、滤膜捕集重量法测定大气中的总悬浮颗粒物的浓度。其原理是:通过中流量采样器抽取一定体积的空气,使之通过已恒重的滤膜,则空气中的悬浮颗粒物被阻留在滤膜上,根据采样前后滤膜质量之差及采样气体体积(标准状态下),即可计算总悬浮颗粒物的体积质量浓度。

任务 1　写出本实验用到的试剂和仪器。
任务 2　写出本实验测定方法的基本原理。
问题 1　本实验测定过程为什么选取中流量采样器采样?说明原因。
问题 2　滤膜称重到恒重,何谓恒重?如何评价滤膜已经恒重?

四、实验内容

(一)采样器流量校准

1. 采样器在实验前,用孔口流量计进行流量校准。

2. 采样器工作点流量的校准

打开采样头的采样盖,按正常位置放置一张干净的滤膜,将孔口流量计的接口与采样头密封连接。同时,孔口流量计的取压口与压差计相连。

接通电源,开启采样器,待工作正常后,调节采样器流量,使得孔口流量计的压差值符合上述孔口流量计的压差值的计算结果。

3. 采样器校准数据记录及处理(见表 4-2)

表 4-2　采样记录表

市(区):＿＿＿＿＿＿　采样点:＿＿＿＿＿＿　采样人:＿＿＿＿＿＿

采样器编号	孔口流量计编号	月平均温度 T/K	测试现场平均气压 p/kPa	孔口流量计压差计算值 ΔH/Pa	采样器工作点流量 Q_{MN}/L·min^{-1}

任务 3　查阅资料,写出校准大气采样器流量的基本步骤。
问题 3　从实验装置的角度来看,校准结果的正确与否与装置的哪个方面有关?
问题 4　校准结束后,采样时,采样器流量是否还需重新调节?

(二)采样及测定流程

1. 滤膜检查

每张滤膜使用前均需用 X 光看片机检查,不得使用有针孔或有任何缺陷的滤膜采样。

2. 采样前滤膜的平衡

将滤膜放置温恒湿箱内，控制温度在 20～25 ℃，温度变化小于±3 ℃，控制相对湿度小于 50%，湿度变化小于 5%。平衡 24 h 后迅速称量。

3. 采样前滤膜称重

迅速称量在恒温恒湿箱内已平衡 24 h 的滤膜，读数准确至 0.1 mg，记下滤膜的编号和质量，将其平展地放在光滑洁净的纸袋内，然后贮存于盒内备用。

4. 采样

将已恒重的滤膜用小镊子取出，“毛”面向上，平放在采样夹的网托上，拧紧采样夹，按照规定的流量采样；通常用采样流量为 0.10 $m^3 \cdot min^{-1}$。采样时，同时记录温度、气压和采样时间。采样后，用镊子小心取下滤膜，使采样“毛”面朝内，以采样有效面积的长边为中线对叠好，放回表面光滑的滤膜袋并贮于盒内。颗粒物采样情况记录入表 4-3。

表 4-3　总悬浮颗粒物采样记录

市(区)：____________　采样点：____________　采样人：____________

月日	时间	采样温度 T/K	采样气压 p/kPa	采样器编号	滤膜编号	压差值/cmH_2O			流量($m^3 \cdot min^{-1}$)	
						开始	结束	平均	Q	Q

注：1 cmH_2O=98.0665 Pa。

任务 4　写出评判滤膜是否合格的方法。

任务 5　写出采样后滤膜的处理方法。

问题 5　如何评价该滤膜的称量是否合格？

问题 6　采样前为什么要检查采样器是否漏气？

问题 7　怎么用重量法测定大气中的总悬浮颗粒物？应该注意哪些影响因素？

5. 采样后滤膜的平衡及称量

将采样后的滤膜放置在恒温恒湿箱内，与采样前同等条件下平衡 24 h 后迅速称量。

(三)数据记录与处理

总悬浮颗粒物的浓度测定记录入表 4-4。

表 4-4 总悬浮颗粒物浓度测定记录

市(区):__________ 采样点:__________ 采样人:__________

日期	滤膜编号	起始时间	结束时间	温度 T /K	气压 p /kPa	流量 /$m^3 \cdot min^{-1}$	采样前滤膜质量 W_1/g	采样后滤膜质量 W_2/g

送检人:__________ 分析者:__________ 审核者:__________

注:中流量采样一般适合测定短时间内的大气中总悬浮颗粒物的浓度,欲测定日平均浓度一般从 08:00 开始至第二天 08:00 结束,可用几张滤膜分段采样,总计采样时间不低于 16 h,合并计算日平均浓度。

任务 6 假定采样时间间隔为 t(min),写出标准状况下采样体积 V_N(m^3)的计算公式。

任务 7 根据重量法的原理,写出大气中总悬浮颗粒物浓度 TSP($mg \cdot m^{-3}$)计算公式。

问题 8 浓度的计算公式中,采样体积为什么要换算成标准状态下的体积?

五、数据处理

$$TSP = \frac{m}{Q_n t} \tag{4-1}$$

式中,TSP——总悬浮颗粒物浓度,$m^3 \cdot min^{-1}$;

m——采样在滤膜上的总悬浮颗粒物的质量,mg;

t——采样时间,min;

Q_n——标准状态下的采样流量,$m^3 \cdot min^{-1}$。

Q_n 的计算按照公式(4-2)计算

$$\begin{aligned} Q_n &= \frac{Q_2 \times [(T_3/T_2) \times (p_2/p_3)]^{1/2} \times 273 \times p_3}{101.3 \times T_3} \\ &= 2.69 \times Q_2 \times [(p_2/T_2)(p_3/T_3)]^{1/2} \end{aligned} \tag{4-2}$$

式中,Q_2——现场采样流量,$m^3 \cdot min^{-1}$;

p_2——采样器现场校准时大气压强,kPa;

p_3——采样时大气压强,kPa;

T_2——采样器现场校准时大气压强空气温度,K;

T_3——采样时的空气温度,K。

若 T_3、p_3 与采样器校准时的 T_2、p_2 相近,可用 T_2、p_2 代替。

六、注意事项

(1)滤膜称量时的质量控制:取干净滤膜若干张,在室内平衡 24 h 后称量。每张滤膜称量 10 次以上，每张滤膜的平均值为该张滤膜的原始质量，此为“标准滤膜”。每次称量清洁或样品滤膜的同时，称量两张标准滤膜，若称出的质量在原始质量±5 mg 范围内，该滤膜为合格滤膜。

(2)要经常检查采样头是否漏气。当滤膜颗粒物与四周白边之间的界线逐渐模糊时，则表明应该更换面板密封垫。

(3)称量不带衬纸的聚氯乙烯滤膜时，在取放滤膜时，用金属镊子接触一下天平盘，以消除静电的影响。

(4)两台采样器安放在≤4 m，≥2 m 的距离内，同时采样测定总悬浮颗粒物含量，相对偏差<15%。

实验19　大气中可吸入颗粒物的测定

一、实验目的

(1)熟悉重量法测定大气中的可吸入颗粒物的原理。

(2)掌握可吸入颗粒物的采样方法及测定方法。

二、实验要求

根据重量法测定空气中可吸入颗粒物(particles matter,简称PM)的有关原理和方法,利用实验室可提供的材料和仪器,选择最合理的方案(仪器、步骤等),寻找最合理的答案,完成下列任务,回答有关问题,并最终独立完成实验。实验室可提供的材料和仪器见表4-5。

表4-5　实验室可提供的材料和仪器

材料	超细玻璃纤维滤膜(直径8～10 cm);滤膜袋等
仪器	分析天平(各种规格);台秤(各种规格);可吸入颗粒采样器(流量0.05～0.15 $m^3 \cdot min^{-1}$);恒温恒湿箱(箱内空气温度要求在15～30 ℃范围内连续可调,控温精度±1 ℃,相对湿度应控制在50%±5%);中流量孔口流量计;干燥器;气压计;温度计;镊子;改锥;信封;手套;秒表;接线板;超细玻璃纤维滤膜(石英滤膜或者混合纤维素滤膜)

三、实验原理

可吸入颗粒物指空气动力学当量直径≤10 μm的颗粒物,又称为PM_{10},也称可吸入颗粒物或飘尘,$PM_{2.5}$就是其中的一种。PM_{10}会诱发哮喘,长期累积会引起呼吸系统疾病,如气促、咳嗽、慢性支气管炎、慢性肺炎等。

重量法测定的基本原理:使一定体积的空气进入切割器,将10 μm以上粒径的微粒分离,小于这一粒径的微粒随着气流经分离器的出口被阻留在已恒重的滤膜上。根据采样前后滤膜的重量差及采样体积。计算出可吸入颗粒物浓度,以毫克/标准立方米($mg \cdot m^{-3}$)表示。

任务1　写出本实验所需要的试剂材料、仪器。

任务2　写出本实验测定可吸入颗粒物的基本原理。

问题1 什么是可吸入颗粒物？
问题2 实验过程为什么要记录采样的时间节点、地点、大气压、温度？

四、实验步骤

（一）前处理

1. 采样流量器校准：采样器每月用孔口校准器进行流量校准。

2. 一般先将干净的圆环滤膜、圆片滤膜放在干燥器内放置 24 h 并称重，至恒重。

注意取、放滤纸时要用镊子，并且戴手套；放置滤纸时要把毛面向上；采样前滤纸不能弯曲和对折。称量滤纸时最好称两次，结果取平均值。

（二）安装实验装置及采样

1. 实验装置

（1）仪器连接。

（2）打开采样头上盖，用清洁的布擦去外壳及内表面等处的灰尘。

（3）将校准过流量的采样器入口取下，旋开采样头，将已恒重过的 ϕ50 mm 的滤膜安放于冲击环下，滤膜毛面对着进气方向，同时于冲击环上放置环形滤膜，再将采样头旋紧，装上采样头入口，放置于监测点。

（4）打开开关旋钮，将流量调至 13 L · min^{-1}（随时调节流量，使流量计保持 13 L · min^{-1}），采样 24 h，记录采样时的温度、压强及采样起止时间，填入表 4-6。

表 4-6 可吸入颗粒物浓度测定记录

市（区）：________ 采样点：________ 采样人：________

日期	滤膜编号	起始时间	结束时间	温度 T /K	气压 p /kPa	流量 /L · min^{-1}	采样前滤膜质量 m_1/g	采样后滤膜质量 m_2/g

任务3 假定采样时间间隔为 t(min)，写出标准状况下采样体积 Vn(m^3)的计算公式。

任务4 根据重量法的原理，写出大气中可吸入颗粒物浓度 c(mg · m^{-3})计算公式。

2. 样品处理

采样结束后，用镊子取出滤膜，将滤膜毛面朝里对折保存在干净的纸袋中，置干燥器中半小时后称重。

任务 5　简述可吸入颗粒物的采样过程。

任务 6　写出采样过程的注意事项。

问题 3　滤膜在放入采用器之前应该怎么样处理？

问题 4　监测点的选择应该注意什么问题？采样过程为什么要时刻注意观察，让流量计处于恒定流量值？

五、结果计算

可吸入颗粒物的浓度计算，见公式(4-3)：

$$c=\frac{(m_2-m_1)\times 10^6}{Q_n\times t} \tag{4-3}$$

式中，c——可吸入颗粒物的浓度，mg · m^{-3}；

m_2——采样后滤膜的质量，g；

m_1——采样前滤膜的质量，g；

t——采样时间，min；

Q_n——标准状态下的采样流量，L · min^{-1}。

Q_n 的计算见公式(4-4)：

$$Q_n=Q_1\times(\frac{p_1}{100}\times\frac{273}{T_1}) \tag{4-4}$$

式中，Q_1——指定采样流量，L · min^{-1}；

p_1——仪器采样环境大气压，kPa；

T_1——仪器采样地点工作时间平均温度，K。

六、注意事项

(1)采样时，采样口距离地面不得低于 3～5 m，采样时风速≤8 m · s^{-1}，采样点应该避开污染源及障碍物。

(2)采样前采样器要校正流量。

(3)滤膜采集后，如不能立即称重，应该在 4 ℃条件下密封冷藏保存。

(4)在含尘较多的空气中，应该在开机前，安装好带滤膜的采样头，否则尘粒进入机内，会影响气泵的运转和气路清洁。

实验20　空气中可沉降颗粒物的测定

（重量法）

一、实验目的

(1)掌握空气中可沉降颗粒物的采样方法。

(2)掌握空气中可沉降颗粒物的测定方法和原理。

(3)熟悉蒸发、干燥的全过程。

二、实验要求

根据测定空气中可沉降颗粒物(settling particulate matter,简称SPM)的有关原理和方法,利用实验室可提供的材料和仪器,选择最合理的方案(仪器、步骤等),寻找最合理的答案,完成下列任务,回答有关问题,最终独立完成实验。实验室可提供的材料和仪器见表4-7。

表4-7　实验室可提供的材料和仪器

材料	超细玻璃纤维滤膜(直径8～10 cm);滤膜袋,乙二醇($C_2H_6O_2$)等
仪器	分析天平,感量0.1 mg;集尘缸,内径15±0.5 cm,高30 cm的圆筒形玻璃缸,缸底要平整;100 mL瓷坩埚;电热板(2000 W);搪瓷盘

三、实验原理

颗粒物是大气污染中最大,成分复杂,性质多样,危害较大的一种,它本身可以是有毒物质,还可以是其他有害物质在大气中的运载体、催化剂或反应床。在某些情况下,颗粒物质与所吸附的气态或蒸汽态物质结合会产生比单个组分更大的协同毒性作用,大气中的颗粒污染物,特别是细小颗粒,对人体的健康损害极大,各种呼吸道疾病的产生无不与它有关。

大气降尘是指在空气环境条件下,靠重力自然沉降在集尘缸中的颗粒物。

本实验采用重量法进行测定。其原理如下:空气中可沉降的颗粒物,经过一定时间后沉降在装有乙二醇水溶液做收集液的集尘缸内,经蒸发、干燥、称重后,计算相应时间内的降尘量。

任务1 选择本实验所需要的实验仪器材料与试剂。
任务2 写出本实验测定可沉降颗粒物的基本原理。
问题1 为什么选择乙二醇作为吸收液？分析原因。
问题2 为什么集尘缸要经过蒸发、干燥后才能称重？

四、实验步骤

（一）采样点的设置

在采样前，首先要选好采样点。选择采样点时，应先考虑设在集尘缸不易损坏的地方，还要考虑操作者易于更换集尘缸。普通的采样点一般设在矮建筑物的屋顶，根据需要也可以设在电线杆上。

采样点附近不应有高大建筑物，集尘缸放置高度应距离地面 5～12 m。在某一地区，各采样点集尘缸的放置高度尽力保持在大致相同的高度。如放置屋顶平台上，采样口应距平台 1～1.5 m，以避免平台扬尘的影响。集尘缸的支架应该稳定并很坚固，以防止被风吹倒或摇摆。在清洁区设置对照点。

（二）样品的采集

1. 放置集尘缸前的准备

集尘缸在放到采样点之前，加入乙二醇 60～80 mL，以占满缸底为准，加水量视当地的气候情况而定。譬如：冬季和夏季加 50 mL，其他季节可加 100～200 mL。加好后，罩上塑料袋，直到把缸放在采样点的固定架上再把塑料袋取下。开始收集样品。记录放缸地点、缸号、时间（年、月、日、时）。注：加乙二醇水溶液既可以防止冰冻，又可以保持缸底湿润，还能抑制微生物及藻类的生长。

2. 样品的收集

按月定期更换集尘缸一次（30±2 d）。取缸时应核对地点、缸号，并记录取缸时间（月、日、时），罩上塑料袋，带回实验室。取换缸的时间规定为月底 5 d 内完成。在夏季多雨季节，应注意缸内积水情况，为防水满溢出，及时更换新缸，采集的样品合并后测定。

（三）分析测定

1. 瓷坩埚的准备

将 100 mL 的瓷坩埚洗净、编号，在 105±5 ℃下，烘箱内烘 3 h，取出放入干燥器内，冷却 50 min，在分析天平上称量，再烘 50 min，冷却 50 min，再称量，直至恒重（两次重量之差小于 0.4 mg），此值为 m_0。

2. 可沉降颗粒物的测定

首先用尺子测量集尘缸的内径（按不同方向至少测定三处，取其算术平均值），然后用光洁的镊子将落入缸内的树叶、昆虫等异物取出，并用水将附着在上面的细小尘粒冲洗至缸内扔掉，用淀帚把缸壁擦洗干净，将缸内溶液和尘粒全部转入 500 mL 烧杯中，在电热板上蒸发，使体积浓缩到 10～20 mL，冷却后用水冲洗杯壁，并用淀帚把杯壁上的尘粒擦洗至缸内，将溶液和尘粒全部转移到已恒重的 100 mL 瓷坩埚中，放在搪瓷盘里，在电热板上小心蒸发至干（溶液少时注意不要崩溅），然后放入烘箱于 105±5 ℃烘干，按上述方法称量至恒重。此值为 m_1。

将与采样操作等量的乙二醇水溶液，放入 500 mL 的烧杯中，在电热板上蒸发浓缩至 10～20 mL，然后将其转移至已恒重的瓷坩埚内，将瓷坩埚放在搪瓷盘中，再放在电热板上蒸发至干，于 105±5 ℃烘干，按上述方法称量至恒重，减去瓷坩埚的重量 m_0，即为 m_c。数据记录在表 4-8。

表 4-8　可沉降颗粒物采样记录表

市（区）：＿＿＿＿＿＿＿＿　采样点：＿＿＿＿＿＿＿＿　采样人：＿＿＿＿＿＿＿＿

日期	集尘缸编号	起始时间	结束时间	温度 T/K	气压 p/kPa	风力	瓷坩埚重量 m_0/g	加入空白溶液蒸发至干瓷坩埚的重量 m_c/g	取样后，降尘、瓷坩埚和乙二醇水溶液蒸发至干并的重量 m_1/g

注意：淀帚是在玻璃棒的一端，套上一小段乳胶管，然后用止血夹夹紧，放在 105±5 ℃的烘箱中，烘 3 h 后使乳胶管粘合在一起，剪掉不粘合的部分制得，用来扫除尘粒。

任务 3　写出本实验可沉降颗粒物采样的基本步骤。
任务 4　写出计算可沉降颗粒物的公式。
问题 3　采样点的设置要注意什么问题？
问题 4　集尘缸为什么要离地面 1～1.5 m？
问题 5　放置集尘缸和样品收集时要注意什么问题？
问题 6　瓷坩埚在烘干时注意什么问题？

五、数据处理

降尘量为单位面积上单位时间内从大气中沉降的颗粒物的质量。其计量单位为每月每平方千米面积上沉降的颗粒物的吨数，即 t·(km^2·30 d)$^{-1}$。

降尘总量按公式计算(4-5)：

$$M = \frac{(m_1 - m_0 - m_c) \times 30 \times 10^4}{S \times n} \tag{4-5}$$

式中，M——降尘总量，t·(km^2·30 d)$^{-1}$；

m_1——降尘、瓷坩埚和乙二醇水溶液蒸发至干并在 105±5 ℃恒重后的重量，g；

m_0——在 105±5 ℃烘干的瓷坩埚重量，g；

m_c——与采样操作等量的乙二醇水溶液蒸发至干并在 105±5 ℃恒重后的重量，g；

S——集尘缸缸口面积，cm^2；

n——采样天数，(准确到 0.1 d)。

注意：数据处理结果保留两位小数。

六、注意事项

(1)大气降尘指可沉降的颗粒物，故应除去树叶、枯枝、鸟粪、昆虫、花絮等干扰物。

(2)每一个样品所使用的烧杯、瓷坩埚等的编号必须一致，并与其相对应的集尘缸的缸号一并填入记录表中。

(3)瓷坩埚在烘箱、马福炉及干燥器中，应分离放置，不可重叠。

(4)蒸发浓缩实验要在通风柜中进行，样品在瓷坩埚中浓缩时，不要用水洗涤坩埚，否则将在乙二醇与水的界面上发生剧烈沸腾使溶液溢出。当浓缩至 20 mL 以内时应降低温度并不断摇动坩埚。

实验21 大气中CO的测定

（非色散红外吸收法）

一、实验目的

(1)掌握非色散红外吸收法的原理。

(2)掌握CO分析仪的使用方法和测定CO的基本技术。

二、实验要求

根据大气中CO的测定的有关原理和方法，利用实验室可提供的试剂和仪器，选择最合理的方案（仪器、试剂、步骤等），寻找最合理的答案，完成下列任务，回答有关问题，最终独立完成实验。实验室可提供的试剂和仪器见表4-9。

表4-9 实验室可提供的试剂和仪器

试剂	高纯N_2(99.99%)；霍加拉特管；CO标准气；变色硅胶；无水氯化钙($CaCl_2$)
仪器	非色散红外CO分析仪；聚乙烯塑料采气袋、铝箔采气袋或衬铝塑料采气袋；双联球或小型采气泵；弹簧夹；玻璃纤维滤膜等

三、实验原理

CO对以4.5 μm为中心波段的红外辐射具有选择性吸收，在一定的浓度范围内，其吸收值（即吸光度）与CO浓度呈线性关系，根据气样的吸光度便可确定CO的浓度。测定时，水蒸气、悬浮颗粒物会干扰CO的测定，因此，测定时气样需要经过硅胶、无水氯化钙过滤管去除水蒸气，经过玻璃纤维滤膜去除颗粒物。

任务1 写出要进行本实验所选择的仪器和试剂。

任务2 写出CO分析仪的基本原理。

任务3 写出CO分析仪的仪器基本组成部件。

四、实验步骤

(一)采样

用双联球或小型采气泵将现场空气抽入采气袋内，洗 3～4 次，采气 500 mL，夹紧进气口。记录采样时间、地点、风速、大气压。

(二)测定步骤

(1)仪器启动和调零：开启电源开关，稳定 1～2 h，将高纯 N_2 连接在仪器进气口，通入 N_2 校准仪器零点。也可以用经霍加拉特管(加热至 90～100 ℃)净化后的空气调零。

(2)校准仪器：将 CO 标准气连接在仪器进气口，待仪器指示值稳定后，调节灵敏度调节电位器，使仪器指示值与标准气的浓度相符。重复 2～3 次。

(3)样品测定：将采气袋连接在仪器进气口，出口放空，打开仪器的泵开关，便可将样气抽入仪器内，从显示器上直接读得被测气体 CO 的浓度值 C_p(ppm)。

任务 4　写出测定 CO 的基本步骤。
问题 1　实验过程中，硅胶、无水氯化钙、玻璃纤维滤膜采样前需要怎么处理？
问题 2　采样时的双联球起什么作用？
问题 3　此处用到高纯氮气，其作用是什么？
问题 4　采样器采样时为什么气体要经过硅胶、无水氯化钙及玻璃纤维滤膜的过滤？各自的作用是什么？
问题 5　使用非色散红外一氧化碳分析仪时应该注意什么问题？

五、计算方法

CO 浓度的计算，见公式(4-6)：

$$CO(mg \cdot m^{-3}) = 1.25C_p \tag{4-6}$$

式中，C_p——仪器指示值，即实测空气中 CO 浓度，ppm；

1.25——CO 浓度从 ppm 换算为标准状态下质量浓度($mg \cdot m^{-3}$)的换算系数。

六、注意事项

(1)仪器启动后，必须预热，稳定一定时间再进行测定。

(2)仪器具体操作按仪器说明书规定进行。

(3)水蒸气、悬浮颗粒物会干扰 CO 的测定。测定时,气样需经变色硅胶或无水氯化钙过滤管除去水蒸气,经玻璃纤维滤膜除去颗粒物。

实验 22　大气中氮氧化物(NO_x)的测定

（盐酸萘乙二胺分光光度法）

一、实验目的

(1)熟悉大气采样点的布设原理及方法。

(2)掌握大气采样器的基本用法。

(3)掌握用盐酸萘乙二胺分光光度法测定大气中氮氧化物的原理及方法。

二、实验要求

根据“大气中氮氧化物的测定(盐酸萘乙二胺分光光度法)”的有关原理和方法，利用实验室可提供的试剂和仪器，选择最合理的方案(仪器、试剂、步骤等)，寻找最合理的答案，完成下列任务，回答有关问题，最终独立完成实验。实验室可提供的试剂和仪器见表 4-10。

表 4-10　实验室可提供的试剂和仪器

试剂	对氨基苯磺酸($C_6H_7NO_3S$)；盐酸萘乙二胺($C_{12}H_{14}N_2 \cdot 2HCl$)；冰醋酸($CH_3COOH$)；硝酸钾($KNO_3$)；亚硝酸钠($NaNO_2$)；浓盐酸(HCl)；三氧化铬($CrO_3$)；石英砂；蒸馏水等
仪器	烧杯(各种规格)；玻璃棒；容量瓶(各种规格)；分析天平(各种规格)；台秤(各种规格)；量筒(各种规格)；滴管；吸耳球；移液管(各种规格)；吸量管(各种规格)；酸式滴定管；碱式滴定管；锥形瓶；碘量瓶；比色管；大气采样器；多孔玻板吸收管；滤水阱；原子吸收分光光度计；紫外分光光度计；可见分光光度计；红外分光光度计等

三、实验原理

大气中的氮氧化物(NO_x)通常是指 NO 和 NO_2，主要来自于汽车排放出来的尾气(其中以 NO 为主)。本实验用盐酸萘乙二胺法测定。

大气中氮氧化物测定的基本原理：被测定的大气样品在抽气泵的作用下通过装有三氧化铬的双球玻璃管，其中的 NO 被三氧化铬氧化成 NO_2，NO_2 溶解于水，被吸收液所吸收，转化成 HNO_2(实验测定转换系数为 0.76)。生成的 HNO_2 与吸收液中的对氨基苯磺酸发生重氮化反应生成重氮盐，重氮盐与盐酸萘乙二胺发生偶联反应，生成的玫瑰红色偶氮化合物。该化合物在 540 nm 处形成最大吸收峰，可通过分光光度法测定其响应值。有关反应方程如下：

氧化：$NO \xrightarrow{CrO_3} NO_2$

吸收：$2NO_2+H_2O \longrightarrow HNO_2+HNO_3$(转换系数0.76)

显色：$HO_3S-C_6H_4-NH_2+HNO_2+HAc \xrightarrow{重氮化} [HO_3S-C_6H_4-\overset{+}{N}\equiv N]Ac^-+2H_2O$

$[HO_3S-C_6H_4-\overset{+}{N}\equiv N]Ac^- + C_{10}H_7-NHCH_2CH_2NH_2 \cdot 2HCl \xrightarrow{偶联}$

$HO_3S-C_6H_4-N=N-C_{10}H_6-NHCH_2CH_2NH_2+HAc+2HCl$

（玫瑰红色）

任务 1　查资料确定 CrO_3 和 Cr_2O_3 的颜色。

问题 1　何谓分光光度法？写出分光光度法定量分析依据以及常用的定量分析方法。

问题 2　吸收液呈现颜色深浅与吸光度有何关系？

四、实验内容

(一)试剂配制

1. 100 $\mu g \cdot mL^{-1} NO_2^-$ 贮备液的配制

任务 2　假定需该贮备液 500 mL，选择合适的试剂，写出配制流程。

任务 3　指出配制流程中所需要的称量仪器和体积控制仪器名称。

2. 5 $\mu g \cdot mL^{-1} NO_2^-$ 标准使用液的配制

任务 4　假定需该使用液 100 mL，写出配制流程。

任务 5　指出配制流程中所需要的仪器名称。

3. 吸收液的配制

配制流程：

5 g 对氨基苯磺酸 $\xrightarrow{200\ mL\ H_2O溶解}$ $\xrightarrow{0.05\ g盐酸萘乙二胺}$ $\xrightarrow{50\ mL冰醋酸}$ $\xrightarrow{H_2O稀释、定容}$ 1000 mL

① ② ③ ④ ⑤ ⑥

任务6　指出配制流程中步骤①、③所使用的称量仪器名称。

任务7　指出配制流程中步骤②、④、⑥所需要的体积测量或体积控制仪器名称。

4. 氧化剂的制备

配制流程：

5 g 三氧化铬(CrO_3) —少量 H_2O (①)→ 糊状 —95 g 石英砂，混匀 (②)→ —105 ℃烘干→ 松散颗粒状氧化剂

任务8　指出制备流程中步骤①、②所使用的称量仪器名称。

问题3　三氧化铬起什么作用？三氧化铬中加入石英砂有何用途？

5. 双球氧化管的准备

在双球氧化管(图 4-1 所示)的球部装入制备的松散颗粒状氧化剂，球两端用脱脂棉堵上后，玻璃管两端用橡皮帽密封备用。采样装置连接如图 4-2 所示。

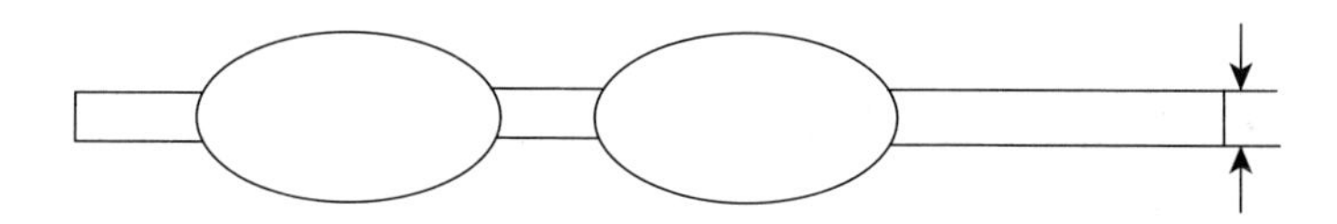

图 4-1　双球玻璃管结构示意图

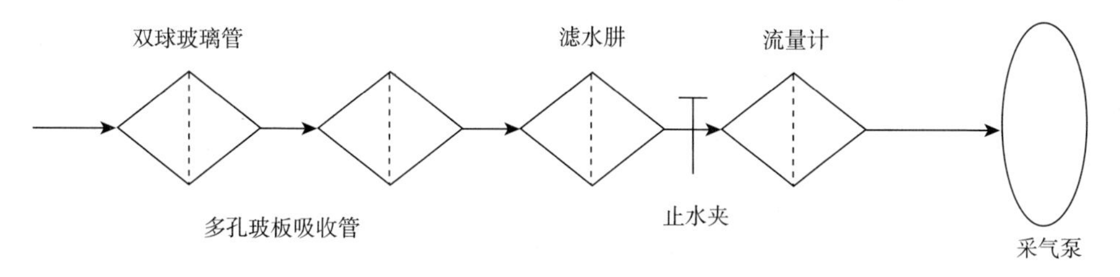

图 4-2　采样装置连接示意图

(二)标准曲线的制作

取 6 只比色管，分别移取 0.00，0.10，0.20，0.30，0.40，0.50 mL NO_2^- 标准使用液于比色管中，用吸收液定容至 5 mL，混匀，静置 15 min，于 540 nm 测定其吸光度。数据记录在表 4-11。

表 4-11 标准样品记录表

步骤 \ 数据 \ 编号	0	1	2	3	4	5
①NO_2^- 标准使用液/mL	0.00	0.10	0.20	0.30	0.40	0.50
②吸收液定容/mL	5.00					
③放置/min	15					
④NO_2 含量 $m/\mu g$						
⑤吸光度 A						

任务 9 指出步骤①所使用的体积测量仪器名称。

任务 10 根据试剂 NO_2^- 标准使用液的浓度完成步骤④。

任务 11 做 A-m 标准曲线，列出回归方程。

(三)采样及分析测定

1. 采样

取 2 支洗净干燥的多孔玻板吸收管，分别加入 5 mL 吸收液，带到采样现场，其中 1 支作为现场空白溶液(不采样)，按下列连接次序组装采样装置：

双球氧化管—多孔玻板吸收管—滤水阱—抽气泵(大气采样器)

将大气采样器安装在支架上，调整大气采样器支架高度使进气口高度与呼吸带高度相当。开启大气采样器，使流量控制在 0.2～0.3 $L\cdot min^{-1}$ 进行采样。当吸收液呈明显的玫瑰红色时带回实验室进行吸光度测定(按国家标准至少采样 45 min)。采样数据记录在表 4-12。

表 4-12 大气中氮氧化物采样记录

市(区)：________ 采样点：________ 采样人：________

采样日期	采样点温度/℃	采样点压强/Pa	采样器流量/$L\cdot min^{-1}$	采样时间	采样地点

问题 4 大气污染物分布有何特点？

问题 5 多孔玻板吸收管有什么作用？

问题 6 大气采样时，如何确定合适的空气采样量？

2. 样品测定

采样后，吸收管拿回室内，将吸收管中的体积补充到 5 mL，然后测定采样液和现场空白溶液的吸光度。记录在表 4-13。

表 4-13　样品测定记录表

分析项目		数据
吸光度	现场空白溶液吸光度 A_0	
	采样液吸光度 A	
采样体积	采样体积 V_t/L	
	标准状况（p_0=101325 Pa，T_0=273.15 K）体积 V_0/L	

问题 7　测定溶液吸光度时有何特殊要求?

问题 8　如何根据现场空白溶液吸光度 A_0 和采样液吸光度 A 计算采样液 NO_x 浓度?

问题 9　本实验以单位 $mg \cdot m^{-3}$ 表示大气中 NO_x 浓度，为何要将采样气体体积换算成标准状况下体积?

五、数据处理

1. 将采样体积换算成标准状况下采样体积 V_0

标准状况下采样体积 V_0 的计算，见公式(4-7)：

$$V_0 = V_t \times \frac{273p}{(273+t) \times 760} \tag{4-7}$$

式中，V_t——采样实际体积，L；

p——采样点的大气压强，Pa；

t——采样点的气温，℃。

2. 氮氧化物浓度的计算

当标准曲线以回归方程 $A=a+bm$ 表示时，氮氧化物浓度的计算，见公式(4-8)：

$$c(NO_x)(mg \cdot m^{-3}) = \frac{A - A_0 - a}{V_0 \times 0.76 \times b} \tag{4-8}$$

式中，A——采样液的吸光度；

A_0——现场空白溶液的吸光度；

V_0——标准状况（p_0=101325 Pa，T_0=273.15 K）的采样体积，L；

a——回归方程的截距；

b——回归方程的斜率；

0.76——NO_2 转换成 NO_2^-(溶液)的系数。

六、注意事项

(1)采样、样品运输过程及存放过程应该避免阳光照射。

(2)气温超过 25 ℃时,长时间运输应该采取降温措施。采样后的样品,30 ℃时于暗处可存放 8 h;20 ℃暗处存放可稳定 24 h;0～4 ℃时冷藏至少存放 3 d。

实验 23　大气中 SO_2 的测定

（盐酸副玫瑰苯胺分光光度法）

一、实验目的

(1)理解直接法和间接法配制标准溶液的原理和方法。

(2)掌握分光光度法测定大气中 SO_2 含量的有关原理和方法。

(3)掌握大气样品中气体待测组分浓度的表示方法。

二、实验要求

根据“大气中二氧化硫的测定(盐酸副玫瑰苯胺比色法)”的有关原理和方法，利用实验室可提供的试剂和仪器，选择最合理的方案(仪器、试剂、步骤等)，寻找最合理的答案，完成下列任务，回答有关问题，最终独立完成实验。实验室可提供的试剂和仪器见表 4-14。

表 4-14　实验室可提供的试剂和仪器

试剂	碘酸钾(KIO_3)；碘化钾(KI)；碘(I_2)；硫代硫酸钠($Na_2S_2O_3 \cdot 5H_2O$)；碳酸钠(Na_2CO_3)；淀粉；氯化汞(HgCl)；氯化钾(KCl)；乙二胺四乙酸二钠盐($C_{10}H_{14}N_2Na_2O_8 \cdot 2H_2O$)；甲醛(HCHO)；氨基磺酸铵($H_2NO_3S$)；盐酸副玫瑰苯胺($C_{20}H_{19}N_3$，PRA，即对品红)；浓盐酸(HCl)；浓磷酸($H_3PO_4$)；蒸馏水等
仪器	烧杯(各种规格)；玻璃棒；容量瓶(各种规格)；分析天平(各种规格)；台秤(各种规格)；量筒(各种规格)；滴管；吸耳球；移液管(各种规格)；吸量管(各种规格)；酸式滴定管；碱式滴定管；锥形瓶；碘量瓶；比色管；大气采样器；多孔玻板吸收管；滤水阱；原子吸收分光光度计；紫外分光光度计；可见分光光度计；红外分光光度计等

三、实验原理

测定基本原理：空气中的二氧化硫被四氯合汞(Ⅱ)酸钾吸收液吸收后，与盐酸副玫瑰苯胺、甲醛和氨基磺酸铵等作用，生成紫红色化合物，于波长 550 nm 处进行吸光度的测定。线性范围 0.1～2 $mg \cdot L^{-1}$。

任务 1　写出四氯合汞(Ⅱ)酸钾的化学式。

任务 2　写出 SO_2 与四氯合汞(Ⅱ)酸钾的反应式。

四、实验内容

(一)试剂准备

1. 硫代硫酸钠溶液的配制及标定

(1)硫代硫酸钠溶液配制

称取 12.6 g $Na_2S_2O_3 \cdot 5H_2O$,加入 0.1 g Na_2CO_3,用冷蒸馏水溶解后,稀释至 500 mL。

任务 3 计算硫代硫酸钠溶液近似浓度($mol \cdot L^{-1}$)。

任务 4 写出配制溶液过程使用仪器名称。

问题 1 Na_2CO_3 在这里起什么作用?

问题 2 为何用冷蒸馏水溶解溶解硫代硫酸钠?

(2)1000 mL 0.01667 $mol \cdot L^{-1}$ KIO_3 标准溶液的配制

任务 5 写出配制标准溶液流程。

任务 6 写出配制标准溶液过程使用仪器的名称。

(3)硫代硫酸钠溶液标定(间接碘量法)

已知 $c(KIO_3)=0.01667\ mol \cdot L^{-1}$。硫代硫酸钠你的标定数据记录见表 4-15。

表 4-15 硫代硫酸钠你的标定数据记录表

步骤 \ 编号		1	2	实验过程使用仪器名称
①KIO_3 标准溶液/mL		25.00		
②冷蒸馏水/mL		70		
③固体 KI/g		1		
④冰醋酸/mL		10		
⑤盖塞、混匀、置暗处/min		5		/
⑥0.5%淀粉/mL		1		
⑦硫代硫酸钠溶液滴定	初读数/mL			
	终读数/mL			
	净体积/mL			
	平均体积 V/mL			
$Na_2S_2O_3$ 浓度/$mol \cdot L^{-1}$				/

注:为便于观察终点颜色变化,实验中应先用硫代硫酸钠滴定至溶液呈淡黄色再加 1 mL 淀粉指示剂,此时溶液显蓝色,然后继续用硫代硫酸钠滴定至无色(下同)。

任务 7　写出硫代硫酸钠溶液标定有关反应。

任务 8　推导 $Na_2S_2O_3$ 浓度计算公式，记录实验数据并计算实验结果。

任务 9　将实验过程所使用的体积测量仪器、称量仪器名称填写在表格相应的位置。

问题 3　实验中对 KI 用量有何要求？

2. 吸收液的配制

配制流程：

$$\left.\begin{matrix} 10.9\ g\ HgCl_2 \\ 6.0\ g\ KCl \\ 0.07\ g\ EDTA\text{-}Na \end{matrix}\right\} \xrightarrow{H_2O\text{溶解、稀释、定容}} 100\ mL$$

任务 10　指出配制流程中所使用的称量仪器和体积控制仪器的名称。

3. 2 g · L^{-1}甲醛溶液的配制

任务 11　若需此溶液 100 mL，写出配制流程。

任务 12　指出配制流程中所使用的体积测量仪器和体积控制仪器的名称。

4. 6 g · L^{-1}氨基磺酸铵溶液的配制

任务 13　若需此溶液 100 mL，写出配制流程。

任务 14　指出配制流程中所使用的称量仪器和体积控制仪器的名称。

5. 1 mol · L^{-1}的盐酸溶液

任务 15　若需此溶液 100 mL，写出配制流程。

任务 16　指出配制流程中所使用的体积测量仪器和体积控制仪器的名称。

6. 3 mol · L^{-1}磷酸溶液

任务 17　若需此溶液 200 mL，写出配制流程。

任务 18　指出配制流程中所使用的体积测量仪器和体积控制仪器的名称。

7. 0.2%盐酸副玫瑰苯胺贮备液的配制

配制流程：

0.2 g 盐酸副玫瑰苯胺（已提纯） $\xrightarrow{100\ mL\quad 1\ mol\cdot L^{-1}\ HCl溶解}$ 溶液

任务 19　指出配制流程中所使用的称量仪器和体积测量仪器的名称。

8. 0.016%盐酸副玫瑰苯胺使用液的配制

配制流程：

20 mL0.2%盐酸副玫瑰苯胺贮备液 $\xrightarrow{30\ mL\quad 3\ mol\cdot L^{-1}磷酸}$ $\xrightarrow{H_2O稀释、定容}$ 100 mL

任务 20　指出配制流程中所使用的体积测量仪器和体积控制仪器的名称。

此溶液至少放置 24 h 方可使用，需保存于暗处。

9. 二氧化硫溶液的配制及标定

(1)二氧化硫溶液的配制

称取 0.2 g $NaHSO_3$，加入 100 mL 吸收液使其溶解。

任务 21　计算二氧化硫溶液近似浓度($\mu g\cdot mL^{-1}$)。

任务 22　写出配制溶液过程使用仪器名称。

(2)二氧化硫溶液的标定

二氧化硫标准液的标定数据记录，见表 4-16。

表 4-16　二氧化硫溶液标定数据记录表

步骤＼编号		1	2	实验过程使用仪器名称
①二氧化硫溶液/mL		10.00		
②冷蒸馏水/mL		90		
③0.05 mol·L^{-1} I_2 溶液/mL		20.00		
④冰醋酸/mL		5		
⑤静置/min		5		
⑥0.5%淀粉/mL		1		
⑦$Na_2S_2O_3$滴定	初读数/mL			
	终读数/mL			
	净体积/mL			
	平均体积 V_1/mL			/

注：用硫代硫酸钠滴定至黄色，加 1 mL 指示剂，继续滴定至蓝色刚刚消失。

任务 23　写出二氧化硫溶液标定有关反应。
任务 24　将实验过程所使用的体积测量仪器填写在表格相应的位置。
任务 25　记录实验数据并计算实验体积 V_1。

(3)空白滴定

空白滴定数据记录见表 4-17。

表 4-17　空白滴定数据记录表

步骤 \ 编号		1	2	实验过程使用仪器名称
①吸收液/mL		10.00		
②冷蒸馏水/mL		90		
③0.05 mol · L^{-1} I_2 溶液/mL		20.00		
④冰醋酸/mL		5		
⑤静置/min		5		
⑥0.5%淀粉/mL		1		
⑦$Na_2S_2O_3$滴定	初读数/mL			
	终读数/mL			
	净体积/mL			
	平均体积 V_2/mL			/

注:用硫代硫酸钠滴定至黄色,加 1 mL 指示剂,继续滴定至蓝色刚刚消失。

问题 4　什么叫空白试验?为什么要进行空白滴定?
问题 5　二氧化硫溶液标定和空白滴定过程中 I_2 溶液的用量有何要求?
任务 26　写出有关反应方程式。
任务 27　将实验过程所使用的体积测量仪器填写在表格相应的位置。
任务 28　记录实验数据并计算实验体积 V_2。
任务 29　推导 SO_2 浓度计算公式,并计算 SO_2 浓度标定结果($\mu g \cdot mL^{-1}$)。

(4)二氧化硫标准使用液的配制

任务 30　根据上述的二氧化硫溶液,配制适当浓度的 SO_2 标准使用液。写出配制流程。
任务 31　写出使用仪器名称。

10. $c=1.5$ mol · L^{-1} NaOH 溶液

(二)标准曲线的制定

1. 标准曲线的制作

取 7 支比色管,每组 7 支,分别精确移取 0.00,0.50,1.00,2.00,4.00,8.00,10.00 mL 二氧化硫标准使用液,然后用吸收液定容至 10 mL,加入氨基磺酸铵溶液 0.5 mL,加入 2 g·L^{-1}甲醛溶液 0.5 mL,加入盐酸副玫瑰苯胺 1.5 mL,摇匀后放在恒温水浴中显色,于 λ=550 nm 处测定吸光度,数据记录见表 4-18。

表 4-18 标准系列数据记录表

步骤 \ 数据 \ 编号	1	2	3	4	5	6	7	实验步骤中使用仪器名称
①二氧化硫标准使用液/mL	0	0.50	1.00	2.00	4.00	8.00	10.00	
②吸收液定容/mL	10							比色管
③6 g·L^{-1}氨基磺酸铵/mL	0.5							
④2 g·L^{-1}甲醛溶液/mL	0.5							
⑤0.016%盐酸副玫瑰苯胺/mL	1.5							
⑥加塞,恒温水浴显色/min	15							
⑦二氧化硫质量 m/μg								
⑧吸光度 A								
⑨A-m 回归方程及相关系数								

任务 32 根据标准曲线法的思想,分光光度法线性范围的含义,确定二氧化硫标准使用液的用量,并确定 6 个标准溶液中 SO_2 的质量 m。

任务 33 在表格中填写实验步骤中使用仪器名称。

任务 34 记录吸光度测量数据,用 Excel 建立回归方程,确定线性相关系数。

问题 6 表中 1 号溶液称__________,目的在于__________。

2. 显色时间对照

显色温度与显色时间对照见表 4-19。

表 4-19 显色温度与显色时间对照表

显色温度/℃	10	15	20	25	30
显色时间/min	40	25	20	15	5
稳定时间/min	35	25	20	15	10
试剂空白吸光度(A_0)	0.030	0.035	0.040	0.050	0.060

(三)采样及测定

1. 采样条件

采样条件及采样情况记录见表 4-20 中。

表 4-20　二氧化硫采样数据记录表

市(区)：__________　监测点：__________　采样人：__________

采样点温度/℃	采样压强/Pa	采样器流量/L· min^{-1}	采样时间	采样地点
			:　—　:	

2. 采样方法及采样液测定

取两只多孔玻板吸收管，在多孔玻板吸收管(见图 4-3)中分别加入 5 mL 吸收液后，与滤水阱(见图 4-4)相连，然后连接大气采样器抽气口，以 0.5 L· min^{-1} 流量采样(一个不采样，作为空白)。将采样液定量转移到 10 mL 比色管并定容到5 mL，然后在同等条件下显色并测定其吸光度 A_x，空白吸光度 A_0。根据 A-m 回归方程，确定采样液中 SO_2 质量 m_x。实验数据记录在表 4-21。

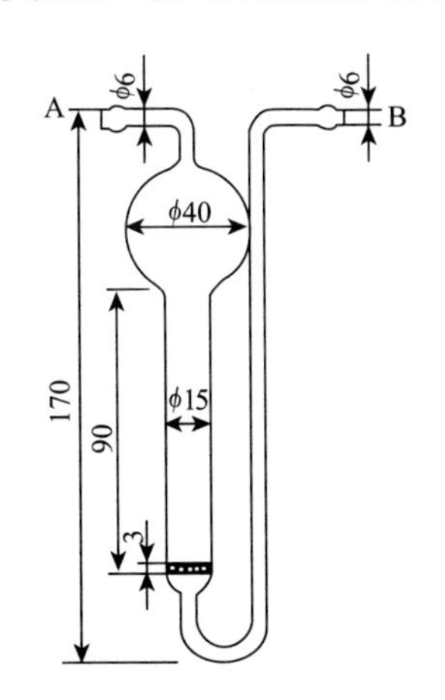

图 4-3　多孔玻板吸收管示意图

(A 为进气口，B 为出气口)

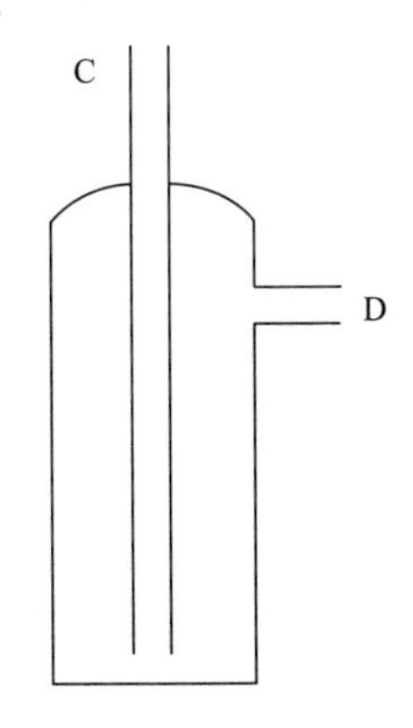

图 4-4　滤水阱结构示意图

(C 为出气口，D 为进气口)

表 4-21　采样及测定数据记录表

采样液体积/mL	采样液吸光度 A	现场空白溶液吸光度 A_0

问题 7　滤水阱有何作用？大气采样器的采样口(吸气口)应与滤水阱的哪一端相连？滤水阱如何与多孔玻板吸收管相连？

问题 8　加入多孔玻板吸收管的吸收液体积与最终采样液的体积哪一个应该严格控制？

五、结果计算

1. 将采样体积换算成标准状况下采样体积 V_0

标准状态下采样体积 V_0 计算。见公式(4-9)：

$$V_0 = V_t \times \frac{273p}{(273 + t) \times 101325\ \text{mmHg}} \tag{4-9}$$

式中，V_0——标准状态下的采样体积，L；

V_t——采样实际体积，L；

p——采样点的大气压强，Pa；

t——采样点的气温，℃。

2. 二氧化硫浓度的计算

当标准曲线以回归方程 $A=a+bm$ 表示时，二氧化硫浓度计算，见公式(4-10)：

$$c(SO_2) = \frac{(A - A_0 - a) \times V}{V_0 \times b} \tag{4-10}$$

式中，$c(SO_2)$——SO_2 浓度，$mg \cdot m^{-3}$；

A——采样液的吸光度；

A_0——现场空白溶液的吸光度；

V_0——换算成标准状况($p_0=101325$ Pa，$T_0=273.15$ K)的采样体积，L；

V——采样用的吸收液的体积，mL；

a——回归方程的截距；

b——回归方程的斜率。

问题 9　大气污染物分布具有什么特点？

问题 10　本实验能否计算出大气中二氧化硫的体积混合比浓度？

问题 11　为消除外来因素对吸收液在保存运输过程中影响，严格来说需做现场空白试验，如何进行现场空白试验？在计算时应如何考虑现场空白试验的结果。

六、注意事项

(1)采样时应该注意采样系统的气密性、流量、温度，根据采样季节选择合适的显色温度及显色时间。

(2)在恒温水浴中显示，要使水浴水面高度超过比色管液面高度。

(3)用过的比色管需用酸及时洗涤，否则红色很难清洗干净，比色管可用(1+4)盐酸清洗，比色皿用盐酸和乙酸混合液清洗。

实验 24　空气中总挥发性有机物(TVOC)的测定

一、实验目的

(1)了解空气中总挥发性有机物的组成及来源。
(2)掌握气相色谱法测定 TVOC 的原理与方法。

二、实验要求

根据"大气中总挥发性有机物的测定(气相色谱法)"的有关原理和方法,利用实验室可提供的试剂和仪器,选择最合理的方案(仪器、试剂、步骤等),寻找最合理的答案,完成下列任务,回答有关问题,最终独立完成实验。实验室可提供的试剂和仪器见表 4-22。

表 4-22　实验室可提供的试剂和仪器

试剂	TVOC 标准液;正己烷(C_6H_{14});环己烷(C_6H_{12});丙酮(CH_3COCH_3);Tenax-TA 或 Tenax GC 吸附剂;高纯氮气、氦气;二甲基硅氧烷;氰基丙烷($C_5H_6N_2$);甲级硅氧烷;苯(C_6H_6);甲苯(C_7H_8);二甲苯(C_8H_{10});冰块等
仪器	容量瓶(各种规格);量筒(各种规格);滴管;移液管(各种规格);吸量管(各种规格);大气采样器;多孔玻板吸收管;滤水阱;XAD 树脂、吸附管;注射器(5 μL,20 μL,50 μL,100 μL);气相色谱仪;热解析仪等

三、实验原理

总挥发性有机物用 TVOC 表示,TVOC 是指用气相色谱非极性柱分析保留时间在正已烷和正十六烷之间并包括它们在内的已知和未知的挥发性有机化合物总称,主要有苯、甲苯、乙酸丁酯、乙苯、苯乙烯、邻间对二甲苯、正十一烷等。常用的总挥发性有机物的测定方法是固体吸附管采样,然后加热解吸,用毛细管气相色谱法测定。本实验采用的是 GB/T 18883—2002《室内空气质量标准》规定的方法——气相色谱法。

基本原理:用以选择合适的吸附剂(Tenax TA 或者 Tenax GC),用吸附管收集一定体积的空气样品,空气流中的挥发性有机化合物保留在吸附管中。采样后,将吸附管加热,解析挥发性有机物,待测样品随惰性载气进入毛细管气相色谱仪。在一定条件下的毛细管分离后,FID 检测,工作站记录谱图和数据,用保留时间定性,峰高或峰面积定量。

本方法的浓度范围 0.5～100 μg·m^{-3} 的空气中 TVOC 的测定。采样量 10 L 时，检测下限为 0.5 μg·m^{-3}，线性范围为 10^6。

任务 1　写出气相色谱测定总挥发性有机物的基本原理。
任务 2　写出气相色谱仪的基本组成部件。
任务 3　选择合适的测定 TVOC 的试剂和仪器设备。
问题 1　什么是 TVOC？如何产生的？

四、实验步骤

（一）试剂

（1）CS_2：分析纯，使用前先纯化，经过色谱检验无干扰杂质。
（2）TVOC 混合标准液：用 CS_2 稀释，配制成化合物标准使用液。
（3）Tenax-TA 吸附剂：粒径 0.18～0.25 mm(60～80 目)。

（二）采样与样品保存

1. 采样

将吸附管与采样泵用塑料或者硅胶管连接，个体采样时，采样管垂直安装在呼吸带；固定采样时，选择合适的采样位置。打开采样泵，调节流量，以保证在适当的时间获得所需要的采样体积(1～10 L)。如果总样品量超过 1 mg，采样体积应该相应地减少。记录采样开始和结束的时间、采样流量、温度和大气压强，填写采样记录见表 4-23。

采样完后，将采样管取下，做好标记，密封管的两端或者将其放入可密封的金属或玻璃管内，冷藏保存，样品可保存 14 d 左右。采集空白样品时，应该与采集室内样品同步进行，地点选择在室外上风向处。

表 4-23　空气中总挥发性有机物的采样数据记录表

市(区)：＿＿＿＿＿＿＿＿　监测点：＿＿＿＿＿＿＿＿　采样人：＿＿＿＿＿＿＿＿

采样地点	采样时间/min	吸附管	流量/L·min^{-1}	体积/L	温度/℃	大气压强/kPa	标态体积/L
		Tenax-TA					

问题 2　采样装置应该如何连接？
问题 3　采样管为什么要标记好，密封在玻璃或金属管内保存？

2. 样品的测定

(1)样品的解吸和浓缩

将吸附管安装在热解吸仪上,加热,使有机蒸气从吸附剂上解吸下来,并被载气流带入冷阱,进行预浓缩,载气流的方向与采样时的方向相反。然后再以低流速快速解吸,经传输线进入毛细管气相色谱仪。传输线的温度应该足够高,以防止待测成分凝结。解析条件见表 4-24。

表 4-24 样品解吸和浓缩条件

解吸温度	250～325 ℃
解吸时间	5～15 min
解吸气流量	30～50 mL · min^{-1}
冷阱的制冷温度	−180～20 ℃
冷阱的加热温度	250～350 ℃
冷阱中的吸附剂	如果使用,一般与吸附管中相同,40～100 mg
载气	氦气或者高纯氮气
分流比	样品管与二级冷阱之间以及二级冷阱和分析柱之间的分流比,应该根据空气中的浓度来选择

任务 4 简述吸附管中的气体解吸的基本步骤。

问题 4 载气流的方向为什么要和采样进气流方向相反?

(2)色谱分析条件

毛细管柱:SE−30～50 m×0.32 mm×1 μm;载气压强:0.07 MPa;空气流量:400 mL · min^{-1};氢气流量:40 mL · min^{-1};分流比:50 : 1。

柱温:以 50 ℃ · min^{-1}升温并保持 10 min,以 10 ℃ · min^{-1}升温到 250 ℃,保持 10 min。检测器温度:250 ℃;气化室温度:250 ℃。

热解吸条件:吸附剂:Tenax-TA;解吸温度:280 ℃;解吸管吹扫时间:5 min;热解吸时间:5 min;解吸管反吹活化时间:30～50 min。

(三)标准曲线的制作(外标法)

取单组分含量为 0.05,0.1,0.2,0.5,1.0,1.5 和 2.0 mg · mL^{-1}的标准溶液 1～5 μL 注入吸附管,同时用 100 mL · min^{-1}的氮气通过吸附管,5 min 后取下,密封,标记好,作为标准系列(见表 4-25)。

将吸附管置于热解析直接进样管中,250～325 ℃解析后,解析气体用气相色谱仪分析,扣除空白后峰面积为纵坐标,以待测物质量为横坐标,绘制标准曲线,求解回归系数。

表 4-25　标准系列及样品测定数据记录表

样品名称：__________　方法依据：__________　热解析仪型号：__________

气相色谱仪型号：__________　色谱柱类别：__________　分析人：__________

标准系列溶液浓度/$mg \cdot mL^{-1}$		0.00	0.05	0.10	0.20	0.50	1.00	1.50	2.00	回归方程
苯	含量/μg									
	峰面积									
甲苯	含量/μg									
	峰面积									
乙酸丁酯	含量/μg									
	峰面积									
乙苯	含量/μg									
	峰面积									
对二甲苯	含量/μg									
	峰面积									
苯乙烯	含量/μg									
	峰面积									
邻二甲苯	含量/μg									
	峰面积									
十一烷	含量/μg									
	峰面积									

（四）样品分析

每只样品吸附管及未采样管。按照标准系列相同的方法解吸后进入用气相色谱仪分析，用保留时间定性，峰面积定量。数据记录见表 4-26。

表 4-26　样品及空白测定数据记录表

样品名称：__________　方法依据：__________　热解析仪型号：__________

气相色谱仪型号：__________　色谱柱类别：__________　采样日期：__________

项目	样品峰面积	空白峰面积	各组分含量/μg	标准状态下各组分实际浓度/$mg \cdot m^{-3}$
苯				
甲苯				
乙酸丁酯				
乙苯				
对二甲苯				
苯乙烯				
邻二甲苯				
十一烷				
未识别峰				

问题 5　本实验能否计算出大气中 TVOC 体积混合比浓度？体积混合比浓度又有何特点？

问题 6　用热解吸法测定 TVOC 的影响因素有哪些？

问题 7　如何使本实验受到的干扰减到最小？

问题 8　在本实验样品测定过程，是如何确定气相色谱的最佳条件的？

五、结果计算

1. 标准状态下采样体积 V_0

标准状态下采样体积 V_0 计算，按照公式(4-11)：

$$V_0 = \frac{T_0}{273+t} \times \frac{p}{p_0} \times V_t \tag{4-11}$$

式中，V——标准状态下空气采样体积，L。

V_t——采样实际体积，L。

t——采样点的温度，℃；

T_0——标准状态下绝对温度，273K；

p——采样点大气压强，kPa；

p_0——标准状态下大气压强，kPa。

2. 所采空气中各组分的浓度

浓度计算按照公式(4-12)：

$$c_{mi} = \frac{m_i - m_0}{V_0} \tag{4-12}$$

式中，c_{mi}——所采空气样品 i 组分的浓度，$mg \cdot m^{-3}$；

m_i——样品管中 i 组分的量，μg；

m_0——未采样管中 i 组分的量，μg；

V_0——标准状态下空气采样体积，L。

3. 空气样品中 TVOC 的浓度

计算按照公式(4-13)：

$$c_{TVOC} = \sum_{i=1}^{n} c_{mi} \tag{4-13}$$

式中，c_{TVOC}——标准状态下所采空气样品中 TVOC 的浓度，$mg \cdot m^{-3}$。

《室内空气质量标准》(2002)中规定：室内环境污染物 TVOC 的浓度，Ⅰ类民用建筑工程≤0.5 $mg \cdot m^{-3}$；Ⅱ类民用建筑工程≤0.6 $mg \cdot m^{-3}$。目前建筑工程竣工验收时已强制执行该标准。

六、注意事项

(1)采集室外空气空白样品,应与采集室内空气样品同步,地点在室外上风向处。

(2)当与挥发有机化合物有相同或几乎相同的保留时间的组分干扰测定时,宜通过选择合适的气相色谱柱,或者优化分析条件,将干扰减到最低。

实验 25　空气中甲醛的测定

（酚试剂法）

一、实验目的

(1)掌握大气采样器的使用。
(2)掌握酚试剂法测定室内甲醛的方法原理。
(3)熟悉分光光度法的使用。

二、实验仪器与试剂

根据“空气中甲醛的测定(酚试剂法)”的有关原理和方法，利用实验室可提供的试剂和仪器，选择最合理的方案(仪器、试剂、步骤等)，寻找最合理的答案，完成下列任务，回答有关问题，最终独立完成实验。实验室可提供的试剂和仪器见表4-27。

表 4-27　实验室可提供的试剂和仪器

试剂	酚试剂(吸收原液)；硫酸铁铵〔$NH_4Fe(SO_4)_2 \cdot 12H_2O$〕；碘($I_2$)；氢氧化钠(NaOH)；硫酸($H_2SO_4$)；碘酸钾($KIO_3$)；盐酸(HCl)；淀粉；硫代硫酸钠($Na_2S_2O_3 \cdot 5H_2O$)；甲醛(HCHO)；硫酸锰($MnSO_4$)；蒸馏水等
仪器	大气采样器；原子吸收分光光度计；紫外分光光度计；可见分光光度计；红外分光光度计；10 mL大型气泡吸收管；空盒气压计；比色管(5 mL，10 mL，20 mL)；烧杯(各种规格)；玻璃棒；容量瓶(各种规格)；分析天平(各种规格)；台秤(各种规格)；吸管；量筒(各种规格)；滴管；吸耳球；移液管(各种规格)；吸量管(各种规格)；酸式滴定管；碱式滴定管；锥形瓶；碘量瓶；烧杯；多孔玻板吸收管；滤水阱等

三、实验原理

测定原理：空气中的甲醛与酚试剂反应生成嗪(含有一个或者几个氮原子的不饱和六节杂环化合物的总称)，嗪在酸性溶液中被高铁离子氧化形成蓝绿色化合物。其颜色深浅与甲醛浓度呈正比，在 $\lambda=630$ nm 处测定其吸光度，进行定量分析。

任务 1　写出本实验所需要的试剂和仪器。
任务 2　写出本实验酚试剂分光光度法测定甲醛的基本原理。
任务 3　写出甲醛与酚试剂的反应方程式。
问题 1　紫外和可见分光光度计有什么区别？本实验测定过程是用紫外还是可见分光光度计？
问题 2　吸收剂中物质呈现颜色深浅与吸收度有何关系？

四、实验内容

(一)试剂的配置

1. 吸收液原液

称量 0.10 g 酚试剂 $C_6H_4SN(CH_3)C:NNH_2 \cdot HCl$(简称 MBTH)，加水溶解，置于 100 mL 容量瓶中，加水至刻度。放在冰箱中可稳定保存 3 天。

任务 4　假定需该贮备液 500 mL，选择合适的试剂，写出配制流程。
任务 5　指出配制流程中所需要的称量仪器和体积控制仪器名称。

2. 吸收液使用液

3. 1%硫酸铁铵溶液

4. 0.1000 $mol \cdot L^{-1}$碘溶液

5. 1 $mol \cdot L^{-1}$氢氧化钠溶液

6. 0.5 $mol \cdot L^{-1}$硫酸溶液

7. 0.1000 $mol \cdot L^{-1}$的碘酸钾标准溶液

准确称量 3.5667 g 经过 105 ℃烘干 2 h 的碘酸钾(优级纯)，溶解于水，移入 1 L 的容量瓶中，再用水定容至 1000 mL。

8. 1%淀粉溶液

将 1.00 g 可溶性淀粉，用少量水调成糊状后，再加入 100 mL 沸水，并煮沸 2～3 min至溶液透明。冷却后，加入 0.10 g 水杨酸或 0.4 g 氯化锌保存。

9. 硫代硫酸钠标准溶液 $c(Na_2S_2O_3)=0.1000\ mol \cdot L^{-1}$

称量 25.00 g 硫代硫酸钠($Na_2S_2O_3 \cdot 5H_2O$)，溶于 1000 mL 新煮沸并已冷却的水中，此溶液浓度为 0.1 $mol \cdot L^{-1}$。加入 0.20 g 无水碳酸钠，储存于棕色瓶中，放置一周后，再标定准确浓度。

问题 3　此处配置的硫代硫酸钠溶液的浓度准确吗?

问题 4　为什么要放置一周后标定准确浓度?

10. 甲醛标准贮备溶液(1 mg· mL^{-1})

取 2.8 mL 含量为 36%～38%甲醛溶液,放入 1L 容量瓶中,加水稀释至刻度。

11. 甲醛标准使用液

临用时,将甲醛标准贮备溶液用水稀释成 1.00 mL 含 10 μg 甲醛溶液,立即再取此溶液 10.00 mL,加入 100 mL 容量瓶中,加入 5 mL 吸收原液,用水定容至 100 mL,此液 1.00 mL 含 1.00 μg 甲醛,放置 30 min 后,用于配制标准色列。此标准溶液可稳定 24 h。

12. 0.1 mol·L^{-1}盐酸溶液

(二)方法与步骤

1. 绘制标准曲线

取 9 个 10 mL 比色管,按照下表的要求用甲醛标准溶液配制标准系列,在各管中 0.4 mL1%硫酸铁溶液,摇匀。待显色 20 min 后,用 1 cm 比色皿在波长 630 nm 下比色,测定各管溶液的吸光度。数据记录在表 4-28。

表 4-28　标准系列记录表

管号	0	1	2	3	4	5	6	7	8
甲醛标准液/mL	0	0.10	0.20	0.40	0.60	0.80	1.00	1.50	2.00
吸收液体积/mL	5.0	4.9	4.8	4.6	4.4	4.2	4.0	3.5	3.0
硫酸铁铵试剂/mL	0.4								
摇匀,静置/min	20								
甲醛含量/μg									
吸光度 *A*									

任务 6　作 *A*-*m* 标准曲线及回归方程。

问题 5　加入标准液的体积必须准确且精确,用什么仪器量取?

问题 6　实验中在什么样的情况下才能保证 *A* 与甲醛含量之间呈线性关系?

2. 样品的采集

取 2 支吸收瓶,各准确移取吸收液 10 mL,置于吸收瓶中。置于室外,一支以 0.5 L·min^{-1}流量采样,采样体积为 10 L;另一支不采样,作为空白。记录采样点的温度、大气压、风力及采样时间(见表 4-29)。

3. 样品处理

将吸收液置于 10 mL 比色管内定容 10 mL，取 5 mL 至另一比色管内加入 0.4 mL 硫酸铁铵溶液，摇匀，放置 20 min 后用 1 cm 比色皿在波长 630 nm 读取吸光度 A_x；同时做空白的吸光度为 A_0。

表 4-29　甲醛采样采样记录表

市(区)：________　采样点：________　采样人：________

日期	样品编号	起始时间	结束时间	温度 T/K	气压 p/mmHg	风力	吸收液体积

任务 7　写出本实验甲醛采样的基本步骤。
问题 7　测定溶液吸光度时有何特殊要求？
问题 8　采样点的设置要注意什么问题？
问题 9　气态物质跟溶液中的物质发生化学反应的一般装置是什么样的？
问题 10　要使气态物质和溶液中物质完全反应，实验操作中应该注意什么？

五、数据结果计算

1. 将采样体积换算成标准状态下采样体积 V_0

标准状态下采样体积 V_0 计算，按照公式(4-14)：

$$V_0 = V_t \times \frac{273p}{(273+t)\times 760\ \text{mmHg}} \tag{4-14}$$

式中，V_t——采样实际体积，L；

p——采样点的大气压强，mmHg；

t——采样点的气温，℃。

2. 空气中甲醛的浓度

甲醛浓度计算，按照公式(4-15)：

$$c_{甲醛}(\text{mg}\cdot\text{m}^{-3}) = \frac{A_x - A_0 - a}{b\times V_0}\times\frac{V_t}{V_s} \tag{4-15}$$

式中，$c_{甲醛}$——空气中的甲醛浓度，mg·m^{-3}；

A_x——样品溶液的吸光度；

A_0——空白试验的吸光度；

a——回归方程的截距；

b——回归方程的斜率；

V_t——样品溶液总体积,mL;

V_s——测定时所取试样的体积,mL;

V_0——标准状态下的采样体积,L。

问题 11 甲醛分子结构含有什么基团?此基团决定了甲醛具有什么重要的化学性质?

问题 12 查阅资料,写出一般建筑物甲醛浓度标准值。

六、质量保证

(1)实验过程,当有二氧化硫共存时,测定结果偏低。可将气样先通过硫酸锰滤纸过滤器,予以排除。

硫酸锰滤纸的制备:取 10 mL 浓度为 100 mg · mL^{-1}的硫酸锰水溶液,滴加到 250 cm^2 玻璃纤维滤纸上,风干后切成碎片,装入 1.5 mm×150 mm 的 U 型玻璃管中。采样时,将此管接在甲醛吸收管之前。此法制成的硫酸锰滤纸,吸收二氧化硫的效能受大气湿度影响很大,当相对湿度大于 88%、采气速度为 1 L · min^{-1}、二氧化硫浓度为 1 mg · m^{-3}时,能消除 95%以上的二氧化硫,此滤纸可维持 50 h 有效。当相对湿度为 15%~35%时,吸收二氧化硫的效能逐渐降低。相对湿度很低时,应换用新制的硫酸锰滤纸。

(2)测定空气中的甲醛方法通常采用液体吸收法,即用内装吸收液的吸收管,通过恒流泵在测定现场采集一定体积的空气,然后带回实验室进行比色分析。一定要保证采样前后吸收管中液体体积稳定。

(3)甲醛标准依据:

依据 GB50325《民用建筑工程室内环境污染控制规范》甲醛标准规定:Ⅰ类建筑≤0.08 mg · m^{-3},Ⅱ类建筑≤0.12 mg · m^{-3}。Ⅰ类民用建筑工程:住宅、医院、老年建筑、幼儿园、学校教室等;Ⅱ类民用建筑工程:办公楼、商店、旅馆、文化娱乐场所、等候室、餐厅、理发店等。

实验 26　大气中多环芳烃(苯并[*a*]芘)的测定

一、实验目的

(1)了解大气中多环芳烃苯并[*a*]芘的来源及危害;

(2)学习玻璃纤维滤纸采样、溶剂提取、待测组分浓缩等实验技术;

(3)掌握液相色谱法测定多环芳烃苯并[*a*]芘的原理和方法。

二、实验要求

根据大气中多环芳烃苯并[*a*]芘测定的有关原理和方法,利用实验室可提供的试剂、仪器和材料,选择最合理的方案(仪器、试剂、步骤等),寻找最合理的答案,完成下列任务,回答有关问题,最终独立完成实验。实验室可提供的试剂和仪器见表4-30。

表 4-30　实验室可提供的试剂和仪器

试剂	环己烷(色谱纯);甲醇(色谱纯);苯并[*a*]芘(分析纯);二甲基甲酰胺(C_7H_7NO 优级纯);碱性氧化铝;蒸馏水等
仪器和材料	烧杯(各种规格);玻璃棒;容量瓶(各种规格);分析天平;台秤;称量瓶;量筒(各种规格);滴管;吸耳球;移液管(各种规格);吸量管(各种规格);采样装置(含采样头、采样泵、流量计等);玻璃纤维滤膜;50 mL 具塞三角瓶;超声波发生器;K-D 浓缩器;微量注射器;液相色谱仪;色谱柱(C18 不锈钢柱);紫外检测器等。

三、实验原理

苯并[*a*]芘[Benzo(a)pyren,B(a)P]是一种多环芳烃类化合物,主要来自于煤、石油等燃料及有机物的热解过程,是一种公认的具有致癌性和致突变性的有机物。

大气中有机组分异常复杂,有研究表明,仅多环芳烃(简称 PAH)就有几百种之多。色谱分析法将分离技术与检测技术合二为一,被认为是一种应用最为广泛、发展最为迅速的现代分析技术。

本实验以玻璃纤维滤膜和吸收液采集大气颗粒物和气相中的多环芳烃,滤膜上的多环芳烃用索氏提取器提取,提取液与吸收液合并,然后浓缩,通过液相色谱仪对苯并[*a*]芘进行定性定量分析。

任务1 查资料确定苯并[*a*]芘的主要理化指标。
任务2 写出液相色谱仪的基本构成,及三种常用检测器的名称。
任务3 选择测定大气中多环芳烃测定所需要的试剂和仪器
任务4 写出液相色谱测定多环芳烃(苯并[*a*]芘)的基本原理。
问题1 采样过程,为什么要加玻璃纤维滤膜和吸收液?

四、实验内容

(一)试剂配制

1. 苯并[*a*]芘标准贮备液的配制

配制流程:

0.1 g 苯并[*a*]芘 $\xrightarrow{\text{二甲基甲酰胺溶解}}$ $\xrightarrow{\text{二甲基甲酰胺稀释、定容}}$ 100 mL 溶液

任务5 指出配制流程中所使用称量仪器和体积控制仪器名称。
任务6 计算该标准贮备液的浓度($\mu g \cdot mL^{-1}$)。

2. 苯并[*a*]芘标准使用液的配制

配制流程:

1 mL 试剂 1.1 $\xrightarrow{\text{甲醇稀释、定容}}$ 100 mL 溶液

任务7 指出配制流程中所使用体积测量仪器和体积控制仪器名称。
任务8 计算该标准使用液的浓度($\mu g \cdot mL^{-1}$)。

3. 流动相的配制

配制流程:

800 mL 甲醇+200 mL H_2O ⟶ 混合溶液

4. 苯并[*a*]芘标准系列的配置

精确移取苯并[*a*]芘标准使用液,分别配置成 0.25,0.50,1.00,2.00,4.00,6.00,8.00,10.00 $\mu g \cdot mL^{-1}$的标准系列。

(二)液相色谱法标准曲线的制作

1. 开机及仪器参数设定

参数见表 4-31。

表 4-31　液相色谱参数表

仪器	型号
色谱柱	C18 不锈钢柱(4.60×250 mm,5.0 μm)
流动相	甲醇：水=4：1,流速 1 mL· min^{-1}(使用前在超声波发生器上脱气 15 min)
检测器	紫外分光光度计,波长 254 nm
进样量	待基线稳定后进样

问题 2　C18 不锈钢柱括号中各指标的含义是什么？C18 含义是什么？

问题 3　本实验进样量是否需要严格控制？

2. 苯并[a]芘标准系列的配置及色谱分析

调试好仪器,当仪器稳定之后,开始进样,测定不同浓度标准系列的峰面积。数据记录见表 4-32。

表 4-32　苯并[a]芘标准系列数据记录表

编号	苯并[a]芘浓度/μg·mL^{-1}	保留时间 t_r/min	峰面积 A	回归方程 A-c
1	0.00			
2	0.25			
3	0.50			
4	1.00			
5	2.00			
6	4.00			
7	6.00			
8	8.00			
9	10.00			

任务 9　建立 A-c 标准曲线,及回归方程。

问题 4　理论上进样量是否会影响保留时间？

(三)采样、样品预处理及测定

1. 采样

现场安装采样装置,吸收液用二氯甲烷(30 mL 装入吸收瓶),空气样品先通过多孔纤维滤膜,进入吸收瓶;同时另一吸收瓶装吸收液但是不采样,作为空白样。采样结束后,立即封闭采样夹进出气口,将滤膜置于清洁袋中,与吸收液一起带回实验室,进行样品预处理。记录采样点大气压、温度、采样时间等参数,记录在表 4-33。

表 4-33　大气采样记录表

市(区)：________　采样点：________　采样人：________

日期	样品编号	起始时间	结束时间	温度 T/K	气压 p/mmHg	风力	吸收液体积

问题 5　实验中采样器流量计是否需要进行校准?

2. 样品预处理

样品处理及空白处理要经过索氏提取、纯化及浓缩的过程,详细步骤具体见表 4-34。

实验流程如下:

玻璃纤维滤膜(具塞三角瓶) —30 mL 二氯甲烷,超声水浴→ —提取 3～4 次→ 与吸收液合并(K-D 浓缩器) —减压浓缩,环己烷定容→ 1 mL 浓缩器(离心试管) —过碱性氧化铝柱,正己烷淋洗→ —K-D 浓缩,二氯甲烷定容→ 1 mL

表 4-34　样品提取、纯化过程表

过程＼编号	吸收液及滤膜	空白吸收液及滤膜	实验过程使用仪器名称
二氯甲烷/mL	30	30	
超声波提取(45 ℃)/h	24	24	
与吸收液合并/mL	60	60	
K-D 浓缩/mL	1	1	
过柱(碱性氧化铝)/cm	10	10	
正己烷淋洗/mL	30	30	
K-D 浓缩	至干	至干	
二氯甲烷定容/mL	1	1	

任务 10　将实验过程所使用的体积测量仪器填写在表格相应的位置。

3. 回收率

在滤纸上精确滴加一定量苯并[*a*]芘,提取、纯化、浓缩,然后进行测试。

问题 6 样品处理时要注意什么问题？分析测试前为什么要放入冰箱？
问题 7 本实验纯化法的原理是什么，是否通用？
问题 8 为什么要做空白和回收率实验？
问题 9 本实验中分析误差的主要来源有哪些？

4. 样品测定

样品测试结果见表 4-35。

表 4-35 样品及空白分析记录表

分析对象	保留时间	峰面积	浓缩液中苯并[a]芘浓度/$\mu g \cdot mL^{-3}$	标准状况下空气中浓度/$\mu g \cdot m^{-3}$
样品 1				
样品 2				
……				
空白				
加标样品				

问题 10 用液相色谱法测定苯并[a]芘的影响因素有哪些？
问题 11 如何使本实验受到的干扰减到最小？
问题 12 在本实验样品测定过程，是如何确定液相色谱的最佳条件的？

五、结果计算

1. 将采样体积换算成标准状态下采样体积 V_0

标准状态下采样体积 V_0 计算，见公式(4-16)：

$$V_0 = V_t \times \frac{273p}{(273+t) \times 760\ \text{mmHg}} \tag{4-16}$$

式中，V_t——采样实际体积，L；

p——采样点的大气压强，mmHg；

t——采样点的气温，℃。

2. 所采空气中各组分的浓度

各组分的浓度计算，见公式(4-17)：

$$c_x = \frac{(A_x - A_0 - a)V_x}{b \times V_0} \tag{4-17}$$

式中，c_x——所采空气样品中苯并[a]芘的浓度，$\mu g \cdot m^{-3}$；

A_x　—样品浓缩液的峰面积；

A_0——空白样品的峰面积；

a——回归方程的截距；

b——回归方程的斜率；

V_x——样品浓缩液的体积，mL；

V_0——标准状态下空气采样体积，m^3。

六、注意事项

(1)使用氘代物多环芳烃作为采样过程替代物，当采样体积超过 350 m^3，采样进行前向滤膜表面逐滴、均匀、定量加入采样替代物，避光放置 1 h，启动采样泵开始采样，样品分析同时，测定采样过程回收率指示物的含量，采样过程回收率指示物的回收率 50%～150%。

(2)采样筒空白的检查：每批大约 20 个采样筒和玻璃纤维滤膜一个空白，玻璃纤维滤膜/筒和 X-AD 树脂空白中苯并[*a*]芘<10 ng。

(3)空白加标回收率控制在 75%～125%。

实验27　空气中苯系物的测定

（气相色谱法）

一、实验目的

(1)了解空气中苯系物的组成。

(2)掌握大气采样器的使用。

(3)掌握气相色谱仪的基本原理和操作方法。

(4)熟悉气相色谱法测定大气中苯系化合物(苯、甲苯、二甲苯等)的原理和方法。

二、实验要求

根据气相色谱法测定空气中苯系物的有关原理和方法，利用实验室可提供的试剂、仪器和材料，选择最合理的方案(仪器、试剂、步骤等)，寻找最合理的答案，完成下列任务，回答有关问题，最终独立完成实验。实验室可提供的试剂和仪器见表4-36。

表4-36　实验室可提供的试剂和仪器

试剂	二硫化碳(CS_2)；浓硫酸(H_2SO_4)；浓硝酸(HNO_3)；碳酸钠($NaCO_3$)；无水硫酸钠($NaSO_4$)；苯(C_6H_6，色谱纯)；甲苯(C_7H_8，色谱纯)；邻二甲苯(C_8H_{10}，色谱纯)；间二甲苯(C_8H_{10}，色谱纯)；对二甲苯(C_8H_{10}，色谱纯)；甲醛(HCHO)；GH-1型椰子壳活性炭(20～40目)
仪器和材料	烧杯(各种规格)；玻璃棒；容量瓶(各种规格)；梨形分液漏斗；分析天平；台秤；称量瓶；量筒(各种规格)；滴管；吸耳球；移液管(各种规格)；吸量管(各种规格)；回流装置；蒸馏装置；具塞刻度试管；微量移液器(各种规格)；空气采样器；活性炭吸附管；气相色谱仪；高纯N_2；高纯H_2；高纯O_2；高纯He；微量注射器；色谱柱(PEG-20M石英毛细管柱)；FID检测器；ECD检测器；TCD检测器；温度计；气压管等

三、实验原理

空气中苯、甲苯和二甲苯等苯系化合物主要来自于化工、炼油、炼焦等工业过程所产生的废水和废弃物。苯、甲苯和二甲苯具有许多相似的性质，它们都是无色、有芳香味、有挥发性、易燃的液体，它们微溶于水，易溶于乙醚、乙醇、氯仿和二硫化碳等有机溶剂，在空气中以蒸气状态存在。它们的主要理化性质见表4-37。

空气中的苯系物主要来源于室内装饰材料中溶剂的挥发。目前常用的测定方法为活性炭吸附-二硫化碳解析-气相色谱法。方法依据GB 11737—89《居住区大气中苯、甲苯和二甲苯卫生检验方法标准—气相色谱法》。

表 4-37　苯、甲苯和二甲苯的主要理化性质

化合物	分子式	分子量	密度/g·mL^{-1}	熔点/℃	沸点/℃
苯	C_6H_6	78.11	0.879(20 ℃)	5.5	80.1
甲苯	$C_6H_5CH_3$	92.15	0.866(20 ℃)	94.5	110.6
邻二甲苯	$C_6H_4(CH_3)_2$	106.16	0.890(20 ℃)	−27.1	144.4
间二甲苯	$C_6H_4(CH_3)_2$	106.16	0.864(20 ℃)	−27.4	139.1
对二甲苯	$C_6H_4(CH_3)_2$	106.16	0.861(20 ℃)	−13.2	138.3

任务 1　简述气相色谱法测定的基本原理。

任务 2　实验选用 PEG-20M 石英毛细管柱，查资料确定该色谱柱中的固定液为何物？

问题 1　本实验测定空气中的苯系物，应选用何种检测器？

问题 2　气相色谱法分析测定的有机化合物有何特点？

方法原理：空气中的苯、甲苯和二甲苯用活性炭管采集，然后用二硫化碳提取出来，用氢火焰离子化检测器的气相色谱仪进行检测，以保留时间定性，以峰高或者峰面积定量。

检测限：采样量为 10 L 时，用 1 mL 二硫化碳提取，进样量 1 μL 时，苯、甲苯和二甲苯的检测下限分别为 0.025、0.05、0.1 mg·m^{-3}。采样量为 20 L 时，用 1 mL 二硫化碳提取，进样量 1 μL 时，苯的测定范围 0.025～20 mg·m^{-3}，甲苯为 0.05～20 mg·m^{-3}，二甲苯 0.1 ～20 mg·m^{-3}。线性范围为 10^6。

四、实验内容

（一）试剂配制

1. 5%Na_2CO_3 溶液的配制

任务 3　假定需要此溶液 200 mL，计算配制该溶液所需要的碳酸钠的质量。

任务 4　指出所需要的称量仪器名称和体积控制仪器名称。

2. 二硫化碳的提纯

二硫化碳（CS_2）是气相色谱法测定苯系物常用的溶剂，但市售的二硫化碳试剂中常含有一定量的芳烃，将对测定结果造成误差。为此，在实验前需对市售的二硫化碳进行提纯。

(1)硫酸-硝酸混酸硝化

实验流程：

150 mL 市售二硫化碳（250 mL 磨口锥形瓶）$\xrightarrow{\text{加入 20 mL 浓硫酸、20 mL 浓硝酸}}$ $\xrightarrow{\text{玻璃珠 3～5 粒，水浴回流}}$ 硝化液

任务 5　指出上述流程中所需要的体积测量仪器名称。

任务 6　作为回流装置，除了磨口锥形瓶，还需要什么仪器？

问题 3　回流时加玻璃珠有何作用？

(2)分液净化

实验流程：

硝化液（梨形分液漏斗）$\xrightarrow{\text{静置，分层}}$ 二硫化碳层 $\xrightarrow{\text{水洗 2～3 次}}$ $\xrightarrow{\text{200 mL 5\% } Na_2CO_3 \text{ 溶液中和，水洗 2～3 次}}$ 二硫化碳层

问题 4　硝化液中 CS_2 在上层还是下层？水洗及中和时，CS_2 在上层还是下层？

(3)干燥蒸馏

实验流程：

二硫化碳 $\xrightarrow{\text{无水硫酸钠脱水干燥}}$ $\xrightarrow{\text{转移}}$ 蒸馏烧瓶 $\xrightarrow{\text{沸石，水预蒸馏}}$ 46 ℃馏分（纯 CS_2）

问题 5　何谓蒸馏？作为蒸馏装置，除了蒸馏烧瓶，还需什么仪器？

问题 6　纯净的液体化合物，沸点有何特点？

3. 苯系物混合标准贮备液的配制

配制流程如下：

苯 0.01 g
甲苯 0.01 g
对二甲苯 0.01 g
邻二甲苯 0.01 g
间二甲苯 0.01 g
} $\xrightarrow{\text{二硫化碳溶解、稀释、定容}}$ 100 mL

任务 7 指出配制流程中所需要的称量仪器和体积控制仪器名称。

任务 8 计算混合标准溶液中各组分的浓度($\mu g \cdot mL^{-1}$)。

注:配制流程中各苯系物的质量为参考质量,计算浓度时按实际称量质量计算。

4. 苯系物混合标准系列溶液的配制

准确移取苯系混合标准贮备液 0.0,0.5,1.0,2.0,4.0,6.0,8.0 mL,用二硫化碳定容至 50 mL。数据记录在表 4-38。

表 4-38 苯系物混合标准系列记录表

		1	2	3	4	5	6	7
①苯系物混合标准贮备液/mL		0.0	0.5	1.0	2.0	4.0	6.0	8.0
②二硫化碳定容/mL		50						
③浓度/$\mu g \cdot mL^{-1}$	苯							
	甲苯							
	对二甲苯							
	邻二甲苯							
	间二甲苯							

任务 9 指出步骤①所需要的体积测量仪器名称。

任务 10 计算步骤③混合标准系列溶液中各组分的浓度($\mu g \cdot mL^{-1}$)

(二)仪器条件的设定及标准系列溶液的测定

1. 开机及仪器参数设定

参数设置见表 4-39。

表 4-39 气相色谱基本参数表

①温度	进样口	150 ℃
	检测器	250 ℃
	柱箱	程序升温:初始温度 65 ℃,保持 10 min,以 6 ℃ · min^{-1} 升温至 90 ℃,保持 2 min
②高纯氮(载气)	柱流量	流量 2.6 mL · min^{-1}
	尾吹气	流量 30 mL · min^{-1}
③高纯氢	燃气	流量 40 mL · min^{-1}
④空气	助燃气	流量 400 mL · min^{-1}
⑤进样	进样量	1.0 μL

2. 苯系物混合标准系列溶液的色谱分析

当仪器按照方法设定好之后，基线找平，平衡之后，开始进样分析，数据记录在表4-40。

表 4-40　苯系物标准系列数据记录表

组分	浓度 $c/\mu g \cdot mL^{-1}$	保留时间 t_r/min	峰面积 A	A-c 标准曲线及回归方程
苯				
甲苯				
对二甲苯				
邻二甲苯				
间二甲苯				

任务 11　由不同组分不同浓度的测量数据对分析结果进行归纳总结。

（三）采样及测定

1. 吸附剂活性炭的准备

取 20～40 目 GH-1 型椰子壳活性炭，于 300～350 ℃下，通氮气吹洗 3～4 h。

2. 活性炭吸附管的准备

用长 150 mm,内径 3.5～4.0 mm,外径约 6 mm 的玻璃管(见图 4-5),装入经处理的活性炭,两端用少量玻璃棉固定,再将管的两端套上塑料帽密封备用。此管放于干燥器中可保存 5 天。

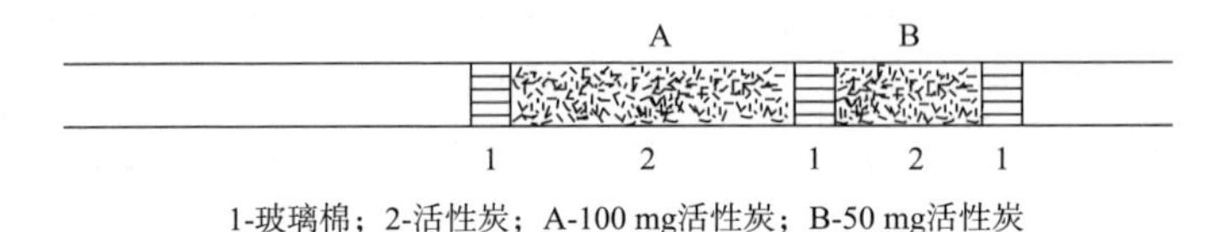

1-玻璃棉；2-活性炭；A-100 mg活性炭；B-50 mg活性炭

图 4-5　活性炭吸附管结构示意图

问题 7　图中活性炭质量是否需要准确称量。

问题 8　采样前,活性炭为什么要活化处理?

3. 采样

采样时,取下活性炭采样管两端的塑料密封帽,将采样管 B 端通过乳胶管垂直接到空气采样器上,以 0.2～0.6 L · min^{-1} 流量,采气 1～2 h。采样后,将管的两端套上塑料帽,按下表 4-41 记录实际采样参数。采样时的温度和大气压强。

表 4-41　TOC 采样记录表

市(区):________　采样点:________　采样人:________

日期	样品编号	起始时间	结束时间	温度 T/K	气压 p/mmHg	风力	采样体积

问题 9　实验中采样器流量计是否需要进行校准?

4. 洗脱

取出采样管内两端玻璃棉,将采样后的 A 段和 B 段活性炭分别倒入两个具塞刻度试管中,各加 1.0 mL 二硫化碳,塞紧试管塞,放置 1 h,并不时振摇进行洗脱。

5. 色谱分析

分别取 1.0 μL A 段和 B 段的二硫化碳洗脱液,按绘制标准曲线的仪器条件进样测定。每个样品重复做三次,用保留时间确认苯、甲苯、和二甲苯的色谱峰,测量其峰面积,得峰面积的平均值 A。A 段和 B 段的测定记录见表 4-42 和表 4-43。

6. 空白试验

在样品测定的同时,取未采样的活性炭采样管,按相同步骤作试剂空白测定,得空白溶液峰面积的平均值 A_0。

表 4-42　A 段测定结果记录表

待测组分	保留时间 t_r/min	洗脱液峰面积 A	空白溶液峰面积 A_0	洗脱液浓度 $c/\mu g \cdot mL^{-1}$
苯				
甲苯				
对二甲苯				
邻二甲苯				
间二甲苯				

表 4-43　B 段测定结果记录表

待测组分	保留时间 t_r/min	洗脱液峰面积 A	空白溶液峰面积 A_0	洗脱液浓度 $c/\mu g \cdot mL^{-1}$
苯				
甲苯				
对二甲苯				
邻二甲苯				
间二甲苯				

问题 10　洗脱液二硫化碳的体积该用什么仪器控制?

问题 11　何谓空白试验? 本实验空白试验有何作用?

问题 12　有哪些因素会影响测定结果?

五、数据处理

1. 标准状态下的采样体积 V_0

V_0的计算按照公式(4-18)：

$$V_0 = V \times \frac{T_0}{T} \times \frac{p}{p_0} \tag{4-18}$$

式中，V_0——标准状态下的体积，m^3；

V——实际采样的体积，m^3；

T_0——标准状态下的温度，℃；

T——实际采样的温度，℃；

p_0——标准状态下的体积，kPa；

p——采样过程的压强，kPa；

2. 室内空气中苯、甲苯、二甲苯质量浓度的计算

计算公式见(4-19)：

$$c = \frac{(A - A' - a)}{V_0 \times b} \tag{4-19}$$

式中，c——空气中苯、甲苯或二甲苯的浓度，$\mu g \cdot m^{-3}$；

A——样品峰面积的平均值；

A'——空白管的峰面积；

a——回归方程的截距；

b——回归方程的斜率。

六、注意事项

(1)当空气中水蒸气或者水分太大，以致在活性炭管中凝结时，影响活性炭管穿透体积及采样效率，因此采样时应注意空气相对湿度应小于90%。

(2)活性炭采样管的吸附效率应该在80%以上，即B段活性炭所收集的组分应小于A段的25%，否则调整流量或采样时间，重新采样。

第五章　土壤环境监测实验

实验 28　土壤中有机质的测定

（化学氧化法）

一、实验目的

（1）了解土壤有机质的意义。

（2）掌握土壤有机质的化学氧化法测定原理。

（3）熟练掌握土壤有机质的测定方法。

二、实验要求

查阅资料，熟悉土壤中有机质测定的有关原理和方法，利用实验室可提供的试剂和仪器，选择最合理的方案（仪器、试剂、步骤等），寻找最合理的答案。本次实验推荐使用化学氧化法。完成下列任务，回答有关问题，最终独立完成实验。实验室可提供的试剂和仪器见表 5-1。

表 5-1　实验室可提供的试剂和仪器

试剂	重铬酸钾（$K_2Cr_2O_7$）；浓硫酸（H_2SO_4）；硫酸亚铁（$FeSO_4 \cdot 7H_2O$）；邻菲罗啉（$C_{12}H_8N_2 \cdot H_2O$）；淀粉；蒸馏水；石英砂
仪器	烧杯（各种规格）；玻璃棒；容量瓶（各种规格）；分析天平（各种规格）；台秤（各种规格）；量筒（各种规格）；滴管；吸耳球；移液管（各种规格）；吸量管（各种规格）；酸式滴定管；碱式滴定管；锥形瓶；碘量瓶；硅油浴装置；电炉；弯颈小漏斗

三、实验原理

土壤有机质的含量是决定土壤持久性肥力的重要标志，所以测定土壤有机质的含量具有重要意义。测定土壤有机质的方法有很多，其中用重铬酸钾作为氧化剂，与土壤中的有机质发生氧化还原反应，再用滴定法或者比色法测定，此方法目前应用较多。

方法原理：在加热条件下，利用过量浓硫酸和重铬酸钾（$K_2Cr_2O_7$-H_2SO_4）混合来氧化土壤中有机质，$Cr_2O_7^{2-}$ 被还原成 Cr^{3+}，剩余的重铬酸钾用硫酸亚铁（$FeSO_4$）标准溶液滴定，并以二氧化硅为添加物作为试样空白标定。根据氧化前后氧化剂质量差值，计算出有机碳量，再乘以系数 1.724，即为土壤有机质含量。

任务 1　选择用重铬酸钾测定时所选择的试剂和仪器。
任务 2　写出重铬酸钾测定有机质的基本原理。
任务 3　写出浓硫酸＋重铬酸钾＋有机质反应的方程式（Ⅰ）。
　　　　写出浓硫酸＋重铬酸钾＋硫酸亚铁的反应方程式（Ⅱ）。

四、实验内容

（一）试剂准备

1. 0.136 mol · L^{-1}重铬酸钾-浓硫酸溶液

任务 4　写出重铬酸钾-浓硫酸溶液配置的基本步骤。
问题 1　配置过程注意什么问题?

2. 0.2 mol · L^{-1}硫酸亚铁标准溶液

任务 5　写出配置硫酸亚铁溶液过程的基本玻璃仪器，过程中应注意什么问题?

3. 0.01485 g · mL^{-1}邻菲罗啉指示剂

称取 1.485 g 邻菲罗啉、0.695 g $FeSO_4 \cdot 7H_2O$，溶于 100 mL 水中，定容，储存于棕色瓶中（现配现用）。

问题 2　配置邻菲罗啉指示剂时，要注意什么问题?

（二）土壤有机质含量的测定步骤

（1）准确量取通过 100 目筛子的土壤样品 0.2000 g（精确到 0.0001 g），全部倒入干的硬质试管中，用移液管缓慢加入重铬酸钾-硫酸标准液 5 mL，然后在试管口加一小漏斗。

(2)预先将油浴锅加热到170～200 ℃,将试管放入铁丝笼中,再将铁丝笼放入油浴中加热,温度控制在 180 ℃,待试管中液体沸腾起泡时开始计时,煮沸 8 min,取出试管,稍冷,擦去外部的油液。

(3)冷却,将试管物洗入 100 mL 的锥形瓶,保持溶液总量 50 mL,此时溶液为橙黄色或者淡黄色,加入 2～3 滴邻菲罗啉指示剂,然后用硫酸亚铁滴定。溶液颜色由黄绿色经过绿色、淡绿色突变为红棕色即达到终点。

(4)空白试验:用石英砂替代土壤,其他步骤相同。实验过程数据记录在表 5-2。

表 5-2 土壤有机质含量测定记录表

步骤＼编号		加入土壤样品实验步骤	空白的实验步骤	实验过程使用仪器名称
①土样/g		0.2000	0	
②重铬酸钾-浓硫酸溶液/mL		5	5	
③180 ℃油浴/min		8	8	
④冷却,移入 100 mL 的锥形瓶,溶液总量 50 mL		50	50	
⑤加 2～3 滴邻菲罗啉指示剂		50	50	
⑥用硫酸亚铁标准溶液滴定	初读数/mL			
	终读数/mL			
	净体积/mL	$V=$	$V_0=$	

任务 6 写出本实验有关的化学反应方程。

任务 7 将实验过程所使用的体积测量仪器填写在表格相应的位置。

问题 3 为什么每次至少要求三个平行样?什么叫空白试验?为什么要进行空白滴定?

问题 4 消煮温度与消煮时间对实验结果有何影响?

问题 5 本方法与其他测定方法相比,对结果有何影响?

五、结果分析

土壤有机质含量,按照公式(5-1)计算:

$$\text{有机质机含量}(g \cdot kg^{-1}) = \frac{(V_0 - V) \times c \times 0.003 \times 1.724 \times 1.1}{m} \times 1000 \tag{5-1}$$

式中,V_0——滴定空白时所用去的硫酸亚铁标准溶液的体积,mL;

V——滴定样品时所用去的硫酸亚铁标准溶液的体积,mL;

c——硫酸亚铁标准溶液的浓度,$mol \cdot L^{-1}$;

m——土壤烘干的样品,g;

0.003——1 mmol 硫酸亚铁相当于碳的量,$g \cdot mmol^{-1}$;

1.724——由土壤有机碳换算成的有机质的经验常数;

1.1——校正系数。

问题 6 是否土壤颜色越黑,说明土壤有机质含量越高?

问题 7 消煮好的土壤样品颜色应为黄色或者黄中带绿,如果颜色为绿色,说明什么问题?

问题 8 查阅资料,熟悉一般土壤中有机质的含量范围。

六、注意事项

(1)样品称量应视有机质含量而定,消煮好的溶液应该为黄色或者黄中带绿,若为绿色($FeSO_4$ 溶液用量小于空白用量的 1/3),则表示称样太多,应该减少称重,重新消煮。

(2)各土壤样品的消煮时间和温度应该严格控制。

(3)土壤有机质含量对照参考表 5-3。

表 5-3 土壤有机质含量参考指标

土壤有机质含量/%	丰缺程度
≤1.5	极低
1.5~2.5	低
2.5~3.5	中
3.5~5.0	高
>5	极高

实验 29　土壤 pH 的测定

一、实验目的

(1)理解土壤酸碱度测定原理。
(2)了解混合指示剂法测定土壤酸碱度的方法。
(3)熟练掌握电位法测定土壤酸碱度的方法。

二、实验要求

查阅资料，了解土壤 pH 的相关方法及原理，利用实验室可提供的试剂和仪器，选择最合理的方案(仪器、试剂、步骤等)，寻找最合理的答案。根据实验方法，完成下列任务，回答有关问题，最终独立完成实验。实验室可提供的试剂和仪器见表 5-4。

表 5-4　实验室可提供的试剂和仪器

试剂	氯化钾(KCl)；氢氧化钾(KOH)；邻苯二甲酸氢钾($C_8H_5KO_4$)；磷酸二氢钾(KH_2PO_4)；磷酸氢钠($Na_2HPO_4 \cdot 2H_2O$)；溶解蒸馏水；麝草兰(T. B)；千里香兰(B. T. B)；甲基红(M. R)；酚酞；酒精
仪器	烧杯(各种规格)；玻璃棒；容量瓶(各种规格)；分析天平(各种规格)；台秤(各种规格)；量筒(各种规格)；滴管；吸耳球；移液管(各种规格)；吸量管(各种规格)；锥形瓶；架盘天平(500 g)；电动离心机(转速 3000—4000 $r \cdot min^{-1}$)；离心管(100 mL)；带橡头玻璃棒；电子天平(万分之一)

三、实验原理

pH 的化学定义是溶液中 H^+ 离子活度的负对数。土壤 pH 是土壤酸碱度的强度指标，是土壤的基本性质和肥力的重要影响因素之一。它直接影响土壤养分的存在状态、转化和有效性，从而影响植物的生长发育。土壤 pH 易于测定，常用作土壤分类、利用、管理和改良的重要参考。同时在土壤理化分析中，土壤 pH 与很多项目的分析方法和分析结果有密切关系，因而是审查其他项目结果的一个依据。

土壤 pH 分水浸 pH 和盐浸 pH，前者是用蒸馏水浸提土壤测定的 pH，代表土壤的活性酸度(碱度)；后者是用某种盐溶液浸提测定的 pH，大体上反映土壤的潜在酸。盐浸提液常用 1 $mol \cdot L^{-1}$ KCl 溶液或用 0.5 $mol \cdot L^{-1}$ $CaCl_2$ 溶液，在浸提土壤时，其中的 K^+ 或 Ca^{2+} 即与胶体表面吸附的 Al^{3+} 和 H^+ 发生交换，使其相当部分被交换进入溶液,故盐浸 pH 较水浸 pII 低。

土壤 pH 的测定方法包括比色法和电位法。

(1)混合指示剂比色法方法原理:指示剂在不同 pH 的溶液中显示不同的颜色,故根据其颜色变化即可确定溶液的 pH。混合指示剂是几种指示剂的混合液,能在一个较广的 pH 范围内,显示出与一系列不同 pH 相对应的颜色,据此测定该范围内的各种土壤 pH。

(2)电位测定法方法原理:以电位法测定土壤悬液 pH,通用 pH 玻璃电极为指示电极,甘汞电极为参比电极。此二电极插入待测液时构成电池反应,其间产生电位差,因参比电极的电位是固定的,故此电位差之大小取决于待测液的 H^+ 离子活度或其负对数 pH。因此可用电位计测定电动势。再换算成 pH,一般用酸度计可直接测读 pH。

任务 1 根据所提供的试剂和仪器,选取本实验所需要的仪器和试剂。

任务 2 写出 pH 测定的基本原理。

四、实验内容

(一)试剂准备

1. 混合指示剂的配制

取麝草兰(T. B)0.025 g、千里香兰(B. T. B)0.4 g、甲基红(M. R)0.066 g、酚酞 0.25 g,溶于 500 mL 95%的酒精中,加同体积蒸馏水,再以 0.1 mol · L^{-1}NaOH 调至草绿色即可。pH 比色卡用此混合指示剂制作。

任务 3 混合指示剂配制过程注意什么问题?

2. 1 mol · L^{-1}KCl 溶液

称取 74.6 gKCl 溶于 400 mL 蒸馏水中,用 10%KOH 或 KCl 溶液调节 pH 至 5.5～6.0,而后稀释定容至 1 L。

问题 1 KCl 溶液配置过程注意什么问题?

3. 标准缓冲溶液

pH 为 4.03 的缓冲溶液:苯二甲酸氢钾在 105 ℃烘 2～3 h 后,称取 10.21 g,用蒸馏水溶解稀释至 1 L。

pH 为 6.86 的缓冲溶液：称取在 105 ℃烘 2～3 h 的 KH_2PO_4 4.539 g 或 $Na_2HPO_4 \cdot 2H_2O$ 5.938 g，溶解于蒸馏水中定容至 1 L。

问题 2　标准溶液配置过程注意什么问题?

（二）土壤 pH 的测定

1. 混合指示剂比色法

操作步骤：在比色瓷盘孔内（室内要保持清洁干燥，野外可用待测土壤擦拭），滴入混合指示剂 8 滴，放入黄豆大小的待测土壤，轻轻摇动使土粒与指示剂充分接触，约 1 min 后将比色盘稍加倾斜用盘孔边缘显示的颜色与 pH 比色卡比较，以估读土壤的 pH。

2. 电位测定法

操作步骤：称取通过 1 mm 筛孔的风干土 10 g 两份，各放在 50 mL 的烧杯中，一份加无 CO_2 蒸馏水 25 mL，另一份加 1 $mol \cdot L^{-1}$ KCl 溶液 25 mL（此时土水比为 1∶2.5，含有机质的土壤改为 1∶5），间歇搅拌或摇动 30 min，放置 30 min 后用酸度计测定。

五、结果分析

用酸度计测定 pH 值时，可直接读取 pH 值，不需比较，根据下表 5-5，判断土壤的酸碱度。

表 5-5　土壤酸碱度分级

pH	酸碱度分级	pH	酸碱度分级
≤4.5	极强酸性	7.1～7.5	弱碱性
4.6～5.5	强酸性	7.6～8.5	碱性
5.6～6.0	酸性	8.6～9.5	强碱性
6.1～6.5	弱酸性	>9.5	极强碱性
6.6～7.0	中性		

六、注意事项

（1）土水比的影响：一般土壤悬液愈稀，测得的 pH 愈高，尤以碱性土的稀释效应较大。为了便于比较，测定 pH 的土水比应当固定。经实验，采用 1∶1 的土水比，碱性土和酸性土均能得到较好的结果，酸性土采用 1∶5 和 1∶1 的土水比所测得的结果基本相似，故建议碱性土采用 1∶1 或 1∶2.5 土水比进行测定。

（2）蒸馏水中 CO_2 会使测得的土壤 pH 偏低，故应尽量除去，以避免其干扰。

(3)待测土样不宜磨得过细,宜用通过 1 mm 筛孔的土样测定。

(4)玻璃电极不测油液,使用前应在 0.1 mol · L^{-1} NaCl 溶液或蒸馏水中浸泡 24 h以上。

(5)甘汞电极一般为 KCl 饱和溶液灌注,如果发现电极内已无 KCl 结晶,应从侧面投入一些 KCl 结晶体,以保持溶液的饱和状态。不使用时,电极可放在 KCl 饱和溶液或纸盒中保存。

实验30　土壤中阳离子交换容量的测定

一、实验目的

(1)了解阳离子交换量的内涵及环境化学意义。

(2)掌握快速法测定土壤中阳离子交换容量技术原理。

二、实验要求

查阅资料,了解土壤阳离子交换容量的相关方法及原理,利用实验室可提供的试剂和仪器,选择最合理的方案(仪器、试剂、步骤等),寻找最合理的答案。本次实验推荐使用快速法测定。根据实验方法,完成下列任务,回答有关问题,最终独立完成实验。实验室可提供的试剂和仪器见表5-6。

表5-6　实验室可提供的试剂和仪器

试剂	酚酞($C_{20}H_{14}O_4$);氯化钡($BaCl_2$);硫酸(H_2SO_4);氢氧化钠(NaOH);蒸馏水
仪器	烧杯(各种规格);带橡皮头玻璃棒;容量瓶(各种规格);分析天平(各种规格);台秤(各种规格);量筒(各种规格);滴管;吸耳球;移液管(各种规格);吸量管(各种规格);锥形瓶;电动离心机(转速3000～4000 $r \cdot min^{-1}$);离心管(100 mL);带橡头玻璃棒;电子天平(万分之一)

三、实验原理

土壤是环境中污染物迁移转换的重要场所,土壤阳离子交换量不仅与土壤的供肥保肥能力有关,与土壤的重金属含量也密切相关。因此对土壤阳离子交换性能的测定,有助于了解土壤对污染质净化能力及污染负荷的允许程度。

本实验采用快速法测定土壤阳离子交换量。土壤中存在的各种阳离子与$BaCl_2$水溶液中的阳离子Ba^{2+}等价交换。再用硫酸溶液把交换到土壤中的Ba^{2+}交换下来,由于生成了硫酸钡沉淀,而且氢离子的交换能力很强,使交换反应趋于完全。这样通过测定交换前后硫酸含量的变化,可以计算出消耗硫酸的量,进而计算出阳离子交换量。这种交换量是土壤阳离子交换总量,通常用每100 g干土中的毫摩尔数表示。用不同方法测得的土壤阳离子交换量数值差异较大,在报告或者结果中应该注明具体方法。

任务 1 根据所提供的试剂和仪器,选取本实验所需要的仪器和试剂。
任务 2 写出土壤阳离子容量测定的基本原理。

四、实验内容

(一)试剂准备

1. $BaCl_2$ 水溶液

称取 60 g 氯化钡($BaCl_2 \cdot 2H_2O$)溶于水中,移至 500 mL 容量瓶中,用水定容。

任务 3 重铬酸钾-浓硫酸溶液配置时,注意什么问题?

2. 0.1%酚酞指示剂(W/V)

称取 0.1 g 酚酞溶于 100 mL 乙醇中。

3. 0.1 $mol \cdot L^{-1}$硫酸溶液

4. 0.1 $mol \cdot L^{-1}$氢氧化钠溶液

任务 4 氢氧化钠溶液配置的基本步骤,过程注意什么问题?
任务 5 如此配置的氢氧化钠溶液浓度准确吗,为什么?

(二)土壤阳离子交换容量的测定

(1)土壤样品采集后,自然风干,研磨,称取通过 100 目筛的土样 1.00 g(精确到 0.01 g),有机质含量少的土样可称 2~5 g,将其小心放入 2 只 100 mL 离心管中。用量筒向离心管中加入 20 mL $BaCl_2$ 水溶液,用玻璃棒搅拌 5~10 min。然后将离心管对称放在离心机中,离心 3~5 min,转速 3000 $r \cdot min^{-1}$左右,弃去离心管中的清液。重复上述动作 2~3 次,然后向载土的离心管加 20 mL 蒸馏水,搅拌 2 min,离心分离,去掉上清液,将离心管连同管内土样一起,在电子天平上称出各管的重量 G。

(2)交换量的测量:利用氢离子把土壤中的 Ba^{2+} 全部等价交换下来,往离心管中准确移入 25 mL 0.1 $mol \cdot L^{-1}$硫酸溶液,搅拌 10~15 min,放置 20 min,离心沉降。从离心管管内清液中移出 10 mL 溶液置于 2 个锥形瓶内。再移出 2 份 10 mL 0.1 $mol \cdot L^{-1}$硫酸溶液到另外 2 个锥形瓶中。在 4 个锥形瓶中各加入 10 mL 蒸馏水和 2 滴酚酞,用标准氢氧化钠滴定到终点。10 mL 0.1 $mol \cdot L^{-1}$硫酸溶液耗去的氢氧化钠溶液的体积 A(mL)和样品消耗氢氧化钠溶液的体积 B(mL),氢氧化钠溶液的准确浓度 N($mol \cdot L^{-1}$),连同以上数据记录在表 5-7。

表 5-7 实验测定过程记录表

土壤样品重量 W_0/g		滴定土壤样品处理液消耗 NaOH 溶液体积 B/mL		滴定硫酸溶液消耗 NaOH 溶液体积 A/mL	
1	2	1	2	1	2

问题 1 土壤的湿度会影响阳离子交换容量吗?如何影响?

问题 2 配置的氢氧化钠为什么要进行标定?

五、结果分析

土壤阳离子交换容量的计算,按照公式(5-2):

$$CEC = \frac{(A-B) \times N \times 1000}{W_0 \times 10} \tag{5-2}$$

式中,CEC——土壤阳离子交换量,$cmol \cdot kg^{-1}$;

A——滴定 0.1 mol · L—1 硫酸溶液消耗标准 NaOH 溶液体积,mL;

B——滴定土壤离心沉降后的上清液消耗标准 NaOH 溶液体积,mL;

W_0——称取土壤样品质量,g;

N——标准 NaOH 溶液浓度,$mol \cdot L^{-1}$;

10——mmol 换算成 cmol 倍数。

六、注意事项

(1)土壤样品要风干,研磨,注意湿度不能太大,否则影响测定结果。

(2)配置的氢氧化钠要进行标定:称取 0.5 g(分析天平上称)于 105 ℃烘箱中烘干后的邻苯二甲酸氢钾两份,分别放入 250 mL 锥形瓶中,加 100 mL 煮沸冷的蒸馏水,溶完再加 4 滴酚酞指示剂,用配制的氢氧化钠标准溶液滴定到淡红色,再用煮沸冷却后的蒸馏水做一个空白试验,并从滴定邻苯二甲酸氢钾的氢氧化钠溶液中扣除空白值。

实验31　土壤中总氮和总磷的测定

实验31-1　土壤中总氮的测定

一、实验目的

(1)了解土壤中氮的意义。
(2)掌握土壤中氮测定的基本原理与基本方法。

二、实验要求

查阅资料,熟悉土壤中总氮和总磷测定的有关原理和方法,利用实验室可提供的试剂和仪器,选择最合理的方案(仪器、试剂、步骤等),寻找最合理的答案。完成下列任务,回答有关问题,并最终独立完成实验。实验室可提供的试剂和仪器见表5-8。

表5-8　实验室可提供的试剂和仪器

试剂	氢氧化钠(NaOH);硫酸钾(K_2SO_4);硒粉(Se);硼酸(H_3B0_3);浓硫酸(H_2SO_4);溴甲酚绿($C_{21}H_{14}Br_4O_5S$);甲基红($C_{15}H_{15}N_3O_2$);乙醇(CH_3CH_2OH);硼砂($Na_2B_20_4$)
仪器	扩散皿、半微量滴定管、恒温箱;烧杯(各种规格);带橡皮头玻璃棒;容量瓶(各种规格);分析天平(各种规格);台秤(各种规格);量筒(各种规格);滴管;吸耳球;移液管(各种规格);吸量管(各种规格);电炉;开氏瓶;定氮蒸馏器;滴定管(半微量)

三、实验原理

方法原理:土壤样品用浓H_2SO_4为催化剂加热消煮,使各种形态的氮都转化为氨态N,然后加碱蒸馏,用硼酸吸收NH_3,用标准酸滴定,计算样品含N量。

任务1　查阅资料,选择测定总氮的过程中所需要的试剂和仪器。
任务2　写出NaOH水解潜在有效氮的反应方程式。
写出H_3BO_3吸收液中的NH_3用标准酸滴定的一系列现象。
任务3　写出土壤中总氮测定的基本原理。
问题1　试样过程中取得的土壤样品为湿样还是干样?

四、实验内容

（一）试剂配制

1. 混合催化剂

K_2SO_4 ∶ $CuSO_4$ ∶ Se＝100 ∶ 10 ∶ 1，即 100 g K_2SO_4（化学纯）、10 g $CuSO_4 \cdot 5H_2O$（化学纯）和 1 g Se 粉混合研磨，通过 80 目筛充分混匀（注意戴口罩），贮于具塞瓶中。消煮时每毫升 H_2SO_4 加 0.37 g 混合加速剂。

2. 0.01 $mol \cdot L^{-1}$（$1/2H_2SO_4$）标准酸溶液

3 mL 浓 H_2SO_4 加入 10000 mL 水中，混匀。

3. 10 $mol \cdot L^{-1}$ NaOH 溶液

称取工业用固体 NaOH 420 g，于硬质玻璃烧杯中，加蒸馏 400 mL 溶解，不断搅拌，以防止烧杯底角固结。冷却后倒入塑料试剂瓶，加塞，防止吸收空气中的 CO_2。放置几天待 Na_2CO_3 沉降后，将清液虹吸入盛有约 160 mL 无 CO_2 的水中，并以去 CO_2 的蒸馏水定容至 1 L，加盖橡皮塞。

4. 硼酸吸收液（2%）

取 60 g 硼酸（H_3BO_3）溶于 2500 mL 水，加 60 mL 混合指示剂，用 10 $mol \cdot L^{-1}$ NaOH 调节 pH 为 4.5～5.0（紫红色），然后加水至 3000 mL。

任务 4　写出配制硼酸吸收液基本步骤和应该注意的问题。

标定：准确称取硼砂（$Na_2B_2O_4$）1.9068 g，溶解定容为 100 mL，此为硼砂溶液。取此液 10 mL，放入三角瓶中，加甲基红指示剂 2 滴，用所配标准酸滴定由黄色至红色止，计算酸浓度。

5. 混合指示剂

取 0.099 g 溴甲酚绿和 0.066 g 甲基红，溶于 100 mL 乙醇。

（二）测定步骤

（1）称土样 2.00 g（100 目），放入开氏瓶底。加入混合催化剂 2 g，加几滴水湿润，再加入浓 H_2SO_4 5 mL，摇匀。

（2）在通风柜内加热消煮，至淡蓝色（无黑色）后再消煮 1.5 h。取下冷却后，加水约 50 mL。

（3）取 20 mL 硼酸吸收液（2% H_3BO_3）放入 250 mL 三角瓶中，三角瓶置于定 N 蒸馏器冷凝管下，管口浸入吸收液中。

(4)开氏瓶(内有消煮液)接在定 N 蒸馏器上,由小漏斗加入 20～25 mL 40%浓度的 NaOH 溶液,夹紧不使漏气。

(5)通水冷凝,通蒸气蒸馏 15 min 左右。在临近结束前,使冷凝管口离开吸收液,再蒸馏 2 min,并用纳氏试剂或 pH 试纸检查是否蒸馏完全。如已蒸馏完毕,用少量水冲洗冷凝管下口,然后取出三角瓶。

(6)用 0.01 $mol \cdot L^{-1}$标准酸溶液滴定,由蓝绿色滴定至紫红色为终点。

(7)空白试验:空白样品用石英砂代替土壤,进行上述过程。数据记录在表 5-9。

表 5-9　土壤中氮测定的记录表

步骤 \ 编号		加入土壤样品实验步骤	空白的实验步骤	实验过程使用仪器名称
①土样/g		2.00	0	
②混合催化剂/g		2	2	
③消煮/h		1.5	1.5	
④冷却后,加水/mL		50	50	
⑤硼酸吸收液/mL		20	20	
⑥NaOH 溶液/mL		20	20	
⑦蒸馏/min		15	15	
⑧0.01 $mol \cdot L^{-1}$ ($1/2H_2SO_4$) 标准酸液滴定	初读数/mL			
	终读数/mL			
	净体积/mL	$V=$	$V_0=$	

任务 5　将实验过程所使用的体积测量仪器填写在表格相应的位置。
问题 2　在样品测定的同时为什么进行空白试验、校正试剂和滴定误差?
问题 3　如果出现失误,怎么做才能做到不浪费或者降低试剂浪费的量?
问题 4　土样消煮时,加入的各种试剂各起什么作用?
问题 5　如何保证消煮完全,使全部氮都转化为氨态氮?

五、结果计算

土壤全氮的浓度计算,见公式(5-3):

$$土壤全氮(g \cdot kg^{-1}) = \frac{(V - V_0) \times c \times 14 \times 10^{-3} \times 10^3}{W} \tag{5-3}$$

式中,c——标准酸浓度,$mol \cdot L^{-1}$;

V——滴定样品所用标准酸体积,mL;

V_0——滴定空白所用标准酸体积,mL;

14——N 的摩尔质量，$g \cdot mol^{-1}$；

W——土样重量，g。

六、注意事项

(1)土样应避免沾在开氏瓶颈部，如因颈部不干而沾土样，应用 H_2SO_4 或少量水冲入瓶底，否则会因消煮不到而使结果偏低或失误。

(2)加入少量水湿润的目的是防止土与 H_2SO_4 不能混匀而成团粒，不利于充分消化。但水分多了会降低消煮温度，延长消化时间，所以不可加入太多水。可将土样在瓶底摇动散开，然后加 H_2SO_4，这样土样不至成团粒，能与 H_2SO_4 混匀。

(3)消煮过程中，应摇动开氏瓶数次，让土样集中在瓶底与 H_2SO_4 充分反应。消化开始时，由于有机物炭化，溶液为棕黑色等深颜色，随有机物氧化，颜色变浅，至出现蓝绿色时(此为 $CuSO_4$ 的颜色)，大部分有机物都已分解，再消化半小时以上，使一些难转化的含氮化合物也转化为 NH_4^+-N。如果开氏瓶内还有黑色或棕色，必须继续消化至该色消失。

(4)有时某些土样消化时会有溶液溅动现象，应控制温度不使反应局部过于剧烈。消化土样也可以用硬质试管-铝锭消化器或其他定氮消煮仪器。催化剂中 Se 有毒，且在高温下易挥发，消化过程中还有 SO_2 等毒气产生，所以消煮必须在通风柜内进行。

(5)消化后开氏瓶内为浓 H_2SO_4，应冷却后小心加入水稀释，否则会因水与浓 H_2SO_4 激烈作用，而使消化溶液冲出，造成损失或失败。

(6)如用常量蒸馏器，可将开氏瓶直接接在蒸馏器上蒸馏。如用半微量定氮蒸馏器，可将消化溶液全部转移入 100 mL 容量瓶中，用水洗几次开氏瓶，洗液也转入容量瓶。用水定容后，取 10～20 mL 溶液加入半微量定氮蒸馏器进行蒸馏测定，最后计算时需乘上分取倍数(10～5 倍)。

(7)常量定氮蒸馏时，由于蒸出 NH_3，H_2O 量较大，冷凝管下口(可接皮管或塑料管加长些)应插入硼酸吸收液，避免可能有的挥发损失。最后为避免管口沾有硼酸吸收液，所以结束前 2 min 将冷凝管口离开硼酸吸收液，让蒸馏溶液(这时含 $NH_3 \cdot H_2O$ 已经很少)冲洗管内口。在取出三角瓶时，还应用水冲洗一下冷凝管下口。如果是用半微量定氮蒸馏，由于蒸出 $NH_3 \cdot H_2O$ 量较少，一般不会有挥发损失问题，所以冷凝管口可不插入吸收液中。

(8)蒸馏加入的 40%NaOH 的量要适宜。少了，不能完全中和浓 H_2SO_4，因此不能使 NH_3 蒸出；过多了，反应过于剧烈，容易造成氮的损失。加入的量要根据溶液中含 H_2SO_4 的量来决定，如消化时用 5 mL 浓 H_2SO_4，则蒸馏时用 20～25 mL 40%

NaOH(10 mol·L^{-1})。如用半微量蒸馏,取 20 mL 稀释液(20 mL/100 mL),则只需加 5 mL 40%NaOH。添加 NaOH 的过程要快速,防止反应生成的 NH_3 损失。

(9)该测定中不包括土壤中的 NO_3-N。如土样有较多 NO_3^- 和 NO_2^--N,则需加入水杨酸和 $Na_2S_2O_3$ 固定和还原 NO_3^--N、NO_2^--N 成为 NH_4^+-N,然后同样进行消煮。

实验 31-2　土壤中总磷的测定
（氢氧化钠熔融-钼锑抗比色法）

一、实验目的

（1）了解掌握中全磷的意义。
（2）掌握氢氧化钠熔融-钼锑抗比色法的测定全磷基本技术方法。

二、实验要求

查阅资料，熟悉土壤中全磷测定的有关原理和方法，利用实验室可提供的试剂和仪器，选择最合理的方案（仪器、试剂、步骤等），寻找最合理的答案。本次实验使用氢氧化钠熔融-钼锑抗比色法。完成下列任务，回答有关问题，最终独立完成实验。实验室可提供的试剂和仪器见表 5-10。

表 5-10　实验室可提供的试剂和仪器

试剂	氢氧化钠（NaOH）；无水乙醇（C_2H_6O）；碳酸钠（Na_2CO_3）；硫酸（H_2SO_4）；2，6-二硝基酚（$C_6H_4N_2O_5$）；酒石酸锑钾（C8H18K2O15Sb2）；钼酸铵（H8MoN2O4）；磷酸二氢钾（KH_2PO_4）
仪器	往复振荡机；分光光度计或比色计；烧杯（各种规格）；带橡皮头玻璃棒；容量瓶（各种规格）；分析天平（各种规格）；台秤（各种规格）；量筒（各种规格）；滴管；吸耳球；移液管（各种规格）；吸量管（各种规格）；锥形瓶

三、实验原理

土壤中的磷是植物生长的必备元素之一，不仅能促进植物体内蛋白质的合成，而且能增强植物的抗病能力。了解土壤中磷的供应情况，对于施肥有重要的意义。土壤中总磷的测定方法有很多，主要有氢氧化钠熔融-钼锑抗比色法和 $HClO_4$-H_2SO_4 法，本实验用氢氧化钠熔融-钼锑抗比色法。

基本原理：土壤样品与氢氧化钠熔融，使土壤中含磷矿物及有机磷化合物全部转化为可溶性的正磷酸盐，用水和稀硫酸溶解熔块，在规定条件下样品溶液与钼锑抗显色剂反应，生成磷钼蓝，于 700 nm 处用分光光度法定量测定。

任务 1　查阅资料，选出测定土壤中磷所需要的试剂和仪器。
任务 2　写出测定土壤中磷的基本原理及有关的反应方程式。

四、实验内容

(一)试剂准备

1. 氢氧化钠

2. 无水乙醇

3. 100 g·L^{-1},碳酸钠溶液

10 g无水碳酸钠溶于水后,稀释至100 mL,摇匀。

4. 50 mL·L^{-1}硫酸溶液

吸取5 mL浓硫酸(95.0%～98.0%,比重1.84)缓缓加入90 mL水中,冷却后加水至100 mL。

5. 3 mol·L^{-1} H_2SO_4 溶液

量取160 mL浓硫酸缓缓加入到盛有800 mL左右水的大烧杯中,不断搅拌,冷却后,再加水至1000 mL。

6. 二硝基酚指示剂

7. 5 g·L^{-1}酒石酸锑钾溶液

8. 硫酸钼锑贮备液

任务3　写出二硝基酚指示剂、石酸锑钾溶液配置的基本流程。

任务4　查阅资料,写出硫酸钼锑贮备液配置的基本流程及应该注意的问题。

9. 钼锑抗显色剂

称取1.5 g抗坏血酸溶于100 mL钼锑贮备液中。此溶液有效期不长,宜现用现配。

10. 100 mg·L^{-1}磷标准贮备液

任务5　写出配置磷标准溶液的基本步骤,用到的基本仪器。

11. 5 mg·L^{-1}磷标准溶液

12. 无磷定量滤纸

(二)绘制标准曲线

分别准确吸取5 mg·L^{-1}磷标准溶液0,0.5,1.0,2.0,4.0,6.0,8.0,10.0 mL于50 mL容量瓶中,同时加入与显色测定所用的样品溶液等体积的空白溶液,加入二硝基酚指示剂2～3滴,并用100 g·L^{-1}碳酸钠溶液或50 mg·L^{-1}硫酸溶液调节

溶液至刚呈微黄色，准确加入钼锑抗显色剂 5 mL，摇匀，加水定容，即得含磷量分别为 0.0，0.05，0.1，0.2，0.4，0.6，0.8，1.0 mg · L^{-1} 的标准溶液系列。摇匀，于 15 ℃以上温度放置 30 min 后，在波长 700 nm 处，测定其吸光度。数据记录在表 5-11。

表 5-11　标准溶液数据记录表

项　目	1	2	3	4	5	6	7	8
移取磷标准液/ml	0	0.5	1.0	2.0	4.0	6.0	8.0	10.0
二硝基酚指示剂/滴	2	2	2	2	2	2	2	2
碳酸钠溶液或硫酸溶液调节	至微黄色							
钼锑抗显色剂/mL	5							
定容/mL	50							
摇匀、静置	20 ℃，30 min							
浓度 c/mg · L^{-1}								
吸光度(λ=700 nm)								

任务 6　做 A-c 标准曲线，列出回归方程。

(三)土壤中总磷的测定步骤

1. 土壤样品制备

取风干的土让样品，研磨过筛后，装入磨口瓶中备用。

2. 熔样

准确称取风干样品 0.25 g，小心放入镍(或银)坩埚底部，切勿粘在壁上，加入无水乙醇 3～4 滴，湿润样品，在样品上平铺 2 g 氢氧化钠，将坩埚放入高温电炉，升温。当温度升至 400 ℃左右时，切断电源，暂停 15 min；然后继续升温至 720 ℃，并保持 15 min，取出冷却，加入约 80 ℃的水 10 mL，用水多次洗坩埚，洗涤液也一并移入该容量瓶，冷却，定容。同时做空白试验。

3. 样品溶液中磷的测定

(1)显色：准确吸取待测样品溶液 2～10 mL(含磷 0.04～1.0 μg)于 50 mL 容量瓶中，用水稀释至总体积约 3/5 处，加入二硝基酚指示剂 2～3 滴，并用 100 g · L^{-1} 碳酸钠溶液或 50 mg · L^{-1} 硫酸溶液调节溶液至刚呈微黄色，准确加入 5 mL 钼锑抗显色剂，摇匀，加水定容，室温 15 ℃以上，放置 30 min。

(2)比色：显色的样品溶液在分光光度计上，在波长为 700 nm，测定样品及空白的吸光度。数据记录见表 5-12。

表 5-12　实验过程记录表

步骤＼编号	加入土壤样品实验步骤	空白的实验步骤	实验过程使用仪器名称
①土样/g	0.25	0	
②少量氢氧化钠/g	2	2	
③灼烧 400 ℃/min	15	15	
④灼烧 720 ℃/min	15	15	
⑤冷却后加水/mL	10	10	
⑥加二硝基酚指示剂/滴	2	2	
⑦碳酸钠溶液/硫酸溶液	溶液至黄色	溶液至黄色	
⑧钼锑抗显色剂/mL	5	5	
⑨定容/mL	50	50	
⑩吸光度 A	A_x	A_0	

任务 7　将实验过程所使用的体积测量仪器填写在表格相应的位置。

问题 1　在样品测定的同时为什么进行空白试验、校正试剂和滴定误差?

问题 2　土壤磷的测定过程应该注意什么问题?

问题 3　为什么碱性或中性土壤磷的测定要用氢氧化钠熔融?

五、结果计算

土壤中总磷的计算，按照公式(5-4)：

$$c_{TP} = \frac{(A_x - A_0 - a) \times V_1}{bm} \times \frac{V_2}{V_3} \tag{5-4}$$

式中，c_{TP}——土壤样品中磷的质量浓度，$mg \cdot kg^{-1}$；

A_x——样品溶液的吸光度；

A_0——空白溶液的吸光度；

a——回归方程的截距；

b——回归方程的斜率；

V_1——样品熔后的定容体积，mL；

V_2——显色时样品的定容体积，mL；

V_3——从熔样定容后分取的体积，mL；

m——土壤样品质量，g。

六、注意事项

(1)最后显色溶液中含磷量在 20～30 mg 为最好，控制磷的浓度主要通过称取量或最后显色时吸取待测液的毫升数。

(2)本法钼蓝显色液比色时波长用 880 nm 比 700 nm 更灵敏，一般分光光度计为 721 型只能选 700 nm。

实验32 土壤中多环芳烃的测定

（高效液相色谱法）

一、实验目的

(1)学习土壤环境监测、布点、采样方法。

(2)掌握索氏提取及有机物测定的基本方法。

(3)熟悉液相色谱测定多环芳烃(PAHs)的基本原理与方法。

二、实验要求

查阅资料，了解土壤有机有毒污染物提取及测定的相关方法及原理，利用实验室可提供的试剂和仪器，选择最合理的方案(仪器、试剂、步骤等)，寻找最合理的答案。本次实验用液相色谱法测定。根据实验方法，完成下列任务，回答有关问题，最终独立完成实验。实验室可提供的试剂和仪器见表5-13。

表5-13 实验室可提供的试剂和仪器

试剂	无水硫酸钠(Na_2SO_4)；层析硅胶；二氯甲烷(CH_2Cl_2)；丙酮(CH_3COCH_3)；石英砂；正己烷(C_6H_{14})；多环芳烃标样($PAHS_{16}$)；环己烷(C_6H_{12})；佛罗里硅藻土
仪器	烧杯(各种规格)；玻璃棒；分析天平；量筒(各种规格)；滴管；吸耳球；玻璃纤维滤纸；水浴锅；玛瑙研钵；70目筛；干燥器；层析柱；索氏提取器(100 mL)；烘箱；移液管；分析瓶；旋转蒸发仪；分析瓶；平底烧瓶；移液枪；高效液相色谱仪

任务1 查阅资料，选择样品处理及测定$PAHs_{16}$合适的试剂和仪器。

三、实验原理

PAHs广泛存在于环境中，这类化合物已经被确认为具有致癌或致突变作用。测定PAHs主要有薄层色谱法、气相色谱法和液相色谱法，由于液相色谱法测定不需要高温，具有较高的分辨率和灵敏度，所以目前应用较广，本实验采用液相色谱法。

土壤中有机有毒污染物，利用相似相容的原理，在一定温度下，用有机溶剂浸提出土壤中的目标物，然后分析提纯、浓缩、定容后再用液相色谱仪测定，根据保留时间定性，峰面积定量的外标方法，测定出土壤中PAHs的含量。

任务 2　查阅资料，简述 PAHs 的基本性质。
任务 3　简述高效液相色谱仪的基本构造，定性、定量原理。
任务 4　查阅资料简述土壤中有机污染物的提取方法。

四、实验内容

（一）试剂准备

1. 100 $\mu g \cdot mL^{-1}$ $PAHs_{16}$标准贮备液
2. 10 $\mu g \cdot mL^{-1}$ $PAHs_{16}$标准使用液
3. 甲醇（色谱纯）
4. 蒸馏水（过滤脱气）
5. 二氯甲烷（色谱纯）
6. 丙酮（色谱纯）
7. 无水硫酸钠
8. 石英砂
9. 硅胶（60～100 目）

（二）仪器色谱条件

仪器参数见表 5-14。

表 5-14　本实验方法基本参数表

项目	参数
液相色谱仪	HP1100
流动相	甲醇：水＝10：90（V/V）
程序洗脱	A 溶剂（甲醇：水＝15：85），B 溶剂（100％甲醇）
泵流速	1.0 $mL \cdot min^{-1}$
程序洗脱	甲醇洗脱 10 min，然后以 1％—90％的线速度增加，保持至峰出完
柱温	30 ℃
检测器	VWD 检测器
波长	254 nm

（三）标注系列的配置及测定

取 PAHs 标准使用液 0，0.05，0.1，0.2，0.4，0.6，0.8，1.0 mL，用二氯甲烷定容

至 10 mL,浓度即为 0,0.05,0.1,0.2,0.4,0.6,0.8,1.0 μg · mL^{-1}。标准溶液数据记录在表 5-15。

表 5-15 PAHs 标准溶液数据记录表

项目	1	2	3	4	5	6	7	8
移取 PAHs 标准使用液/mL	0	0.05	0.1	0.2	0.4	0.6	0.8	1.0
二氯甲烷定容/mL	10	10	10	10	10	10	10	10
PAHs 浓度/μg · mL^{-1}								
ΣPAHs/μg								
ΣPAHs 峰面积								

任务 5 做 A-c 标准曲线,求回归方程。

(四)样品处理土壤中多环芳烃的测定

(1)土壤样品制备:取阴干土样研磨,过 100 目筛,混匀后装入磨口瓶中备用。

(2)浸提:准确称取风干样品 5.000 g,精确到 0.001 g,称取无水硫酸钠 2 g,混匀,用玻璃纤维滤纸包好,浸提剂 100 mL 二氯甲烷与丙酮(1∶1),于 40 ℃进行索氏提取 24 h。

(3)样品纯化:提取液旋转蒸发至干,加入二氯甲烷,溶解,溶解液过层析柱(从上到下:1 g 石英砂,2 g 无水硫酸钠,20 g 活化硅胶,2 g 无水硫酸钠),用二氯甲烷作为洗脱液进行洗脱,收集洗脱液,进行旋转蒸发,至 1 mL,装入样品瓶,待测。

(4)空白试验:取 5 g 石英砂,代替土壤样品,进行上述实验,待测液作为空白。

(5)回收率:取 5 g 石英砂,加入 PAHs 标准使用液 2 mL,进行上述实验,测得即为加标回收率。样品处理及测定数据,记录在表 5-16。

表 5-16 土壤样品的处理及 PAHs 测定记录表

步骤 \ 编号		土壤样品实验	空白试验	实验过程使用仪器名称
①样品/g		5.00	0	
②无水硫酸/g		2	2	
③二氯甲烷:丙酮(1∶1)索氏提取/mL		100	100	
④浓缩(1 mL)		1	1	
⑤过 25 cm 层析柱(从上至下)30 mL 二氯甲烷淋洗	活化的石英砂/g	1	1	
	无水硫酸钠/g	2	2	
	活化的硅胶/g	15	15	
	无水硫酸钠/g	2	2	

续表

编号 步骤	土壤样品实验	空白试验	实验过程使用仪器名称
⑥旋转蒸发,定容/mL	1		
⑦ΣPAHs 峰面积			
⑧ΣPAHs 浓度/$\mu g \cdot mL^{-1}$			

任务 6　如何配置样品标准使用液,应该注意什么问题?
任务 7　淋洗液处理步骤,应该注意什么问题?
任务 8　将实验过程所使用的体积测量仪器填写在表格相应的位置。
问题 1　为什么要做试剂空白和加标回收率?
问题 2　土壤样品处理时要注意什么问题?分析测试前为什么要放入冰箱?
问题 3　索氏提取及层析柱加入无水硫酸钠的目的是什么?为什么要过层析柱?
问题 4　本实验的全过程要尽可能避光,为什么?
问题 5　如果改变实验仪器的条件,对测定结果有哪些影响?

五、数据处理

1. 标准曲线的制作

根据对应的浓度及峰面积做标准曲线,求回归方程。

2. 结果计算

$$c_{PAHs} = \frac{(A_x - A_0 - a) \times 1}{bm} \tag{5-5}$$

式中,c_{PAHs}——土壤中 PAHs 的浓度,$mg \cdot kg^{-1}$;
A_x——样品中 PAHs 的峰面积;
A_0——空白中 PAHs 的峰面积;
a——回归方程的截距;
b——回归方程的斜率;
m——取得土壤样品质量,g;
1——样品浓缩后定容的体积,mL。

六、注意事项

(1)分析对象为致癌物,因此要有保护措施。
(2)整个操作要在避光条件下进行,防止 PAHs 分解。

(3)配置的标准样品必须能与流动相很好地混合，否则在色谱分析时可能出现误差。

(4)本实验未使用内标，进样量力求非常准确；而且要做加标回收，加标回收率在75％～105％。

实验33　土壤中总铬的测定

（火焰原子吸收分光光度法）

一、实验目的

(1)了解土壤中铬的危害。

(2)熟悉土壤的取样原理。

(3)熟悉土样的预处理过程。

(4)掌握原子吸收分光光度计的使用方法。

二、实验要求

查阅资料，熟悉土壤中重金属测定的有关原理和方法，利用实验室可提供的试剂和仪器，选择最合理的方案（仪器、试剂、步骤等），寻找最合理的答案。本次实验推荐使用化学氧化法。完成下列任务，回答有关问题，最终独立完成实验。实验室可提供的试剂和仪器见表5-17。

表5-17　实验室可提供的试剂和仪器

试剂	盐酸(HCl)；浓硝酸(HNO_3)；氢氟酸(HF)；高氯酸($HClO_4$)；硫酸(H_2SO_4)；氯化铵(NH_4Cl)；铬标准储备液；焦硫酸钾($K_2S_2O_7$)，重铬酸钾($K_2Cr_2O_7$)
仪器	原子吸收分光光度计；聚四氟乙烯坩埚；电热板；50 mL容量瓶；烧杯；试管；移液管；滴管

任务1　查阅资料，选择本实验所需要的仪器和试剂。

三、实验原理

土壤中铬的化合价态决定了其危害效应。Cr(Ⅵ)以阴离子的形态存在，一般不易被土壤所吸附，具有较高的活性，对植物易产生毒害，被认为具有致癌作用。Cr(Ⅲ)是人体必需的微量元素，是正常代谢不可缺少的部分，缺少的话会引起多种疾病。一般认为，在土壤中Cr(Ⅵ)的毒性比Cr(Ⅲ)要大得多。本实验采用火焰原子吸收光谱法。

火焰原子吸收光谱法的基本原理：土壤经过采用盐酸、硝酸、氢氟酸、高氯酸消煮，破坏土壤的矿物晶格，使试样中的待测元素全部进入试液，并且，在消解过程中，所有铬都被氧化成$Cr_2O_7^{2-}$。然后，将消解液喷入富燃性空气-乙炔火焰中。在火焰的高温下，形成铬基态原子，并对铬空心阴极灯发射的特征谱线 357.9 nm 产生选择性吸收。在选择的最佳测定条件下，测定铬的吸光度。

任务 2 查阅资料学习不同价态铬的危害
任务 3 写出火焰原子吸收光谱法测定铬的基本原理
问题 1 测定铬的含量时，如何进行土壤样品的预处理？

四、实验内容

（一）试剂准备

1. 100 g · L^{-1}焦硫酸钾

任务 4 写出试液的制备基本步骤和制备过程中应该注意的问题。

2. 1+1 HNO_3 配置
3. 10 mg · L^{-1}铬标准贮备液（重铬酸钾）

任务 5 写出铬标准贮备液的制备基本步骤和过程中应该注意的问题。

4. 100 μg · L^{-1}铬的标准使用液

（二）校准曲线绘制及样品测定

1. 仪器参数

不同型号仪器的最佳测定条件不同，可根据仪器使用说明书自行选择。通常本标准采用下表 5-18 中的测量条件。

表 5-18 测量条件记录表

元素	Cr
测定波长/nm	357.9
通常宽度/mm	0.7
火焰性质	还原性
次灵敏线/nm	359.0;360.5;4254
燃烧器高度	0 mm(使空心阴极灯光斑通过火焰亮蓝色部分)

2. 标准曲线

准确移取铬标准使用液 0.00,0.25,0.50,1.00,2.00,3.00,4.00 mL 于 50 mL 容量瓶中,然后加入 5 mL 焦硫酸钾溶液、3 mL 盐酸溶液,用水定容至标线,摇匀,其铬的含量为 0.00,0.50,1.00,2.00,4.00,6.00,8.00 $\mu g \cdot L^{-1}$。此浓度范围应包括试液中铬的浓度。按上面的标液由低到高浓度顺次测定标准溶液的吸光度,数据记录在下表 5-19。

用减去空白的吸光度与相对应的元素含量($\mu g \cdot L^{-1}$)绘制校准曲线。

表 5-19　铬标准系列测定记录表

过程	1	2	3	4	5	6	7
移取铬标准使用液/mL	0.00	0.25	0.05	1.00	2.00	3.00	4.00
焦硫酸钾溶液/mL	5						
盐酸溶液/mL	3						
定容/mL	50						
浓度/$\mu g \cdot L^{-1}$							
质量/μg							
吸光度 A							

任务 6　计算铬的浓度及吸光度,填入空白,做 A-c 标准曲线,列出回归方程。

问题 2　空白试验的作用是什么?

问题 3　标准样的量取一定要准确而且精确,为什么?

(三)土壤样品的处理

(1)称取风干土样,0.5000 g,放入聚四氟乙烯坩埚中,加两滴水润湿,加 10 mL HF,8 mL 浓 HNO_3,1 mL 高氯酸。先低温 100 ℃加热近 1 h,接着提高温度,至坩埚内消煮液大量冒烟,使坩埚内容物煮至糊状,取下冷却,沿坩埚壁转动,加入 2 mL 浓 HNO_3,继续加热至糊状,接着加 1+1 HNO_3 2 mL,稍加热溶解坩埚内管壁的残留物,将内容物用水吸入 25 mL 容量瓶,定容至刻度。放置沉淀或过滤。同时做空白试验。

(2)取已消煮好的待测液 5.0 mL 于 50 mL 容量瓶中,加 10 mL 焦硫酸钾溶液,加水定容,用原子吸收分光光度计测试吸光度 A_x。

(3)空白的测定

按照测定标准样品的方法测定空白的吸光度 A_0。实验结果记录在表 5-20。

表 5-20　样品分析过程记录表

步骤 \ 编号		土壤样品实验	空白试验	实验过程使用仪器名称
①样品/g		0.5	0	
②消解过程 1 (100 ℃)	氢氟酸/mL	10	10	
	硝酸/mL	8	8	
	高氯酸/mL	1	1	
③消煮过程 2 (250 ℃)	硝酸溶液/mL	2	2	
	1∶1 硝酸溶液/mL	2	2	
④冷却,定容	水	25	25	
⑤量取	上述定溶液	5	5	
⑥试剂	焦硫酸钾溶液/mL	10	10	
⑦定容	蒸馏水/mL	50	50	
⑧吸光度 A		A_x	A_0	

任务 7　将实验过程所使用的体积测量仪器填写在表格相应的位置。

问题 4　为什么称取样品一定要准确？在样品处理过程中应该注意什么问题？

问题 5　样品分析测试前为什么要放入冰箱？

问题 6　定容的时候，为什么要先加过硫酸钾和盐酸？

问题 7　本实验中，如何消除 Al、Fe、Pb 等重金属离子的干扰？

（四）精密度和准确度

多个实验室用本方法分析 ESS 系列土壤标样中铬的精度和准确度见表 5-21。

表 5-21　土壤标样中铬的精密度和准确度

土壤标样	实验室数	保证值 /mg·kg^{-1}	总均值 /mg·kg^{-1}	室内相对标准偏差/%	室间相对标准偏差/%	相对误差 /%
ESS-1	5	57.2±4.2	56.1	2	9.8	1.9
ESS-3	6	99.0±7.4	93.2	2.3	8.3	−4.9

五、结果分析

土样中的铬浓度计算，按照公式(5-6)：

$$c_{Cr} = \frac{(A_x - A_0 - a) \times V \times t_s \times 10^{-3}}{bm} \tag{5-6}$$

式中，c_{Cr}——土壤中铬的浓度，mg·kg^{-1}；

A_x——样品中铬的吸光度；

A_0——空白中铬的吸光度；

a——回归方程的截距；

b——回归方程的斜率；

t_s——分取倍数，消煮液定容体积/测定时吸取的消煮液体积；

V——测定液的体积，mL。

m——取得土壤样品质量，g。

六、注意事项

(1)所使用的玻璃器皿，避免用硫酸-重铬酸钾洗涤，避免沾染铬，引起污染。

(2)加焦硫酸钾作为抑制剂，是为了消除钼、铅、钴、铝、铁、钒、镍和镁的干扰。

(3)用空气-乙炔火焰分析时，对燃气、助燃气比例变化比较敏感，应该注意保持燃气、助燃气比例的恒定。燃烧器高度对铬的测定影响较大，应该注意调整好。

(4)如用石墨炉分析，标准系列溶液应该降低 10～20 倍。

实验34　土壤中镉的测定

（石墨炉原子吸收分光光度法）

一、实验目的

(1)熟悉土样的预处理过程。

(2)掌握原子吸收分光光度计的使用方法。

(3)掌握原子吸收分光光度法测定镉的技术方法。

二、实验要求

查阅资料，熟悉土壤中有机物测定的有关原理和方法，利用实验室可提供的试剂和仪器，选择最合理的方案（仪器、试剂、步骤等），寻找最合理的答案，完成下列任务，回答有关问题，最终独立完成实验。本实验使用石墨炉原子吸收分光光度法。实验室可提供的试剂和仪器见表5-22。

表5-22　实验室可提供的试剂和仪器

试剂	盐酸（HCl，特级纯）；硝酸（HNO_3，特级纯）；氢氟酸（FH，优级纯）；高氯酸（$HClO_4$，优级纯）；镉标准贮备液；蒸馏水，去离子水；碘化钾（KI）；抗坏血酸（$C_6H_8O_6$）；甲基乙丁酮（MIBK）；磷酸氢二铵〔$(NH_4)_2HPO_4$〕
仪器	容量瓶（各种规格）；天平；量筒（各种规格）；烧杯（各种规格）；移液管（各种规格）；聚四氟乙烯坩埚；电热板；吸耳球；原子吸收分光光度计；空气-乙炔火焰原子化器镉空心阴极灯

任务1　查阅资料，根据已有试剂和仪器，选择本实验所需的仪器和试剂。

三、实验原理

进行土壤样品中镉的测定时，可将土壤样品用HNO_3-HF-$HClO_4$或HCl-HNO_3-HF-$HClO_4$混酸体系消化后将消化液直接喷入空气-乙炔火焰。在火焰中形成的镉基态原子蒸汽对光源发射的特征电磁辐射产生吸收。在最佳的测定条件下（λ=228.8 nm），测得试液吸光度，扣除全程序空白吸光度，从标准曲线查得镉含量。计算土壤中Cd含量。

此方法适用于高背景值土壤，必要时应消除基体元素干扰和受污染土壤中镉的测定。方法检出限范围为 0.05～2 mg · kg^{-1}。

任务 2　查阅资料了解土壤中镉的存在形态。
问题 1　本实验测定镉的基本原理是什么?

四、实验内容

(一)试剂准备

1. 5%磷酸氢二铵
2. (1+5)硝酸
3. 0.500 mg · L^{-1}镉标准贮备液:取 0.5000 g 金属镉粒,溶于 200 mL(1+5)硝酸,微热溶解,冷却,移入 1000 mL 容量瓶中定容。
4. 1 μg · mL^{-1}镉标准使用液

(二)仪器参数

仪器基本参数见下表 5-23。

表 5-23　本实验设定的仪器参数表

项目	镉
波长/nm	228.8
燃气	乙炔
助燃气	空气
测定相	有机相
火焰类型	氧化型
曲线范围/μg · L^{-1}	0.05～1.0

(三)标准曲线的绘制

吸取镉标准使用液 0,0.5,1.0,2.0,3.0,4.0,5.0 mL 分别置于 7 个 50 mL 容量瓶中,加入 3 mL 磷酸氢二铵,用(1+5)HNO_3 溶液定容、摇匀。测其标准系列的吸光度,并绘制标准曲线。实验数据记录在表 5-24。

表 5-24　不用浓度梯度的吸光度

过程	1	2	3	4	5	6	7
①移取镉标准使用液/mL	0	0.5	1.0	2.0	3.0	4.0	5.0
②磷酸氢二铵/mL	3						

续表

系列	1	2	3	4	5	6	7
③0.2 HNO_3 溶液定容/mL	50						
④浓度 $c/\mu g\cdot L^{-1}$							
⑤镉质量/μg							
⑥吸光度 A							

任务 3 做 A-c 的标准曲线，列出回归方程。

问题 2 本实验中，为什么要加入磷酸氢二铵，起什么作用？加入的体积要非常精确吗？

（四）土壤样品的处理及测定

(1)称取风干土样 0.5000 g(100 目)，放入聚四氟乙烯坩埚中，加两滴水润湿，加 10 mL HCl，于通风橱中，电热板加热，至 2～3 mL 时，取下冷却，然后加入 5 mL 浓 HNO_3，4 mL HF，2 mL 高氯酸。加盖溶解 1 h，看黑色有机物是否消失。否则，再加入 2 mL 浓 HNO_3，2 mLHF，1 mL 高氯酸，重复上述消解过程。当白烟冒尽，且内容物呈糊状物，取下坩埚冷却，用水冲洗坩埚盖及内管壁的残留物，加 1 mL(1+5)硝酸溶解残渣，并将内容物用水吸入 25 mL 容量瓶，加入 3 mL 磷酸氢二铵，冷却后定容至刻度。

(2)空白试样：用水代替，重复上述的步骤。

(3)样品测定：样品及空白的测定数据记录见表 5-25 中。

表 5-25 样品消解及测定数据记录表

步骤＼编号		土壤样品实验	空白试验	实验过程使用仪器名称
①土样/g		0.5000	0	
②电热板解热（依次加入）直至白烟冒尽，成糊状	HCl/mL	10	10	
	硝酸/mL	5	5	
	氢氟酸/mL	4	4	
	$HClO_4$/mL	4	4	
③冷却，(1+5)硝酸/mL		1	1	
④磷酸氢二铵/mL		3	3	
⑤加水定容/mL		25	25	
⑥吸光度(λ=228.8 nm)		A_x=	A_0=	
⑦浓度 $c/\mu g\cdot L^{-1}$				

问题 3　消解过程要注意什么问题？加酸的次序有一定的要求吗？
问题 4　在实验之前，需要准备哪些实验仪器以及实验器材？
任务 4　每批样品中有多少空白试验？空白试验的作用是什么？
任务 5　将实验过程所使用的体积测量仪器填写在表格相应的位置。

五、结果计算

土样中的镉浓度计算，按照公式(5-7)：

$$c_{\mathrm{Cd}} = \frac{(A_x - A_0 - a) \times V \times 10^{-3}}{bm} \tag{5-7}$$

式中，c_{Cd}——土壤中镉的浓度，$mg \cdot kg^{-1}$；

A_x——样品中镉的吸光度；

A_0——空白中镉的吸光度；

a——回归方程的截距；

b——回归方程的斜率；

V——测定液的体积，mL；

m——取得土壤样品质量，g。

六、注意事项

(1)在土壤消化过程，最后用高氯酸时，必须防止将溶液蒸干，如果蒸干，铁盐、铝盐可能形成难溶氧化物而包藏镉，使结果偏低。

(2)镉的波长是 228.8 nm，该分析线处于紫外区，易受光散射和分子吸收的干扰，特别是 220.0～270.0 nm。NaCl 有强烈的分子吸收，不利于镉的测定，可在标准系列中加入 0.5 g $La(NO_3)_3 \cdot 6H_2O$ 消除干扰。

(3)高氯酸的纯度对空白值影响较大，直接关系到测定结果的准确度，因此必须注意全过程空白值的扣除，并尽量减少加入量，以降低空白值。

实验35 土壤中总砷的测定

（硼氢化钾-硝酸银分光光度法）

一、实验目的

（1）了解土壤样品的监测及样品处理。

（2）了解海洋沉积物中砷污染的特点及危害。

（3）熟悉砷氢化钾-硝酸银分光光度法测定土壤中砷的原理，掌握其基本操作。

二、实验要求

查阅资料，熟悉土壤中砷的有关原理和方法，利用实验室可提供的试剂和仪器，选择最合理的方案，寻找最合理的答案，完成下列任务，回答有关问题，最终独立完成实验。本实验使用砷氢化钾-硝酸银分光光度法，实验室可提供的试剂和仪器见表5-26。

表5-26 实验室可提供的试剂和仪器

试剂	氩气（Ar_2）；氢氧化钾（KOH）；硼氢化钾（BH_4K）；重铬酸钾（$K_2Cr_2K_7$）；氯化汞（$HgCl_2$）；三氧化二砷（As_2O_3）；硝酸（HNO_3）；硫酸（H_2SO_4）；硝酸-盐酸混合试剂；盐酸（HCl）；硫脲H_2NCSNH_2-抗坏血酸（$C_6H_8O_6$）；砷标准贮备液；高氯酸（$HClO_4$）；乙醇胺（C_2H_7NO）；硫酸氢钾（$KHSO_4$）；氢氧化钠（NaOH）；硝酸银（$AgNO_3$）；乙酸铅（$(CH_3COO)_2Pb \cdot 3H_2O$）；二甲酸甲酰胺（$C_3H_7NO$）；乙酸铵（$CH_3COONH_4$）
仪器	容量瓶（各种规格）；天平；量筒（各种规格）；烧杯（各种规格）；移液管（各种规格）；聚四氟乙烯坩埚；电热板；吸耳球；原子荧光光度计；砷化氢发生器；；比色管；吸液管；恒温水浴锅

三、实验原理

砷（As）是人体非必需元素。元素砷的毒性极低，而砷的化合物均有剧毒，三价砷化合物比其他砷化合物毒性更强。砷的污染主要来自采矿、冶金、化工、化学制药、农药生产、纺织、玻璃制造、制革等的工业废水。砷可以通过呼吸道、消化道和皮肤接触进入人体。如摄入量超过排泄量，砷就会在人体的肝、肾、肺、脾、子宫、胎盘、骨骼、肌肉等部位，特别是在毛发、指甲中蓄积，从而引起慢性中毒，潜伏期可长达几年甚至几十年。

基本原理：通过氧化分解土壤中各种形态存在的砷，使之转化为可溶态砷离子进入溶液，硼氢化钾在酸性溶液中产生新生态氢，在一定酸度下，可使五价砷还原成三价砷，三价砷还原成气态砷化氢，用硝酸-硝酸银-聚烯醇-乙醇溶液为吸收液，银离子被砷化氢还原成单质银，使溶液成黄色，在 $\lambda=400$ nm 下测定吸光度，再根据标准曲线的浓度。实验装置见图 5-1。

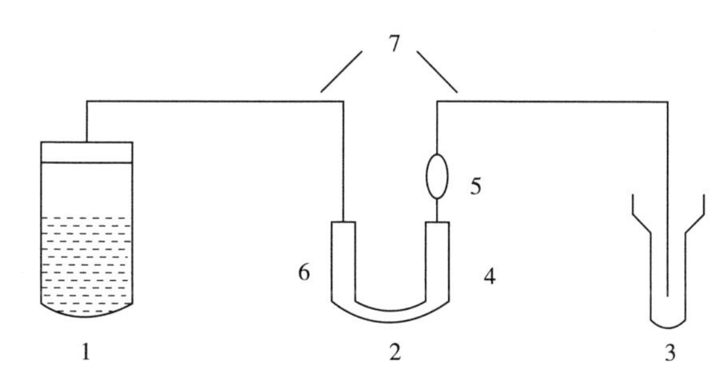

图 5-1　砷化氢发生装置

1:砷化氢发生器,管径以 30 mm,液面为管高的 1/3 为宜;2:U 形管(消除干扰用),管径为 10 mm;3:吸收管,液面以 90 mm 高为宜;4:装有 1.5 mm DMF 混合液脱脂棉 0.3 g;5:内装有吸附有硫酸钠-硫酸氢钾混合粉脱脂棉的聚乙烯管;6:乙酸铅脱脂棉 0.3 g;7:导气管(内径为 2 mm)

任务 1　选择本实验过程所使用的仪器和试剂。

任务 2　写出本实验测定的基本原理。

问题 1　土壤中的砷有哪些形态，有什么危害?

四、实验内容

(一)试剂配置

1. 硝酸:$c=1.42$ g · mL^{-1}
2. 高氯酸:$c=1.87$ g · mL^{-1}
3. 盐酸:$c=1.19$ g · mL^{-1}
4. 盐酸:$c=0.5$ mol · L^{-1}
5. 二甲基酰胺 $HCON(CH_3)_2$
6. 乙醇胺 C_2H_7NO
7. 无水硫酸钠 Na_2SO_4
8. 硫酸氢钾 $KHSO_4$
9. 硫酸钠-硫酸氢钾混合粉

取上述的硫酸钠和硫酸氢钾，按照 9∶1(质量比)混合，并用研钵研细。

10. 抗坏血酸 $C_6H_8O_6$

11. (1+1)氨水溶液

12. 氢氧化钠溶液：$c=2\ mol \cdot L^{-1}$。

13. 聚乙烯醇：$c=2\ mg \cdot mL^{-1}$。

14. 酒石酸 $C_4H_6O_8$：$c=200\ g \cdot L^{-1}$。

15. 硝酸银 $AgNO_3$

16. 砷化氢吸收液：取硝酸，聚乙烯醇，乙醇，按照 1∶1∶2(V∶V∶V)，混合均匀，现配现用。

17. 二甲酸甲酰胺(DMF)：二甲酸甲酰胺与乙酸铵质量比为 9∶1。

18. 乙酸铅：$c=80\ mg \cdot mL^{-1}$。

19. 乙酸铅脱脂棉

10 g 脱脂棉溶于乙酸铅溶液中，浸透后风干。

20. 100 $\mu g \cdot mL^{-1}$砷标准贮备液

任务 3　如何配置 100 $\mu g \cdot mL^{-1}$砷标准贮备液？在制备过程中应该注意什么问题？

21. 1 $\mu g \cdot mL^{-1}$砷标准使用液

任务 4　该试样溶液的制备基本步骤？

22. 硼氢化钾片

硼氢化钾：氯化铵(质量比为 1∶5)，压制成片。

23. 硫酸(H_2SO_4)

24. (1+1)硫酸

(二)标准曲线的绘制

1. 原子荧光光度计仪器参数

仪器基本参数见表 5-27。

表 5-27　原子荧光光度计仪器参数表

灯电流	50 mA(主)，50 mA(辅)
负高压	240 V
载气流量	800 $mL \cdot min^{-1}$
加液时间	7 s

续表

灯电流	50 mA(主),50 mA(辅)
积分时间	8 s
原子化器温度	240 ℃
该方法检出限	0.06×10^{-6}

2. 标准曲线的绘制

(1)准确移取砷标准使用液 0.0,0.5,1.0,2.0,3.0,4.0,5.0 mL 于 7 支砷化氢发生器中,定容至 50 mL。

(2)加 5 mL 酒石酸,摇匀。

(3)取 4 mL 砷化氢吸收液至吸收管中,插入到导气管中。

(4)连接好装置,加一片硼氢化钾于盛有试液的砷化氢发生瓶中,立即盖好橡皮塞,保证反应密闭。反应完毕之后 3～5 min,用比色皿以砷化氢吸收液为参比,在 400 nm 处测定吸光度。

空白样品:每分析一批样品,做两个空白测定。数据记录在表 5-28。

表 5-28　标准溶液测定数据记录表

步骤 \ 编号	1	2	3	4	5	6	7	实验过程使用仪器名称
①砷标准使用液/mL	0	0.5	1.0	2.0	3.0	4.0	5.0	
②定容/mL	50							
③酒石酸/mL	5							
④砷化氢吸收液至吸收管/mL	4							
⑤硼氢化钾/片	1							
⑥密闭反应/min	5							
⑦λ=400 nm,测定吸光度								
⑧砷离子质量/μg								

任务 5　做 A-c 标准曲线,列出回归方程

任务 6　将实验过程所使用的体积测量仪器填写在表格相应的位置。

(三)土壤样品的处理及测定

取 0.5 g(100 目)土样,放在 100 mL 锥形瓶中,用少量蒸馏水润湿,加入 6 mL 盐酸,2 mL 硝酸,2 mL 高氯酸,在瓶口插一小三角漏斗,在电热板上加热分解,到反

应停止后，用少量蒸馏水冲洗漏斗，取下小漏斗，小心蒸至近干，冷却后，加入 20 mL 盐酸溶液，加热 3～5 min，冷却后，加入 0.2 g 抗坏血酸，使 Fe^{3+} 转变为 Fe^{2+}，将试液移至 100 mL 砷化氢发生器中，加入 0.1%甲基橙指示液，2 滴，用氨水溶液调至溶液转黄，加蒸馏水定容至 100 mL，然后按照上述标准溶液测定的步骤进行测试。土壤样品处理及测定数据，记录在表 5-29。

表 5-29　土壤样品处理及测定记录表

编号 步骤	加入土壤样品实验步骤	空白试验步骤	实验过程使用仪器名称
①样品/g	0.5	0	
②盐酸/mL	6	6	
③硝酸/mL	2	2	
④$HClO_4$/mL	2	2	
⑤电热板分解至白烟冒尽，冷却/min	10	10	
⑥HCl/mL	20	20	
⑦加热/min	5	5	
⑧抗坏血酸/g	0.2	0.2	
⑨酒石酸/mL	5	5	
⑩砷化氢吸收液至吸收管/mL	4	4	
⑪硼氢化钾/片	1	1	
⑫密闭反应/min	5	5	
⑬λ=400 nm，测定吸光度	A_x=	A_0=	
⑭浓度 c	c_x=	c_0=	

任务 7　将实验过程所使用的体积测量仪器填写在表格相应的位置。
问题 2　为什么所有仪器洗干净之后，还要用稀硝酸浸泡？
问题 3　消解土壤样品时，溶液最后要蒸干，而且要赶尽氧化剂，为什么？
问题 4　样品消化至冒白烟，是什么目的？

五、结果分析

(1)根据标准曲线查出砷溶液的浓度 c_x($\mu g \cdot mL^{-1}$)，空白溶液砷的浓度 c_0($\mu g \cdot mL^{-1}$)

(2)土样中的砷浓度

砷浓度按照公式(5-8)计算：

$$c(\mathrm{As})=\frac{(C_x-C_0)\times V}{m\times(1-f)} \tag{5-8}$$

式中，$c(\mathrm{As})$——土壤样品中砷的浓度，$mg\cdot kg^{-1}$；

c_x——在标准曲线上查的砷的浓度，$\mu g\cdot mL^{-1}$；

c_0——在标准曲线上查的空白溶液砷的浓度，$\mu g\cdot mL^{-1}$；

V——试液定容的体积，mL；

m——称量土样干重量，g；

f——试样中水分的含量，%。

六、注意事项

(1)所用的器皿需用15%硝酸溶液浸泡24 h，用水淋洗干净后使用。

(2)所用的试剂，在使用前必须作空白试验。

(3)空白值高的试剂，特别是盐酸，将严重影响方法的测定下限和准确度。

(4)硝酸干扰砷的测定，若试液中有硝酸，需要在砷化氢发生器用硫酸去除干净。

(5)砷氢化钾溶液应该放在外面带有黑罩的塑料瓶中，直接光照引起还原剂分解，并产生气泡，影响测定精度。

(6)精密度：平行测定结果的相对相差应符合表5-30的要求。

表5-30　土壤中砷测定结果的允许标准差

砷含量/$mg\cdot kg^{-1}$	标准相差/%
<10	20
10～20	15
>20	15

实验36 土壤中农药DDT的测定

（气相色谱法）

一、实验目的

(1)了解从土样中提取有机氯农药的方法。

(2)掌握气象色谱法的定性、定量方法。

(3)掌握气相色谱测定DDT的方法。

二、实验要求

查阅资料，熟悉土壤中DDT测定的有关原理和方法，利用实验室可提供的试剂和仪器，选择最合理的方案(仪器、试剂、步骤等)，寻找最合理的答案，完成下列任务，回答有关问题，最终独立完成实验。实验室可提供的试剂和仪器见表5-31。

表5-31 实验室可提供的试剂和仪器

试剂	石油醚；丙酮；无水硫酸钠；30～80目硅藻土；α-六六六、β-六六六、γ-六六六、δ-六六六标准液(色谱纯)
仪器	附有电子捕获检测器的气象色谱仪；水分快速测定仪；100 mL脂肪提取器；微量注射器；脱脂棉(用石油醚回流4 h后干燥备用)；滤纸筒(适当大小滤纸，用石油醚回流4 h后干燥做成筒状)等

三、实验原理

六六六农药有7种顺、反异构体(α、β、γ、δ、ξ、η和θ，也称甲体、乙体、丙体、丁体、戊体、己体和庚体)。一般只检测前4种异构体。它们的物理化学性质稳定不易分解且具有水溶性低、脂溶性高、在有机溶剂中分配系数大的特点。本次实验推荐使用气相色谱法，其基本原理：取一定土壤样品，用有机溶剂提取，提取液再萃取，萃取液纯化，定容。用标准化合物的保留时间定性，用峰高或峰面积外标法定量。

任务1 查阅资料，简述土壤中DDT提取及测定原理。

任务2 选择本实验的仪器与试剂。

任务3 查阅资料，了解DDT的形态和危害。

四、实验内容

(一)试剂配置

1. 石油醚(沸程为 60～90 ℃重蒸馏色谱进样无干扰峰)
2. 丙酮(重蒸馏色谱进样无干扰峰)
3. 无水硫酸钠(300 ℃烘 4 h 后干燥备用)
4. 30～80 目硅藻土
5. 200 mg · L^{-1}的 DDT 贮备液

将色谱纯 α-六六六、β-六六六、γ-六六六、δ-六六六用石油醚配制成 200 mg · L^{-1}的贮备液。

6. 10 mg · L^{-1}的 DDT 标准使用液
7. 无水硫酸钠(活化后使用)
8. 硅胶(100 目,活化后使用)

(二)仪器参数

气相色谱仪 GC-6890 测定条件见下表 5-32。

表 5-32 气相色谱仪参数表

检测器	电子捕获检测器(ECD)
色谱柱	DB-5 毛细管柱长 30 cm
柱箱温度	初始温度为 60 ℃,以 20 ℃ · min^{-1}升温至 180 ℃,再以 10 ℃ · min^{-1}升温速率升至 240 ℃
汽化室温度	250 ℃
检测器温度	300 ℃
载气	氦气
速度	1.8 mL · min^{-1}

(三)土样的处理

1. 提取

称取经风干过 60 目筛的土壤 5.0 g(另取 10.00 g,测定水分含量),置于小烧杯中加 5 g 无水硫酸钠,4 g 硅藻土,充分混合后全部移入滤纸筒内上部盖一张滤纸移入脂肪提取器中。加入 100 mL(1 ∶ 1)石油醚-丙酮混合液浸泡 12 h 后,索氏提取 12 h。回流结束后,使脂肪提取器上部有积聚的溶剂。待冷却后将提取液移入 500 mL分液漏斗中用脂肪提取器上部溶液,分 3 次冲洗提取器烧杯,将洗涤液并入分液漏斗中。向分液漏斗中加入 300 mL 2%硫酸钠水溶液，振摇 2 min，静止分层后，弃去下层丙酮水溶液，上层石油醚提取液供纯化用。

2. 纯化

在盛有石油醚提取液的分液漏斗中，加入 6 mL 浓硫酸，开始轻轻振摇，并不断将分液漏斗中因受热释放的气体放出。以防压强太大引起爆炸，然后剧烈振摇 1 min。静止分层后弃去下部硫酸层。用硫酸纯化次数视提取液中杂质多少而定，一般 1～3 次，然后加入 100 mL 2%硫酸钠水溶液，振摇洗去石油醚中残存的硫酸。静止分层后弃去下部水相液体。上层石油醚提取液通过铺有 1 cm 厚的无水硫酸钠层的漏斗(漏斗下部用脱脂棉支撑无水硫酸钠)。脱水后的石油醚收集于 50 mL 容量瓶中，无水硫酸钠层用少量石油醚洗涤 2～3 次。洗涤液也收集于上述瓶中，旋转蒸发至干，定容至 1 mL 测定。

3. 空白试验

取 5 g 石英砂，代替土壤样品，进行上述实验，待测液作为空白。基本步骤及数据记录在表 5-33。

4. 回收率

取 5 g 石英砂，加入 DDT 标准使用液 2 mL，进行上述实验，测得即为加标回收率。实验数据记录在表 5-33。

表 5-33　土样处理及基本步骤及数据记录。

步骤 \ 编号	土壤样品实验	空白试验	实验过程使用仪器名称
①样品/g	5	0	
②无水硫酸钠/g	5	5	
③硅藻土/g	4	4	
④溶剂 100 mL(1∶1)石油醚-丙酮索氏提取	100	100	
⑤加入 2%硫酸钠萃取/mL	300	300	
⑥留上层石油醚，加浓硫酸/mL	6	6	
⑦2%硫酸钠水溶液/mL	100	100	
⑧收集上层石油醚层，定容/mL	50	50	
⑨旋转蒸发至干，定容/ml	1	1	

任务 4　将实验过程所使用的体积测量仪器填写在表格相应的位置。

问题 1　土壤样品处理时要注意什么问题？分析测试前为什么要放入冰箱？

问题 2　为什么要加入无水硫酸钠？

问题 3　为什么要做空白和回收率实验？

问题 4　本实验纯化法的原理是否对提取有机污染物都通用?
问题 5　用浓硫酸纯化时不分层是何原因如何解决?
问题 6　本实验中分析误差的主要来源有哪些?

(四)标准曲线制作及样品测定

取标准使用液 0,0.1,0.2,0.4,0.6,0.8,1.0 mL,石油醚定容至 10 mL,浓度即为 0,0.1,0.2,0.4,0.6,0.8,1.0 $\mu g \cdot L^{-1}$。等仪器调试好后,测定标准系列及待测样的峰面积。数据记录在表 5-34。

表 5-34　标准溶液测定数据记录表

	1	2	3	4	5	6	7	空白	待测
DDT 标准使用液/mL	0	0.1	0.2	0.4	0.6	0.8	1.0		
浓度/$mg \cdot L^{-1}$	0	0.1	0.2	0.4	0.6	0.8	1.0		
对应峰面积									

任务 5　根据 A-c 做标准曲线,列出回归方程。

五、数据处理

(1)标准曲线的制作

根据对应的浓度及峰面积做标准曲线;在标准曲线上查出待测样品及空白的 DDTs 浓度 c_x 及 c_0。

(2)结果计算

DDTs 浓度计算见公式(5-9):

$$c(\text{DDTs}) = \frac{(c_x - c_0) \times 1}{m} \tag{5-9}$$

式中,c(DDTs)——土壤样品中 DDTs 的浓度,$mg \cdot kg^{-1}$;

c_x——查标准曲线求出来的浓度,$mg \cdot L^{-1}$;

c_0——空白对应的平均的浓度,$mg \cdot L^{-1}$;

m——取的土壤样品质量,g;

1——定容至 1 mL。

六、注意事项

(1)进样量要准确,进样动作要迅速,每次进样后,注射器一定要用石油醚洗净,最好用氮气流冲干净，避免样品互相污染，影响测定结果。

(2)纯化时，出现乳化现象可采用过滤、离心或反复滴液的方法解决。

(3)如果土样中六六六异构体浓度较低，则纯化的石油醚提取液用 K-D 液浓缩器浓缩至相应体积。

(4)相应化合物的添加回收率，可用相应浓度的该化合物标样添加到土样中测定。

实验 37　头发中汞含量的测定

（冷原子吸收法）

一、实验目的

（1）掌握冷原子吸收光度仪的基本原理。

（2）掌握冷原子吸收光度仪测定汞含量的操作方法。

二、实验要求

根据测汞的原理和方法，利用实验室可提供的试剂、仪器和材料，选择最合理的方案（仪器、试剂、步骤等），寻找最合理的答案，完成下列任务，回答有关问题，最终独立完成实验。本实验用原子吸收分光光度法测定，实验室可提供的试剂和仪器见表5-35。

表 5-35　实验室可提供的试剂和仪器

试剂	纯净水；浓硫酸（H_2SO_4）；高锰酸钾（$KMnO_4$）；盐酸羟胺（$NH_2OH \cdot HCl$）；氯化亚锡（$SnCl_2 \cdot 2H_2O$）；氯化汞（$HgCl_2$）；硝酸（HNO_3）；重铬酸钾（$K_2Cr_2O_7$）
仪器和材料	烧杯（各种规格）；玻璃棒；容量瓶（各种规格）；分析天平（各种规格）；电子秤（各种规格）；称量瓶；量筒（各种规格）；滴管；锥形瓶；注射器；吸耳球；移液管（各种规格）；吸量管（各种规格）；翻泡瓶；测汞仪

三、实验原理

汞是常温下唯一的液态金属，且有较大的蒸气压。测汞仪利用汞蒸气对光源发射的 253.7 nm 谱线具有特征吸收来测定汞的含量。测定汞的方法一般有冷原子吸收法和冷原子荧光法，样品处理有 4 种处理方法：硫酸-高锰酸钾消化法；硝酸-硫酸-五氧化二钒法；硝酸-硫酸-亚硝酸钠法；热分解法等。本实验用第一种方法。

实验原理：取一定质量的固体样本，加入氧化剂（高锰酸钾、硫酸）通过氧化分解固体试样中的汞，使之转化为液态汞离子进入溶液，用盐酸羟胺还原过剩的氧化剂，用氯化亚锡将汞离子还原成汞原子，用净化空气做载气，将汞原子载入冷原子吸收测汞仪进行测定（$\lambda=253.7$ nm）。

四、实验内容

（一）试剂配置

1. 浓硫酸（95%～98%，分析纯）

2. 5%$KMnO_4$（分析纯）

3. 10%盐酸羟胺：称 10 g 盐酸羟胺（$NH_2OH \cdot HCl$）溶于蒸馏水中稀至 100 mL，以 2.5 $L \cdot min^{-1}$的流量通氮气 30 min，以驱除微量汞。

4. 10%氯化亚锡：称 10 g 氯化亚锡（$SnCl_2 \cdot 2H_2O$）溶于 10 mL 浓硫酸中，加蒸馏水至 100 mL。同上方法通氮或干净空气驱除微量汞，加几粒金属锡，密塞保存。

5. 0.05% $K_2Cr_2O_7$

6. 汞标准贮备液：称取 0.1354 g 氯化汞，溶于含有 0.05%重铬酸钾的（5+95）硝酸溶液中，转移到 1000 mL 容量瓶中并稀释至标线，此液每毫升含 100.0 μg 汞。

7. 0.05 $\mu g \cdot mL^{-1}$汞标准使用液：临用时将贮备液用含有 0.05%重铬酸钾的（5+95）硝酸稀至每毫升含 0.05 μg 汞的标准液。

任务 1　配置氯化亚锡时，为什么最好通入 N_2 或者干净空气数分钟？

任务 2　查阅资料，写出 0.05 $\mu g \cdot mL^{-1}$汞标准使用液的配置步骤。

（二）样品处理步骤

（1）发样预处理：将发样用 50 ℃中性洗涤剂水溶液洗 15 min，然后用乙醚浸洗 5 min。上述过程的目的是去除油脂污染物。将洗净的发样在空气中晾干，用不锈钢剪剪成 3 mm 长，保存备用。

（2）发样消化：准确称取 30～50 mg 洗净的干燥发样于 50 mL 烧杯中，加入 5% $KMnO_4$ 8 mL，小心加浓硫酸 5 mL，盖上表面皿。小心加热至发样完全消化，如消化过程中紫红色消失应立即滴加 $KMnO_4$。冷却后，滴加盐酸羟胺至紫红色刚消失，以除去过量的 $KMnO_4$，所得溶液不应有黑色残留物或发样。稍静置（去氯气），转移到 25 mL 容量瓶稀释至标线。按规定调好测汞仪，将样品倒入 25 mL 翻泡瓶，加 2 mL 10%氯化亚锡，迅速盖紧瓶塞，开动仪器，待指针达最高点，记录吸收值 A_x。

（3）空白样：取 0 g 头发样品，重复上述的步骤，定容样品作为空白液样。处理过程记录在表 5-36。

表 5-36　样品处理记录表

步骤 \ 编号	发样实验	空白试验	实验过程使用仪器名称
①样品/mg	50	0	
②50 ℃中性洗涤剂水洗涤/min	15	15	
③乙醚浸洗/min，滤干	5	5	
④5%$KMnO_4$/mL	8	8	
⑤加浓硫酸/mL	5	5	
⑥紫红色消失，滴加 $KMnO_4$/mL	1	1	
⑦滴加盐酸羟胺，至紫红色刚消失			
⑧定容/mL	25	25	
⑨倒入翻泡瓶，加氯化亚锡/mL	2	2	

任务 3　将实验过程所使用的体积测量仪器填写在表格相应的位置。

问题 1　头发样品处理时要注意什么问题？分析测试前为什么要放入冰箱？

问题 2　消解过程，为什么要保持过量的强氧化剂高锰酸钾的存在？

问题 3　为什么盐酸羟胺溶液要在测定前才能加入？又不能过多加入？

（三）标准曲线绘制

（1）在 7 个 100 mL 锥形瓶中分别加入汞标准液 0、0.50、1.00、2.00、3.00、4.00、5.00 mL（即 0、0.025、0.05、0.10、0.15、0.20、0.25 μg 汞）。各加蒸馏水至 20 mL，再加 2 mL H_2SO_4 和 2 mL 5%$KMnO_4$ 煮沸 10 min（加玻璃珠防崩沸），冷却后滴加盐酸羟胺至紫红色消失，转移到 50 mL 容量瓶，稀释至标线立即测定。

（2）按规定调好测汞仪，将标准液和样品液分别倒入 25 mL 翻泡瓶，加 2 mL 10%氯化亚锡，迅速塞紧瓶塞，开动仪器，待指针达最高点，记录吸收值，其测定次序应按浓度从小到大进行。测定结果记录在表 5-37。

表 5-37　标准浓度梯度、峰面积记录表

步骤 \ 编号	1	2	3	4	5	6	7	样品	空白
①取汞标准使用液/mL	0	0.5	1.0	2.0	3.0	4.0	5.0		
②5%$KMnO_4$/mL	2	2	2	2	2	2	2		
③加浓硫酸/mL	2	2	2	2	2	2	2		
④加热消化/min	10	10	10	10	10	10	10		
⑤紫红色消失，滴加 $KMnO_4$/mL	1	1	1	1	1	1	1		

续表

步骤 \ 编号	1	2	3	4	5	6	7	样品	空白
⑥滴加盐酸羟胺,至紫红色刚消失									
⑦定容/mL	50	50	50	50	50	50	50		
⑧倒入翻泡瓶/ml	25	25	25	25	25	25	25		
⑨加氯化亚锡/mL	2	2	2	2	2	2	2		
⑩浓度/$\mu g \cdot mL^{-1}$	0	0.5	1	2	3	4	5	c_x	c_0
⑪测定电压值								A_x	A_0

任务 4 做 A-c 的标准曲线,列出回归方程。

五、结果计算

1. 做标准曲线,在标准曲线上根据电压值求出待测样和空白样的浓度值分别是 c_x 及 c_0。

2. 发样含汞含汞量

计算公式见(5-10):

$$c_{Hg} = \frac{(c_x - c_0) \times V \times 10^{-3}}{m} \tag{5-10}$$

式中,c_{Hg}——到测样品中汞的浓度,$mg \cdot kg^{-1}$;

c——到测样品中汞的浓度,$\mu g \cdot mL^{-1}$;

c_0——空白样品中汞的浓度,$\mu g \cdot mL^{-1}$;

V——待测样的体积,mL;

m——头发样品的取样质量,g。

六、注意事项

(1)测定样品同时做空白,并在样品将其去除。

(2)各种型号测汞仪操作方法、特点不同,使用前应详细阅读仪器说明书。

(3)由于方法灵敏度很高,实验室环境和试剂纯度要求很高,应予注意。

(4)消化是本实验重要步骤,也是容易出错的步骤,必须仔细操作。

实验38　土壤对铜的吸附实验

（原子吸收光谱法测定）

一、实验目的

（1）掌握原子吸收分光光度法的原理。

（2）掌握原子吸收分光光度法测定铜的基本原理与方法。

（3）掌握制作土壤对铜的吸附等温线，并求得 Freundlich 方程中 K、n 值。

二、实验要求

根据土壤对铜的吸附的原理和方法，利用实验室可提供的试剂、仪器和材料，选择最合理的方案（仪器、试剂、步骤等），寻找最合理的答案，完成下列任务，回答有关问题，最终独立完成实验。本实验用原子吸收分光光度法测定，实验室可提供的试剂和仪器见表5-38。

表5-38　实验室可提供的试剂和仪器

试剂	金属铜；无水硫酸铜（$CuSO_4$）；五水硫酸铜（$CuSO_4 \cdot 5H_2O$）；氧化铜（CuO）；硝酸钾（KNO_3）；浓硝酸（HNO_3）；浓硫酸（H_2SO_4）；浓盐酸（HCl）；冰醋酸（CH_3COOH）
仪器和材料	烧杯（各种规格）；玻璃棒；容量瓶（各种规格）；分析天平（各种规格）；台秤（各种规格）；称量瓶；量筒（各种规格）；滴管；吸耳球；移液管（各种规格）；吸量管（各种规格）；比色管；可见分光光度计；紫外分光光度计；红外分光光度计；原子吸收分光光度计等

三、实验原理

土壤是一个十分复杂的多相体系，既有气相物质，又有液相物质，还有固相物质。吸附是在两相（气-固或液-固）界面上溶质浓度增加的现象，即固体物质吸收周围介质分子或离子的过程。吸附作用是重金属离子进入土壤介质后的重要迁移转化途径之一。

铜是植物生长的微量营养元素，但含量过多也会使植物中毒。

问题1　除吸附作用外，重金属离子进入土壤介质后还有哪些迁移转化途径？

任务1　写出土壤重金属污染的主要污染源。

重金属离子进入土壤介质后，在吸附、解吸达成平衡时，被土壤颗粒所吸附的金属离子数量(吸附量 X)与土壤溶液中金属离子的浓度 c 之间的关系常用 Freundlich 吸附等温方程来表示,方程可表示为式(5-11):

$$X = KC^{\frac{1}{n}} \tag{5-11}$$

改写成对数形式可表示为公式(5-12):

$$\lg X = \lg K + \frac{1}{n}\lg c \tag{5-12}$$

式中,X——土壤对重金属离子的吸附量,$mg \cdot g^{-1}$;

c——平衡溶液中重金属离子的浓度,$mg \cdot L^{-1}$;

K、n——经验常数,与离子种类、吸附剂性质、pH 值、温度有关。

从实验研究的角度来讲,称取一定质量的土壤,在土壤中加入一定浓度的铜离子标准溶液,在 pH 值一定、温度一定的条件下,当土壤与铜离子建立吸附平衡时,通过原子吸收光谱法测定平衡溶液中金属离子浓度便可建立吸附等温方程。

问题 2　根据吸附机理的不同,吸附可分为哪两类?

问题 3　土壤对重金属离子的吸附是土壤表面与金属离子作用的结果,根据土壤的组成说明表面作用有哪几种情况?

任务 2　吸附量 X 可定义为单位质量的土壤所吸附的金属离子质量,本实验中要建立吸附量 X 与平衡浓度 c 的关系方程(即吸附等温方程),从实验技术的角度来看,关键要确定哪一个参数

任务 3　简要说明 pH 值对土壤吸附重金属离子的影响。

问题 4　简要说明原子吸收光谱法的原理、定量分析依据和定量分析方法。

四、实验内容

(一)试剂准备

1. 1 $mol \cdot L^{-1}$ HCl 溶液(假定需要 100 mL)

任务 4　写出配制方法流程。

任务 5　指出配制流程中所需要的体积测量仪器和体积控制仪器名称。

2. 铜标准贮备液的配制

配制流程如下:

$$\underset{\text{Ⅰ}}{1\text{ g 金属铜}} \xrightarrow{\text{滴加浓硝酸溶解,水浴蒸干}} \text{Ⅱ} \xrightarrow{\text{加 5 mL 1 mol·L}^{-1}\text{HCl,水浴蒸干}} \text{Ⅲ} \xrightarrow{\text{浓盐酸 8 mL}} \text{Ⅳ}$$

$\xrightarrow{\text{蒸馏水定容}}$ 1000 mL

任务6 指出配制流程中步骤Ⅰ、Ⅱ、Ⅲ、Ⅳ所使用的称量仪器、体积测量仪器或体积控制仪器的名称。

任务7 计算该贮备液中铜离子的浓度($mg \cdot L^{-1}$)。

3. 50 $mg \cdot L^{-1}$铜离子标准溶液的配制

任务8 写出由铜标准贮备液配制铜离子标准溶液的配制方法流程。

任务9 指出配制流程中所需要的体积测量仪器和体积控制仪器名称。

4. 1 $mol \cdot L^{-1}$ HNO_3 溶液(假定需要 100 mL)

任务10 写出配制方法流程。

任务11 指出配制流程中所需要的体积测量仪器和体积控制仪器名称。

5. 0.1 $mol \cdot L^{-1}$ KNO_3 溶液(假定需要 500 mL)

任务12 写出配制方法流程。

任务13 指出配制流程中所需要的称量仪器和体积控制仪器名称。

6. 1 $mol \cdot L^{-1}$ NaOH 溶液(假定需要 200 mL)

任务14 写出配制方法流程。

任务15 指出配制流程中所需要的称量仪器和体积控制仪器名称。

(二)仪器参数

在原子吸收光谱法中,仪器条件和原子化条件直接影响测定的灵敏度和准确度。因此,在实验前需要确定仪器的最佳工作参数(见表5-39)。

表5-39　原子吸收光谱仪参数表

项目	参数
波长/nm	
灯电流/mA	
燃气	乙炔
助燃气	空气

续表

项目	参数
火焰类型	氧化型
狭缝/nm	
乙炔流量/L·min^{-1}	
空气流量/L·min^{-1}	

(三)铜的标准曲线的制作

取铜离子标准溶液 0.00,1.00,2.00,3.00,4.00,5.00 mL 移入容量瓶,加入 2 滴 HNO_3 溶液(1 mol·L^{-1}),定容至 50 mL,记录在表 5-40。

表 5-40　标准溶液记录表

步骤 \ 编号	0	1	2	3	4	5
①铜离子标准溶液/mL	0.00	1.00	2.00	3.00	4.00	5.00
②HNO_3 溶液/滴	2					
③定容/mL	50					
④铜离子浓度 c/mg·L^{-1}						
⑥吸光度 A						

任务 16　计算表中各溶液中铜离子浓度。

任务 17　做 A-c 标准曲线,列出回归方程。

(四)pH=2.5,3.0,3.5,4.0,4.5 铜标准系列溶液的配制

取铜离子标准贮备液 20.00,30.00,40.00,50.00,60.00 mL,置入 500 mL 烧杯中,加入 50 mL KNO_3 溶液(0.1 mol·L^{-1}),蒸馏水稀释至 400 mL,加冰醋酸 8 mL,然后用 1 mol·L^{-1} NaOH 溶液调节 pH 至 2.5,3.0,3.5,4.0,4.5,加水定容至 500 mL。数据记录在表 5-41。

表 5-41　不同 pH 值的铜标准系列溶液

步骤 \ 编号		1#	2#	3#	4#	5#
500 mL 烧杯	①铜离子标准贮备液/mL	20.00	30.00	40.00	50.00	60.00
	②KNO_3 溶液/mL	50 mL				
	③蒸馏水稀释	至 400 mL				

续表

步骤 \ 编号		1#	2#	3#	4#	5#
500 mL烧杯	④冰醋酸溶液调节/mL	8				
	⑤1 mol·L^{-1} NaOH 溶液调节 pH 值	2.5	3.0	3.5	4.0	4.5
500 mL容量瓶	⑥蒸馏水定容	500 mL				
	⑦标准系列溶液浓度 c_1/mg·L^{-1}					

注:根据研究需要调节到所需要的 pH 值。

任务 18 计算表中各标准系列溶液的浓度。

问题 5 根据实验步骤,实验中是通过什么原理来控制标准系列溶液的 pH 值的?

5. 土壤对铜的吸附量的确定

取 5 份质量约 1.5 g 的同一土壤样品,置入 50 mL 聚乙烯塑料瓶中,加入 25 mL 铜标准系列溶液,恒温振荡 5 h,离心分离,取上清液 2 mL,加入试剂1 mol·L^{-} HNO_3 溶液 2 滴,定容至 50 mL,测定吸光度。记录在表 5-42。

表 5-42 不同 pH 值对土壤吸附的影响记录表

内容(步骤) \ 编号		1	2	3	4	5
50 mL聚乙烯塑料瓶	①土壤样品质量 m/g	1.5	1.5	1.5	1.5	1.5
	②25 mL 标准系列溶液编号	1#	2#	3#	4#	5#
	③恒温(25 ℃)振荡	5 h				
离心管	④10 mL 混浊液离心分离	5 min,4000 转/min				
	⑤清液	2 mL				
500 mL容量瓶	⑥HNO_3 溶液	2 滴				
	⑦定容(蒸馏水)	50 mL				
	⑧吸光度 A					
	⑨浓度 c_2/mg·L^{-1}					

问题 6 实验中土壤样品应为同种土壤样品,该用什么称量仪器进行准确称量?

问题 7 标准系列溶液该用什么仪器控制其体积?

任务 19 实验中 5 h 应为平衡时间,请设计一确定平衡时间的实验方案。

问题 8 2 mL 上清液的体积是否需要严格控制？

任务 20 根据实验原理确定步骤⑨溶液浓度。

问题 9 不同 pH 值和土壤性质对土壤吸附量产生什么样的影响？

问题 10 测定铜的误差来源有哪些？

6. 土壤对铜的吸附等温线的建立

根据表 4-42 浓度 c_2 计算平衡浓度 c，根据吸附量的含义及实验过程计算吸附量 Q，填写表 5-43。

表 5-43 土壤吸附铜吸附等温线数据记录表

过程 \ 编号	1	2	3	4	5
平衡浓度 c/mg·L^{-1}					
lg$c$					
吸附量 Q/mg·g^{-1}					
lg$Q$					
建立 Lgc-lg$Q$ 回归方程					

建立 lg$c$-lg$Q$ 回归方程，确定经验常数 K 和 n。

问题 11 从 Freundlich 吸附等温方程来看，经验常数 K 和经验常数 n 有何物理意义？

问题 12 除 Freundlich 吸附等温方程外，还有哪些方程可以来描述固体对液体或气体组分的吸附？

五、注意事项

(1)要注意温度的高低、pH 及土壤的分散程度对吸附率会有一定影响。因此要控制好温度、土壤均一化等因素。

(2)在测上清液的吸光度之前，应该分取水样的上清液然后再用分光光度计测相应的吸光度。

(3)若上清液的浊度较高，应进行过滤去除杂质或者稀释。

实验 39　粗盐中铅含量的测定

（原子荧光光谱法）

一、实验目的

(1)了解原子荧光光谱法基本结构及用途。
(2)掌握原子荧光光谱法定量分析依据以及定量分析方法
(3)掌握原子荧光光谱仪测定铅的方法。

二、实验要求

根据原子荧光光谱法测定粗盐中的铅含量的有关原理和方法，利用实验室可提供的试剂、仪器和材料，选择最合理的方案(仪器、试剂、步骤等)，寻找最合理的答案，完成下列任务，回答有关问题，最终独立完成实验。实验室可提供的试剂和仪器见表5-44。

表 5-44　实验室可提供的试剂和仪器

试剂	金属铅、硝酸铅〔$Pb(NO_3)_2$〕；浓盐酸(HCL)；浓硝酸(HNO_3)；氢氧化钠(NaOH)；氢氧化钾(KOH)；硼氢化钠($NaBH_4$)；硼氢化钾(kBH_4)；铁氰化钾〔$K_3[Fe(CN)_6]$〕；草酸($C_2H_2O_4$)
仪器和材料	烧杯(各种规格)；玻璃棒；容量瓶(各种规格)；分析天平(各种规格)；台秤(各种规格)；称量瓶；量筒(各种规格)；滴管；吸耳球；移液管(各种规格)；吸量管(各种规格)；可见分光光度计；紫外分光光度计；原子荧光光谱仪；原子吸收分光光度计等

三、实验原理

1. 原子荧光光谱法

原子荧光光谱法是一种基于待测元素的原子蒸气在特征辐射作用下产生的荧光强度进行定量分析的光谱分析方法。

(1)原子荧光光谱的产生

任务 1　根据原子荧光光谱法的原理完成下列填空：
当气态原子受到__________激发时，原子中的电子由__________跃迁到__________，再由__________跃迁回到__________，与此同时辐射出与吸收光波长相同或不同的__________。

(2)原子荧光光谱的特点

问题 1 原子荧光是一种吸收光谱还是发射光谱?

问题 2 激发光源停止后,荧光是否立即消失?

问题 3 荧光强度是否与特征辐射的强度有关?

(3)原子荧光光谱法定量分析依据及定量分析方法

有研究表明,原子荧光光谱法定量分析依据如下,当待测元素浓度很低时,荧光强度 I_F 与待测浓度 c 成正比。见公式(5-14)。

$$I_F = Kc \tag{5-14}$$

任务 2 根据原子荧光光谱法定量分析依据,原子荧光光谱法常用的定量分析方法有标准曲线法和标准加入法。简述标准曲线法的实验过程。

2. 原子荧光光谱法仪器

(1)原子荧光光谱仪主要部件及其功能

仪器主要部件及其功能见表 5-45。

表 5-45 原子荧光仪主要部件及其功能

部件	功能及其他
进样系统	利用蠕动泵将待测溶液、载液以及还原剂输入至氢化物发生系统
氢化物发生系统	待测元素 E 在硼氢化物-酸还原体系条件下发生如下反应: $BH_4^- + H_2O + H^+ + E^{m+} \rightarrow HBO_2 + H_2\uparrow + EH_n\uparrow$
气路系统	以氩气作为载气和屏蔽气
原子化系统	将待测元素气态氢化物转化为气态原子
激发光源(空心阴极灯)	产生特征辐射(激发光)
单色器	分离特征辐射;分离荧光
检测器	利用光电倍增管将荧光的信号转变成电的信号

问题 4 一般分光光度计(如紫外-可见分光光度计、原子吸收分光光度计等)光源和检测器在一条直线上,而原子荧光光谱仪光源和检测器通常呈 90°或 50°角。为什么?

(2)原子荧光光谱仪应用领域

用于各种样品中 As,Sb,Bi,Se,Te,Ge,Sn,Pb,Zn,Cd,Hg 等十一种元素的定量分析。

四、实验内容

(一)试剂准备

1. 铅标准贮备液的配制

配制流程如下：

$$1\ \text{g 金属铅} \xrightarrow{\text{滴加浓硝酸溶解}} \xrightarrow{\text{浓硝酸 17 mL}} \xrightarrow{\text{蒸馏水定容}} 1000\ \text{mL}$$

①　②　③　④　⑤

任务 3　指出配制流程中步骤①所使用的称量仪器名称。

任务 4　指出配制流程中步骤③所使用的体积测量仪器名称以及步骤④所使用的体积控制仪器名称。

任务 5　计算该贮备液中 Pb^{2+} 的浓度($mg \cdot L^{-1}$),若用硝酸铅代替金属铅配制相同浓度的 Pb^{2+} 溶液,计算需要硝酸铅的质量。

2. 铅标准溶液的配制

配制流程如下：

$$25\ \text{mL 铅标准贮备液} \xrightarrow{H_2O\ \text{稀释、定容}} 250\ \text{mL}$$

任务 6　指出配制流程中所使用的体积测量仪器和体积控制仪器名称。

任务 7　计算该标准溶液中 Pb^{2+} 的浓度($mg \cdot L^{-1}$)。

3. 铅标准使用液的配制

$$1\ \text{mL 铅标准溶液} \xrightarrow{H_2O\ \text{稀释、定容}} 100\ \text{mL}$$

任务 8　指出配制流程中所使用的体积测量仪器和体积控制仪器名称。

任务 9　计算该标准使用液中 Pb^{2+} 的浓度($\mu g \cdot mL^{-}$)。

4. 2%HCl(V/V)溶液(载液)的配制

任务 10　写出符号 2%HCl(V/V)的含义。

任务 11　假定需要此溶液 100 mL,写出此溶液的配制流程,标明所使用的体积测量仪器和体积控制仪器名称。

5. (1+1)HCl 溶液的配制

任务 12 写出(1+1)的含义。

任务 13 假定需要此溶液 100 mL,写出此溶液的配制流程,标明所使用的体积测量仪器和体积控制仪器名称。

6. 硼氢化钾-氢氧化钠溶液(还原剂)的配制

配制流程如下:

$$5\ g\ KOH \xrightarrow{500\ mL\ H_2O\ 溶解} \xrightarrow{20\ g\ KBH_4\ 溶解} \xrightarrow{H_2O\ 稀释、定容} 1000\ mL$$

① ② ③ ④ ⑤

任务 14 指出配制流程中步骤①、③所使用的称量仪器名称。

任务 15 指出配制流程中步骤②所使用的体积测量仪器名称以及步骤⑤所使用的体积控制仪器名称。

任务 16 若用氢氧化钠代替氢氧化钾,硼氢化钠代替硼氢化钾,为保证溶液中 OH^- 离子和 BH_4^- 离子的浓度,计算所需要的氢氧化钠和硼氢化钠的质量。

7. 10%铁氰化钾溶液的配制

任务 17 假定需要此溶液 100 mL,写出配制流程。

任务 18 指出配制流程中所使用的称量仪器和体积控制仪器名称。

(二)仪器测量条件

AFS-200T 原子荧光光谱仪测量条件,见表 5-46。

表 5-46 仪器分析参数

项目	参数
波长/nm	283.3
灯电流/mA	55
负高压/V	295
载气流量/$mL \cdot min^{-1}$	400
屏蔽气流量/$mL \cdot min^{-1}$	1000
读数时间/s	14
延迟时间/s	1
载液	2%HCl(*V*/*V*)
还原剂	(2%KBH_4+0.5%KOH)混合溶液

（三）标准曲线制作

取铅标准使用液 0.00，0.20，0.40，1.00，2.00，2.40 mL 置于 50 mL 容量瓶中，加入（1＋1）盐酸 2 mL、10％铁氰化钾 5 mL，定容至 50 mL，测定荧光强度。记录在表 5-47。

表 5-47　标准样品记录表

	1	2	3	4	5	6
①铅标准使用液/mL	0.00	0.20	0.40	1.00	2.00	2.40
②（1＋1）HCl/mL	2					
③10％铁氰化钾溶液/mL	5					
④定容/mL	50					
⑤静置/min	30					
⑥c(Pb)/(μg·L^{-1})或 ppb						
⑦荧光强度 I_F						
⑧回归方程 I_F-c(Pb)						
⑨线性相关系数						

任务 19　指出步骤①、②、③所使用的体积测量仪器名称。
任务 20　根据铅标准使用液的浓度计算步骤⑥各溶液的铅浓度。
任务 21　数据处理，建立 I_F-c(Pb)回归方程，确定线性相关系数。

（四）粗盐试样分析

1. 试样溶液的制备

制备流程如下：

$$1\text{ g 粗盐试样}\xrightarrow{H_2O\text{ 溶解}}\xrightarrow{2\text{ mL(1+1)HCl}}\xrightarrow{5\text{ mL 10\%铁氰化钾}}\xrightarrow{H_2O\text{ 定容，静置 30 min}}50\text{ mL 试样溶液}$$

2. 试样溶液的原子荧光分析

试样溶液测定结果，记录下表 5-48。

表 5-48　试样原子荧光分析记录表

	粗盐试样
荧光强度 I_F	
浓度/μg·mL^{-1}	c_x

任务 22　根据铅标准标准曲线计算溶液的铅浓度 c_x。
问题 5　如何确定该方法的准确度?
问题 6　为什么试液中要加入铁氰化钾?

五、结果计算

粗盐中铅含量计算，见公式(5-15)：

$$c = \frac{c_x \times V \times 10^{-3}}{m} \tag{5-15}$$

式中，c——粗盐中铅的含量，$\mu g \cdot g^{-1}$；
c_x——查阅标准曲线得出的粗盐试样中铅的浓度，$\mu g \cdot mL^{-1}$；
V——试样溶液的体积，mL；
m——粗盐的质量，g

六、注意事项

(1)仪器运行之前请确保废液泵工作正常，排废通畅，不发生积液现象。
(2)测试完毕，请使用软件上的清洗功能进行注射泵和整体管路的清洗。

第六章　生物类环境监测实验

实验 40　水中细菌数量的测定

（平板法）

一、实验目的

(1)了解和学习水中细菌总数的测定原理和意义。

(2)学习和掌握用稀释平板计数法测定水中细菌总数的方法。

二、实验要求

查阅资料，熟悉细菌总数的测定原理和方法，利用实验室可提供的试剂和仪器，选择最合理的方案（仪器、试剂、步骤等），寻找最合理的答案。本次实验推荐使用平板法。完成下列任务，回答有关问题，最终独立完成实验。实验室可提供的试剂和仪器见表 6-1。

表 6-1　实验室可提供的试剂和仪器

试剂	培养基（牛肉膏蛋白胨琼脂培养基或者营养琼脂培养基）；无菌生理盐水；无菌稀释水；蒸馏水；水样；土壤、污泥样品
仪器	灭菌三角瓶；灭菌的具塞三角瓶；灭菌平皿；灭菌吸管；灭菌试管；无菌移液管；接种杯；酒精灯；煤气灯；恒温箱；培养箱；水浴锅等

三、实验原理

水是微生物广泛分布的天然环境。各种天然水中常含有一定数量的微生物。水中微生物的主要来源有：水中的水生性微生物（如光合藻类）、来自土壤径流、降雨的外来菌群和来自下水道的污染物和人畜的排泄物等。水中的病原菌主要来源于人和动物的传染性排泄物。

我国的《生活饮用水卫生标准》(GB 5749—2006)规定:1 mL 自来水中细菌菌落总数不得超过 100 个。

细菌总数是指 1 mL 或 1 g 检样在营养琼脂培养基中,于 37 ℃培养 24 h 后所生长的腐生性细菌菌落总数。所含细菌菌落的总数,所用的方法是稀释平板计数法,由于计算的是平板上形成的菌落(colony-forming unit,cfu)数,故其单位应是 cfu · g^{-1}或 cfu · mL^{-1}。它反映的是检样中活菌的数量。细菌总数可以反映水体被有机物污染的程度。如果细菌总数增多,表示水体受到有机物污染,细菌总数也越多,说明污染也越严重。

任务 1 写出本次实验测定所需的仪器和试剂。
任务 2 写出水体中细菌菌落总数的测定方法原理。
问题 1 测定水体种细菌总数有什么意义?
问题 2 实验测定过程对仪器设备有什么要求?

四、实验内容

(一)实验试剂

1. 灭菌水

2. 牛肉膏蛋白胨琼脂培养基

蛋白胨 10 g、琼脂 15～20 g、牛肉膏 3 g、蒸馏水 1000 mL、氯化钠 5 g,将其混合溶解,而后调节 pH 值为 7.4～7.6,过滤除去沉淀,分装于玻璃瓶中,经过 120 ℃高压蒸汽灭菌,储存于暗处。

(二)水样的采集

1. 自来水

先将自来水龙头用酒精灯火焰灼烧灭菌,再开放水龙头使水流 5 min,以灭菌三角瓶接取水样以备分析。

2. 池水、河水、湖水等地面水源水

在距离岸边 5 m 处,取距离水面 10～15 cm 的深层水样,先将灭菌的具塞锥形瓶,瓶口向下浸入水中,然后翻转过来,除去玻璃塞,水即流入瓶中,盛满后,将瓶塞盖好,再从水中取出。如果不能在 20 h 内检测,需放入冰箱中保存。

3. 水样保存

采好的水样应该立即运往实验室,进行细菌学检验,一般取样到检测不超过2 h,

否则需 10 ℃下冷藏,但也要求≤6 h。

(三)细菌总数的测定

1. 自来水

以无菌操作方法,用无菌移液管吸取 1 mL 充分混合的水样注入无菌培养皿中,倾注 15 mL 已熔化并冷却至 45 ℃左右的营养琼脂培养基,平放于桌上,迅速旋摇培养皿,使水样与培养基充分混合,冷凝后成平板。每个水样倒 3 个平板。另取 1 个无菌培养皿,倒入培养基冷凝成平板做空白对照。将以上所有平板倒置于 37 ℃恒温箱内培养 24 h,计算菌落数,算出 3 个平板上的菌落总数的平均值即为每毫升水样中的细菌总数。

2. 水源水

(1)稀释水样

取 3 个无菌空试管,分别加入 9 mL 灭菌水,取 1 mL 水样注入第 1 管的 9 mL 灭菌水内,摇匀;再从第 1 管中取 1 mL 至下一管灭菌水内,由此稀释到第 3 管,稀释度分别为 10^{-1}、10^{-2}和 10^{-3}。一般中等污染的水,取 10^{-1}、10^{-2}和 10^{-3}连续 3 个稀释度。污染严重的水,取 10^{-2}、10^{-3}和 10^{-4}连续三个稀释度。

(2)接种

自最后 3 个稀释度中取 1 mL 稀释液于灭菌皿内,每个稀释度作 3 个重复,再倒入培养基,冷凝后置于 37 ℃恒温箱中培养。

(3)记菌落数

将平皿 24±1 h 后取出,计算平皿内菌落数目,乘以稀释倍数,即得 1 mL 水样中所含的细菌菌落总数。

五、菌落计数及报告方法

作平板计数时,可用肉眼观察,必要时用放大镜检查,以防遗漏。在记下各平板的菌落数后,求出同稀释度的各平板平均菌落数。

各种不同情况的计算方法(见表 6-2):

(1)应选择平均菌落数在 30～300 的稀释度,乘以该稀释倍数报告(见表 6-2 中例 1)

(2)若有两个稀释度,其生长的菌落数均在 30～300,则视两者之比如何来决定。若其比值小于 2,应报告其平均数;若比值大于 2,则报告其中较小的数字(见表 6-2 中例 2 及例 3)。

(3)若所有稀释度的平均菌落均大于 300,则应按稀释倍数最低的平均菌落数乘以稀释倍数报告(见表 6-2 中例 4)。

(4)若所有稀释度的平均菌落数均小于30,则应按稀释倍数最低的平均菌落数乘以稀释倍数报告(见表6-1中例5)。

(5)若所有稀释度均无菌落生长,则以小于1乘以最低稀释倍数报告。

(6)若所有稀释度的平均菌落数均不在30～300,则以最接近30或300的平均菌落数乘以该稀释倍数报告(见表6-2中例6)。

(7)细菌的菌落数在100以内时,按其实有数报告;大于100时,用二位有效数字,在二位有效数字后面的数字,以四舍五入方法修约。为了缩短数字后面的0的个数,可用10的指数来表示。

表6-2 稀释度选择及细菌总数报告方法表

例次	不同稀释度的平均菌落数			两个稀释度菌落数之比	菌落总数/cfu·mL^{-1}	报告方式/cfu·mL^{-1}
	10^{-1}	10^{-2}	10^{-3}			
1	1365	164	20	—	16400	16000
2	2760	295	46	1.6	37750	38000
3	2980	271	60	1.2	27100	27000
4	无法计算	4650	513	—	513000	51000
5	27	11	5	—	270	270
6	无法计算	305	12	—	30500	31000

问题3 从自来水的细菌总数结果来看,是否合乎饮用水的标准?

问题4 你所测的水源水的污染程度如何?

问题5 国家对自来水的细菌总数有一标准,那么各地能否自行设计其测定条件(诸如培养温度,培养时间等)来测定水样总数?为什么?

六、注意事项

(1)已灭菌或封包好的采样瓶,无论在何种条件下,采样时,均要小心开启包装纸和瓶盖,避免瓶盖及瓶子底部受到杂菌污染。

(2)倾倒培养基时要注意培养基要完全均化,如果有块状培养基的存在,会影响菌落生长,使计数结果不能准确反映水体细菌总数。

实验41　水中大肠杆菌的测定

（多管发酵法）

一、实验目的

（1）了解大肠菌群的数量在饮水中的重要性。

（2）水样采集方法和培养基的制备方法。

（3）掌握多管发酵法测定水中大肠菌群数量的技术原理和方法。

二、实验要求

查阅资料，熟悉水中大肠杆菌测定的有关原理和方法，利用实验室可提供的试剂和仪器，选择最合理的方案（仪器、试剂、步骤等），寻找最合理的答案，完成下列任务，回答有关问题，最终独立完成实验。本次实验推荐使用多管发酵法。实验室可提供的试剂和仪器见表6-3。

表6-3　实验室可提供的试剂和仪器

试剂	琼脂培养基；乳糖蛋白胨培养基；发酵管（内有倒置小套管）；三倍浓缩乳糖蛋白胨发酵管（瓶）（内有倒置小套管）；伊红美蓝琼脂培养基、平板；灭菌水；美蓝水；伊红水；磷酸氢二钾（$K_2HPO_4 \cdot 3H_2O$）；琼脂；无水硫酸钠（Na_2SO_4）；乙醇（C_2H_6O）
仪器	载玻片；灭菌三角瓶；灭菌带玻璃塞空瓶；无菌平皿；灭菌吸管；灭菌试管等

三、实验原理

大肠杆菌是指37 ℃、48 h内能发酵乳糖产酸、产气的兼性厌氧的革兰氏阴性无芽胞杆菌的总称，主要由肠杆菌科的四个属内的细菌组成，即埃希氏杆菌属、柠檬酸杆菌属、克雷伯氏菌属和肠杆菌属。国家饮用水标准规定，饮用水中大肠菌群数每升不超过3个，细菌总数不超过100个。

水中的大肠杆菌数是指100 mL水样内含有的大肠菌群实际数值，以大肠菌群最近似数（MNP）表示。目前水源中大肠杆菌的数量是直接反映水源被人畜排泄物污染的一项重要指标，因此必须对饮用水进行大肠杆菌的检查。目前常用的方法是多管发酵法。

多管发酵法包括初（步）发酵实验、平板分离和复发酵实验。

初(步)发酵实验:利用大肠菌群能发酵乳糖而产酸产气的原理,但初发酵管24 h内产酸产气和48 h内产酸产气的均需进行平板分离。

平板分离:采用伊红-美蓝琼脂平板,使大肠菌群产生带核心的、有金属光泽的深紫色菌落。

复发酵实验:以上阳性菌落,经染色为革兰氏阴性无芽孢菌者,再次进行初发酵实验,经24 h培养产酸产气的,最终确定为大肠菌群阳性结果。

任务1　选择测定大肠杆菌测定时合适的试剂和仪器。

问题1　简述测定大肠杆菌的基本原理。

四、实验内容

(一)试剂准备

1. 乳糖蛋白胨培养液

将10 g蛋白胨、3 g牛肉膏、5 g乳糖和5 g氯化钠加热溶解于1000 mL蒸馏水中,调节溶液pH为7.2～7.4,再加入1.6%溴甲酚紫乙醇溶液1 mL,充分混匀,分装于试管中,于115 ℃高压灭菌器中灭菌20 min,贮存于冷暗处备用。

2. 三倍浓缩乳糖蛋白陈培养液

任务2　查阅资料,简述三倍浓缩乳糖蛋白胨培养液的制备方法配制。

3. 伊红-美蓝培养基(EMB培养基)

任务3　查阅资料,写出伊红-美蓝培养基的配方及配制方法。

4. 品红亚酸钠培养基:包含蛋白胨、乳糖、磷酸氢二钾、琼脂、无水硫酸钠、碱性品红乙醇溶液。

任务4　查阅资料,写出品红亚酸钠培养基的配制方法步骤。

5. 格兰染色剂:包含结晶紫染色液、助染剂、脱色剂、复染剂。

任务5　查阅资料,写出格兰染色剂配制方法步骤。

(二)操作步骤

1. 水样采集

(1)自来水:先将自来水龙头用酒精灯火焰灼烧灭菌,再开放水龙头使水流 5 min,以灭菌三角瓶接取水样以备分析。

(2)池水、河水、湖水等地面水源水:在距离岸边 5 m 处,取距离水面 10～15 cm 的深层水样,先将灭菌的具塞锥形瓶,瓶口向下浸入水中,然后翻转过来,除去玻璃塞,水即流入瓶中,盛满后,将瓶塞盖好,再从水中取出。如果不能在 20 h 内检测,需放入冰箱中保存。

2. 发酵法测定大肠杆菌

(1)生活饮用水或者食品生产用水的检验

①初发酵实验:在 2 个各装有 50 mL 三倍浓缩乳糖蛋白胨培养液的三角瓶中(内有倒置杜氏小管),以无菌操作各加水样 100 mL。在 10 支各装有 5 mL 三倍乳糖蛋白胨培养液的发酵管中(内有倒置杜氏小管),以无菌分别加入 10 mL 水样。如果饮用水的大肠杆菌群数变异不大,也可以接种 3 份 100 mL 水样。摇匀后,37 ℃培养 24 h。

②平板分离:上述各发酵管经培养 24 h 后,将产酸产气和只产酸的发酵管分别接种于伊红-美蓝琼脂培养基上(EMD 培养基),置于 37 ℃恒温箱内培养 18～24 h,大肠菌群在 EMD 平板上。

挑选符合下列特征的菌落:伊红-美蓝培养基上,呈紫黑色,具有或者略带有或不带有金属光泽,或呈淡紫红色,仅中心颜色较深的菌落;品红亚硫酸钠培养基上:紫红色、有金属光泽的菌落,深红色、不带或略带有有金属光泽的菌落;淡红色,中心颜色较深的菌落。

③取有上述特征的群落进行革兰氏染色:用已培养 18～24 h 的培养物涂片,涂层要薄。将涂片在火焰上加温固定,待冷却后滴加结晶紫溶液,1 min 后用水洗去。滴加助染剂,1 min 后用水洗去。滴加脱色剂,摇动玻片,直至无紫色脱落为止(约 20～30 s),用水洗去。滴加复染剂,1 min 后用水洗去,晾干、镜检,呈紫色者为革兰氏阳性菌,呈红色者为阴性菌。

④复发酵实验:将革兰氏阴性无芽孢杆菌的菌落剩余部分接于单倍乳糖发酵管中,为防止遗漏。每管可接种分离自同一初发酵管(瓶)的最典型菌落 1～3 个,然后置于 37 ℃恒温箱中培养 24 h,有产酸、产气者(不论倒管内气体多少皆作为产气论),即证实有大肠菌群存在。

⑤报告:根据证实总大肠菌群存在的阳性管数,查表 6-4,即求得每 100 mL 水样中存在的总大肠菌群数。

表 6-4 大肠菌群检数表

100 mL 水量的阳性管数	0	1	2
	每升水样中大肠菌群数	每升水样中大肠菌群数	每升水样中大肠菌群数
0	<3	4	11
1	3	8	18
2	7	13	27
3	11	18	38
4	14	24	52
5	18	30	70
6	22	36	92
7	27	43	120
8	31	51	161
9	36	60	230
10	40	69	>230

注:接种水样总量为 300 mL 的生活饮用水(100 mL 2 份,10 mL 10 份)。

(2)池水、河水或湖水等的检查

用于检验的水样量,应该根据预测水源水的污染程度选用。

①严重污染水:1,0.1,0.01,0.001 mL 各一份。

②中度污染水:10,1,0.1,0.01 mL 各一份。

③轻度污染水:100,10,1,0.1 mL 各一份。

④大肠杆菌变异不大的水源水:10 mL 的水 1 份。

操作步骤同生活饮用水或食品生产用水的检验。同时注意,接种量≤1 mL 用单倍乳糖发酵管;接种>1 mL,应该保证接种后发酵管(瓶)中的总液体量为单倍培养液量。然后根据证实有大肠菌群存在的阳性管数,查表 6-5、表 6-6、表 6-7、表 6-8 和表 6-9 分别报告每升水中的大肠杆菌群(MPN)。

问题 2 大肠菌群的定义是什么?

问题 3 假如水中有大量的致病菌——霍乱弧菌,用多管发酵技术检查大肠菌群,能否得到阴性结果?为什么?

问题 4 EMB 培养基含有哪几种主要成分?在检查大肠菌群时,各起什么作用?

问题 5 水中大肠杆菌的检验方法有哪些?分别适用于什么水样?

问题 6 怎么样确定水中是否存在大肠杆菌?

五、数据处理

记录实验数据，并对所做的样品做出评价，相应指标见表6-5～表6-9。

表 6-5 大肠菌群检数表

接种水样量/mL				每升水样中大肠菌群数
1	0.1	0.01	0.001	
−	−	−	−	<900
−	−	−	+	900
−	−	+	−	900
−	+	−	−	950
−	−	+	+	1800
−	+	−	+	1900
−	+	+	−	2200
+	−	−	−	2300
−	+	+	+	2800
+	−	−	+	9200
+	−	+	−	9400
+	−	+	+	18000
+	+	−	−	23000
+	+	−	+	96000
+	+	+	−	238000
+	+	+	+	>238000

注：接种水样总量为1.111 mL重度污染水(1 mL，0.1 mL，0.01 mL，0.001 mL各1份)。“+”表示大肠菌群发酵阳性；“−”表示大肠菌群发酵阴性。

表 6-6 大肠菌群检数表

接种水样量/mL				每升水样中大肠菌群数
10	1	0.1	0.01	
−	−	−	−	<90
−	−	−	+	90
−	−	+	−	90
−	+	−	−	95
−	−	+	+	180
−	+	−	+	190
−	+	+	−	220
+	−	−	−	230

续表

接种水样量/mL				每升水样中大肠菌群数
10	1	0.1	0.01	
−	+	+	+	280
+	−	−	+	920
+	−	+	−	940
+	−	+	+	1800
+	+	−	−	2300
+	+	−	+	9600
+	+	+	−	23800
+	+	+	+	＞23800

注：接种水样总量为 11.11 mL 中度污染水(10 mL，1 mL，0.1 mL，0.01 mL 各 1 份)。"＋"表示大肠菌群发酵阳性；"－"表示大肠菌群发酵阴性。

表 6-7　大肠菌群检数表

接种水样量/mL				每升水样中大肠菌群数
100	10	1	0.1	
−	−	−	−	＜9
−	−	−	+	9
−	−	+	−	9
−	+	−	−	9.5
−	−	+	+	18
−	+	−	+	19
−	+	+	−	22
+	−	−	−	23
−	+	+	+	28
+	−	−	+	92
+	−	+	−	94
+	−	+	+	180
+	+	−	−	230
+	+	−	+	960
+	+	+	−	2380
+	+	+	+	＞2380

注：接种水样总量为 111.1 mL 的轻度污染水(100 mL，10 mL，1 mL，0.1 mL 各 1 份)。"＋"表示大肠菌群发酵阳性；"－"表示大肠菌群发酵阴性。

表 6-8　大肠杆菌变异不大的饮用水

阳性管数	0	1	2	3
每升水中大肠杆菌数	＜3	4	11	＞18

注：接种水样量为 300 mL(100 mL 3 份)。

表 6-9　大肠杆菌变异不大的水源水

阳性管数	0	1	2	3	4	5	6	7	8	9	10
每升水中大肠杆菌数	＜10	11	22	36	51	69	92	120	160	230	＞230

注：接种水样量为 100 mL(10 mL 10 份)。

六、注意事项

(1)在平板培养基的配置过程中，将混合液加入到已融化的储备培养基内时，要保证充分混匀，并防止气泡的产生。

(2)格兰染色剂中的结晶紫染色液和助染剂均不能放置太久，使用时需要注意。

(3)正确使用发酵倒管及严格控制革兰染色中的染色时间和脱色时间。

实验42　食品中细菌总数和菌落总数测定

一、实验目的

(1)学习并掌握食品中菌落总数测定方法和原理。

(2)了解菌落总数测定在对被测样品进行卫生学评价中的意义。

二、实验要求

查阅资料,利用实验室可提供的试剂和仪器,选择最合理的方案(仪器、试剂、步骤等),寻找最合理的答案,完成下列任务,回答有关问题,并最终独立完成实验。本次实验推荐使用平板法。实验室可提供的试剂和仪器见表6-10。

表6-10　实验室可提供的试剂和仪器

试剂	食品检样;培养基平板计数培养基;无菌生理盐水;磷酸盐缓冲液
仪器	其他无菌培养皿;无菌吸管;电炉;恒温培养箱等

三、实验原理

细菌数量的表示方法由于所采用的计数方法不同而有两种:菌落总数和细菌总数。

(1)菌落总数是指食品检样经过处理,在一定条件下培养后,所得1 g或1 mL检样中形成的细菌菌落总数。以cfu·g^{-1}或cfu·mL^{-1}来表示。“一定条件”包括培养基成分、培养温度和时间、pH、是否需要氧气等。按国家标准方法规定,是在需氧情况下,36±1 ℃培养48±2 h,能在平板计数琼脂上生长发育的细菌菌落总数。所以厌氧或微需氧菌、有特殊营养要求的以及非嗜中温的细菌,由于现有条件不能满足其生理需求,故难以繁殖生长。菌落总数并不表示实际中的所有细菌总数,也不能区分其中细菌的种类,只包括一群在计数平板琼脂中生长发育、嗜中温的需氧和兼性厌氧的细菌菌落总数,所以有时被称为杂菌数,需氧菌数等。菌落总数主要作为判别食品被污染程度的标志,也可以应用这一方法观察细菌在食品中繁殖的动态,以便对被检样品进行卫生学评价时提供依据。食品中细菌菌落总数越多,则食品含有致病菌的可能性越大,食品质量越差;菌落总数越小,则食品含有致病菌的可能性越小。须配合大肠菌群和致病菌的检验,才能对食品做出较全面的评价。

(2)细菌总数指一定数量或面积的食品样品,经过适当的处理后,在显微镜下对细菌进行直接计数。其中包括各种活菌数和尚未消失的死菌数。细菌总数也称细菌直接显微镜数。通常以 1 g 或 1 mL 样品中的细菌总数来表示。

任务 1　请写出测定食品中菌落总数和细菌总数的实验流程。

四、实验内容

(一)试剂配制

1. 乙醇
2. 平板计数培养基
3. 无菌生理盐水
4. 磷酸盐缓冲液

(二)取样、稀释和培养

(1)以无菌操作取检样 25 g(或 mL),放于 225 mL 灭菌生理盐水或磷酸盐缓冲液的灭菌玻璃瓶内(瓶内预路适量的玻璃珠)或灭菌乳钵内,经充分振荡或研磨制成 1∶10的均匀稀释液。固体和半固体检样在加入稀释液后,最好在灭菌均质器中以 8000～10000 $r \cdot min^{-1}$的速度处理 1～2 min,制成 1∶10 的均匀稀释液。

(2)用 1 mL 灭菌吸管吸取 1∶10 稀释液 1 mL,沿管壁徐徐注入含有 9 mL 灭菌生理盐水或磷酸盐缓冲液的试管内,振摇试管或反复吹打混合均匀,制成 1∶100 的稀释液。

(3)另取 1 mL 灭菌吸管,按上面操作顺序,制 10 倍递增稀释液,如此每递增稀释 1 次即换用 1 支 10 mL 吸管。

(4)根据标准要求或对污染情况的估计,选择 2～3 个适宜稀释度,分别在制作 10 倍递增稀释的同时,以吸取该稀释度的吸管移取 1 mL 稀释液于灭菌平皿中,每个稀释度做 2 个平皿。同时分别取 1 mL 稀释液(不含样品)加入 2 个灭菌平皿内作空白对照。

稀释液移入平皿后,将冷却至 46 ℃琼脂培养基注入平皿约 15～20 mL,并转动平皿,混合均匀。

(5)待琼脂凝固后,翻转平板,置于 36±1 ℃温箱内培养 48±2 h,水产品 30±1 ℃温箱内培养 72±3 h。如样品中可能含有在琼脂培养基表面弥漫生长的菌落时,可在凝固后的琼脂表面覆盖一薄层琼脂培养基(约 4 mL),凝固后培养。

(三)菌落记录方法

做平板菌落数记录时,可用肉眼观察,必要时用放大镜检查,以防遗漏。在记下各平皿的菌落总数后，求出同稀释度的各平板平均菌落数。到达规定培养时间，应立即计数。如果不能立即计数，应将平板放置于 0～4 ℃保存，但不要超过 24 h。

(1)选取菌落数在 30～300 的平板作为菌落总数测定标准。每一个稀释度应采用两个平皿，大于 300 的可记为多不可计。

(2)当其中一个平板有较大片状菌落生长时，则不宜采用，而应以无片状菌落生长的平板作为该稀释度的菌落数；若片状菌落不到平板的一半，而其余一半中菌落分布又很均匀，则可以计算半个平板后乘以 2，以代表一个平板的菌落数。

(3)当平板上有链状菌落生长时，如呈链状生长的菌落之间无任何明显界限，则应作为一个菌落计，如存在有几条不同来源的链，则每条链均应按一个菌落计算，不要把链上生长的每一个菌落分开计数。

(四)菌落总数的计算

(1)若只有一个稀释度平板上的菌落数在适宜计数范围内，计算两个平板菌落数的平均值，再将平均值乘以相应稀释倍数，作为每 g(或 mL)中菌落总数结果(参考表 6-11 中例 1)。

表 6-11　菌落计数记录表

试样例次		稀释度			选定计数稀释度	菌量/个·g^{-1} 或个·mL^{-1}
		10^{-2}	10^{-3}	10^{-4}		
1	平均菌落数	380	52	18	10^{-3}	5.2×10^{4}
2		526	205	32	10^{-3}，10^{-4}	2.6×10^{5}
3		435	210	48	10^{-3}，10^{-4}	3.5×10^{5}
4		284	152	37	10^{-2}，10^{-3}	9.0×10^{4}
5		26	12	5	10^{-2}	2.6×10^{3}
6		无法计数	526	312	10^{-4}	3.1×10^{6}

(2)若有两个连续稀释度的平板菌落数在适宜计数范围内时，按公式(6-1)计算：

$$N=\sum C/(n_1+0.1n_2)d \tag{6-1}$$

式中，N——样品中菌落数；

$\sum C$——平板(含适宜范围菌落数的平板)菌落数之和；

n_1——第一个适宜稀释度平板数；

n_2——第二个适宜稀释度平板数；

d——稀释因子(第一稀释度)。

结果参考表 6-11 中例 2、例 3。

(3)若所有稀释度的平板菌落数均＞300，则取最高稀释度的平均菌落数乘以稀释倍数计算，结果参考表 6-11 中例 4。

(4)若所有稀释度平板菌落数均＜30，则以最低稀释度的平均菌落数乘稀释倍数计算，结果参考表 6-11 中例 5。

(5)若所有稀释度均不在 30～300，有的＞300，有的又＜30，则应以最接近 300 或 30 的平均菌落数乘以稀释倍数计算，结果参考表 6-11 例 6。

(6)若所有稀释度平板均无菌落生长，报告数为小于 10 cfu · g^{-1}(或 cfu · mL^{-1})，或以未检出报告。

(五)菌落计数报告方法

(1)菌落数在 1～100 时，按四舍五入报告两位有效数字。

(2)菌落数≥100 时，第三位数字按四舍五入计算，取前面两位有效数字，为了缩短数字后面的零数，也可以 10 的指数表示。

(3)若所有平板上为蔓延菌落而无法计数，则报告菌落蔓延。

(4)若空白对照上有菌落生长，则此次检测结果无效。

(5)称重取样以 cfu · g^{-1} 为单位报告，体积取样以 cfu · mL^{-1} 为单位报告。

五、结果分析

1. 将实验测出的样品数据以报表方式报告结果(见表 6-12)。
2. 对样品菌落总数做出是否符合卫生要求的结论。

表 6-12　实验结果记录表

样品		稀释液及菌落数			选择稀释度	报告(cfu · g^{-1}或cfu · mL^{-1})
		10^{-2}	10^{-3}	10^{-4}		计算公式报告
样品名称	原始数据					
1						
2						
……						
	平均					

问题 1　影响杂菌总数准确性的因素有哪些？

问题 2　在食品卫生检验中，为什么要以细菌菌落总数为指标？

问题 3　为什么营养琼脂培养基在使用前要保持在 46±1 ℃的温度？

问题 4　什么是细菌菌落总数(cfu)？

六、注意事项

(1)操作中必须有“无菌操作”的概念，所用玻璃器皿必须是完全灭菌的。所用剪刀、镊子等器具也必须进行消毒处理。样品如果有包装，应用75%乙醇在包装开口处擦拭后取样。操作应当在超净工作台或经过消毒处理的无菌室进行。

(2)采样的代表性：如系固体样品，取样时不应集中一点，宜多采几个部位。固体样品必须经过均质或研磨，液体样品必须经过振摇，以获得均匀稀释液。

(3)样品稀释液主要是灭菌生理盐水或磷酸盐缓冲液(或0.1%蛋白胨水)，后者对食品已受损伤的细菌细胞有一定的保护作用。如对含盐量较高的食品(如酱油)进行稀释，可以采用灭菌蒸馏水。

(4)每递增稀释一次即换用1支1 mL灭菌吸管。

(5)倾注用培养基应在46 ℃水浴内保温，温度过高会影响细菌生长，过低琼脂易于凝固而不能与菌液充分混匀。如无水浴，应以皮肤感受较热而不烫为宜。

(6)倾注培养基的量规定不一，从12～20 mL不等，一般以15 mL较为适宜，平板过厚会影响观察，太薄又易干裂。倾注时，培基底部如有沉淀物，应将底部弃去，以免与菌落混淆而影响计数观察。

(7)为使菌落能在平板上均匀分布，检液加入平皿后，应尽快倾注培养基并旋转混匀，可正反两个方向旋转，检样从开始稀释到倾注最后一个平皿所用时间不宜超过20 min，以防止细菌有所死亡或繁殖。

(8)培养温度一般为37 ℃(水产品的培养温度，由于其生活环境水温较低，故多采用30 ℃)。培养时间一般为48 h，有些方法只要求24 h的培养即可计数。培养箱应保持一定的湿度，琼脂平板培养48 h后，培养基失重不应超过15%。

(9)为了避免食品中的微小颗粒或培基中的杂质与细菌菌落发生混淆，不易分辨，可同时作一稀释液与琼脂培基混合的平板，不经培养，而于4 ℃环境中放置，以便计数时作对照观察。

实验 43　动物血液中铅的测定

（石墨炉原子吸收分光光度法）

一、实验目的

(1)熟悉血液样本的制取。

(2)熟悉原子吸收法测定铅的原理及方法。

二、实验要求

查阅资料，熟悉动物血液中铅测定的有关原理和方法，利用实验室可提供的试剂和仪器，选择最合理的方案（仪器、试剂、步骤等），寻找最合理的答案。本次实验推荐使用多管发酵法。完成下列任务，回答有关问题，最终独立完成实验。实验室可提供的试剂和仪器见表 6-13。

表 6-13　实验室可提供的试剂和仪器

试剂	铅标准溶液；磷酸二氢铵（$NH_4H_2PO_4$）；硝酸（HNO_3）；磷酸氢二铵〔$(NH_4)_2H_2PO_4$〕；硝酸铵（NH_4NO_3）；蒸馏水；超纯水
仪器	带盖的瓶子（聚乙烯或聚丙烯制造，不含金属，容量为 20 mL）；移液管（各种规格）；20μL 微量移液管；电热炉（可控温 60 ℃±2 ℃）；原子吸收光谱仪；石墨炉原子化器；无涂层石墨管；热解平台（可选用）；烘箱；研钵；毛细管

三、实验原理

铅对环境的污染危害着人类和动物的健康，当生活环境不变，铅暴露基本稳定的情况下，血铅不仅反映了近期的铅接触水平，也一定程度上反映体内的铅负荷和铅的健康危害。研究表明，血铅是当前最可行、最能灵敏反映铅对人体危害的指标。本实验用原子吸收分光光度法测定铅。

基本原理：取动物血液试样，加酸硝化处理后，溶解定容，在石墨炉原子分光光度计中进行中原子化，在 λ=283.3 nm 采用原子吸收法进行测定。

四、实验内容

(一)试剂配制

1. 0.050 $\mu g \cdot mL^{-1}$铅标准溶液

任务1 写出配制 0.050 μg·mL^{-1}铅标准溶液的基本步骤，需要哪些实验材料与试剂？

2. 40.0 μg·mL^{-1}磷酸二氢铵溶液

任务2 写出配制 40.0 μg·mL^{-1}磷酸二氢铵溶液的基本步骤。

3. 40.0 μg·mL^{-1}磷酸氢铵溶液

准确称取磷酸氢铵(分析纯)20.0 mg，用纯水溶解后，定容至 500 mL，浓度为40.0 μg·mL^{-1}。

4. 40.0 μg·mL^{-1}硝酸铵溶液

准确称取硝酸铵(分析纯)20.0 mg，用纯水溶解后，定容至 500 mL 浓度为40.0 μg·mL^{-1}。

5. 0.2%硝酸溶液

(二)样品的采集与保存

1. 取样

正确的采集与保存血样对分析准确度至关重要，用抽血针或小刀将耳朵、指头、足趾头皮肤划伤，利用血液的毛细管效应，用玻璃毛细管、血球容积计抽取自然流出的血液 1 mL 迅速转移到聚氯乙烯材料毛细管中，密封后放到冰箱保存。

问题1 血液样品采集过程应注意什么问题？

2. 样品预处理：

用微量移液管量取血样样品 0.5 mL 于试管中，加入硝酸 1 mL 硝化 10 min，加水 5 mL 摇匀，静止 3 h，此溶液供测铅用。

3. 空白测定

同时做样品空白，遵循上述的步骤进行处理。

(三)仪器工作条件

仪器工作条件参数见表 6-14。

表 6-14　仪器工作参数

项目	参数
波长/nm	283.3
狭缝/nm	0.2
灯电流/mA	1.5
干燥时间/s	25
灰化电流(温度 550 ℃左右)/A	120
斜坡时间/s	6
原子化电流(温度 1350 ℃左右)/A	280
时间/s	4
清洗电流(温度 2050 ℃左右)/A	320
时间/s	2
等待时间/s	18

(四)标准曲线的绘制

由进样器分取 0.00,4.00,8.00,12.00,16.00,20.00 mL 铅标准使用液,于样品中分别加入 20.00,16.00,12.00,8.00,4.00,0.00 mL 的 0.2%的硝酸溶液,各加入与样品相同的基体改进剂磷酸二氢铵 5 mL,定容,进行测定,数据记录入表 6-15。

表 6-15　标准曲线工作表

标准样品	1	2	3	4	5	6	样品	空白
取铅标准使用溶液/mL	0.00	4.00	8.00	12.00	16.00	20.00		
2%硝酸溶液/mL	20.00	16.00	12.00	8.00	4.00	0.00		
基体改进剂/mL	5							
用水定容/mL	50							
静置/min	10							
铅浓度/$\mu g \cdot mL^{-1}$								
吸光度 $A(\lambda=283\ nm)$								

任务 3　做 A-c 标准曲线,列出回归方程。

问题 2　血液样品为什么要进行硝化?

问题 3　测定时为什要做空白试样?

问题 4　为什么要加入基体改进剂,作用是什么?

（五）动物血液中铅含量的测定步骤

取硝化好的血清样，每个样各取 3 份，分别由自动进样器吸取 20 μL 样品、5 μL 基体改进剂磷酸二氢铵，于石墨炉中进行测定吸光度 A_x。

五、数据处理

血液中铅浓度的计算，按照公式(6-2)：

$$c_{\mathrm{Pb}} = \frac{(A_x - A_0 - a) \times V_0}{b \times V} \tag{6-2}$$

式中，c_{Pb}——血液中铅浓度，$\mu g \cdot mL^{-1}$；

A_x——试样的吸光度；

A_0——空白的吸光度；

a——回归方程的截距；

b——回归方程的斜率；

V_0——试样定容的体积，mL；

V——血液体积，mL。

六、注意事项

(1)测定样品时应该做空白试验，并在结果中扣除。

(2)若样品中的铅含量太低，可增大试样量，各种实际相应增大浓度或体积。

(3)向溶液中加入一定量的铅标准溶液，测定的回收率要求在 85%～105%。

实验 44　植物组织中硝酸盐含量的测定

（水杨酸法）

一、实验目的

（1）了解硝酸盐的危害。

（2）熟悉水杨酸法测定硝酸盐的原理与应用。

二、实验要求

在了解植物体内硝酸盐含量测定原理的基础上，利用实验室可提供的试剂和仪器，选择最合理的方案（仪器、试剂、步骤等），寻找最合理的答案，根据实验方法，完成下列任务，回答有关问题，最终独立完成实验。实验室可提供的试剂和仪器见表6-16。

表 6-16　实验室可提供的试剂和仪器

试剂	硝酸钾（KNO_3）；蒸馏水；冰醋酸（CH3COOH）；硫酸（H_2SO_4）；氢氧化钠（NaOH）；盐酸萘乙二胺（$C_{12}H_{14}N_2 \cdot 2HCl$）；对氨基苯磺酸（$C_6H_7NO_3S$）；硫酸钡（$BaSO_4$）；苯胺（$C_6H_7N$）；锌粉（Zn）；硫酸锰（$MnSO_4$）；柠檬酸（$C_6H_8O_7$）
仪器	分光光度计；天平（感量 0.1 mg）；20 mL 刻度试管；刻度吸量管（各种规格）；容量瓶（50 mL）；小漏斗（φ5 cm）；离心管；离心机；研钵；移液管；玻璃棒；洗耳球；电炉；铝锅；玻璃泡；定量滤纸（70 cm）；小铲；剪刀；枝剪；记录本

三、实验原理

植物体内硝态氮含量可以反映土壤氮素供应情况，常作为施肥指标。另外，蔬菜类作物特别是叶菜和根菜中常含有大量硝酸盐，在烹调和腌制过程中可转化为亚硝酸盐而危害健康。因此，硝酸盐含量又成为蔬菜及其加工品的重要品质指标。测定植物体内的硝态氮含量，不仅能够反映出植物的氮素营养状况，对了解植物的氮代谢机制非常重要，而且对鉴定蔬菜及其加工品质也有重要的意义。

传统的硝酸盐测定方法是采用适当的还原剂先将硝酸盐还原为亚硝酸盐，再用对氨基苯磺酸与 α-萘胺法测定亚硝酸盐含量。此法由于影响还原的条件不易掌握，难以得出稳定的结果。而水杨酸法则十分稳定可靠，是测定硝酸盐含量的理想选择。

水杨酸法基本原理：利用 NO_3^- 与能水杨酸反应，生成硝基水杨酸，生成的硝基水杨酸在碱性条件下（pH＞12）呈黄色，最大吸收峰的波长为 410 nm，在一定范围内，其颜色的深浅与含量成正比，可直接比色测定植物体内硝酸盐的含量。

任务 1 写出 NO_3^- 与水杨酸的化学反应方程式。

问题 1 上述反应是否需要特定的反应条件？

问题 2 使用分光光度法时需要什么条件？

四、实验内容

（一）试剂准备

1. 500 mg · L^{-1}硝态氮标准溶液

在此选用使用 KNO_3 配制所需试剂。

任务 2 计算所需要的 KNO_3 的量。

2. 5％水杨酸-硫酸溶液

称取 5 g 水杨酸溶于 100 mL 比重为 1.84 g · cm^{-3}的浓硫酸中。

问题 3 在配制 5％的水杨酸-硫酸溶液时要注意什么问题？

问题 4 比重为 1.84 的浓硫酸是什么浓度？

问题 5 配制的溶液如何保存？

3. 8％氢氧化钠溶液

取 80 g 氢氧化钠溶于 1 L 蒸馏水中。

问题 6 一般将氢氧化钠置于水中会有什么现象？

（二）标准曲线的制作

（1）吸取 500 mg · L^{-1} 硝态氮标准溶液 0、1、2、3、4、6、8、10、12 mL，分别放入 50 mL容量瓶中，用去离子水定容至刻度，使之成 0、10、20、30、40、60、80、100、120 mg · L^{-1}的系列标准溶液。

（2）吸取上述系列标准溶液 0.1 mL，分别放入刻度试管中，以 0.1 mL 蒸馏水代替标准溶液作空白。再分别加入 0.4 mL 5％水杨酸-硫酸溶液，摇匀，在室温下放置

20 min 后，再加入 8% NaOH 溶液 9.5 mL，摇匀冷却至室温。显色液总体积为10 mL。

(3)绘制标准曲线：以空白作参比，在 410 nm 波长下测定光密度。以硝态氮浓度为横坐标，光密度为纵坐标，绘制标准曲线并计算出回归方程。标准系列的配置及数据记录入表 6-17。

表 6-17　标准系列的配置及数据记录

步骤＼数据＼编号	0	1	2	3	4	5	6	7	8	实验步骤中使用仪器
①硝态氮标液/mL	0	1	2	3	4	6	8	10	12	
②定容/mL	50									
③硝态氮浓度/mg·L^{-1}	0	10	20	30	40	60	80	100	120	
④吸取③/mL	0.1	0.1	0.1	0.1	0.1	0.1	0.1	0.1	0.1	
⑤5%水杨酸-硫酸溶液/mL	0.4	0.4	0.4	0.4	0.4	0.4	0.4	0.4	0.4	
⑥静置/min	20									
⑦8%NaOH 溶液/mL	9.5									
⑧硝态氮浓度/mg·L^{-1}										
⑨吸光度 A										

任务 3　正确补充表格中空白部分。

任务 4　做 A-c 回归方程，求线性相关系数。

问题 7　为什么使用去离子水对一系列标准溶液进行定容？

(三)样品中硝酸盐的测定

1. 样品液的制备

取一定量的植物材料剪碎混匀，用天平精确称取材料 2 g 左右，重复 3 次，分别放入 3 支刻度试管中，各加入 10 mL 去离子水，用玻璃泡封口，置入沸水浴中提取 30 min。到时间后取出，用自来水冷却，将提取液过滤到 25 mL 容量瓶中，并反复冲洗残渣，最后定容至刻度。

2. 样品液的测定

吸取样品液 0.1 mL 分别于 3 支刻度试管中，然后加入 5%水杨酸-硫酸溶液 0.4 mL，混匀后置室温下 20 min，再慢慢加入 9.5 mL 8%NaOH 溶液，待冷却至室温后，以空白作参比，在 410 nm 波长下测其吸光度 A_x，A_0。

问题 8 为什么取样时要重复 3 次称量?

问题 9 空白的作用是什么? 有什么要求?

问题 10 如何进行采样,样品的采集与处理注意什么问题?

五、结果计算

植物中硝酸盐浓度,由公式(6-3)计算:

$$c_{NO_3^-}=\frac{(A_x-A_0-a)\times V\times 10^{-3}}{b\times W} \tag{6-3}$$

式中,c_{NO3-}——植物中硝酸盐浓度,$mg\cdot g^{-1}$;

A_x——样品的吸光度;

A_0——空白的吸光度;

a——回归方程的截距;

b——回归方程的斜率;

V——提取样品液总量,mL;

W——样品鲜重,g。

六、注意事项

(1)植物样品的清洗是非常重要的,因其表面沾有粘土或微尘等含氟杂质,只有清洗干净后,测得的结果才能正确反映植物体内的硝酸盐。

(2)植物种类不同,硝酸盐的含量不同,同种植物不同部位,含量也不同,这在采样时要注意。

实验45　室内空气中细菌的含量测定

（菌落计数器法）

一、实验目的

(1)熟悉室内空气质量标准中的关于室内细菌的指标。

(2)掌握撞击法空气微生物采样器采集气体的方法。

(3)掌握空气中细菌的测定技术原理。

二、实验要求

了解菌落计数方法以及相关实验原理，利用实验室已有实验设备，设计实验，并完成以下问题。实验室可提供的试剂和仪器见表6-18。

表6-18　实验室可提供的试剂和仪器

试剂	琼脂营养液；无菌水；牛肉膏蛋白胨琼脂培养基
仪器	培养皿若干；菌落计数器；灭菌锥形瓶；灭菌培养皿；灭菌吸管；灭菌试管；灭菌的带玻璃塞瓶；显微镜

三、实验原理

空气中细菌总数的测定，一般有两种方法：气体撞击法和自然沉降法。本实验采用这两种方法。

气流撞击法相对于自然沉降法具有能较准确地测定空气中细菌的含量，并且不受环境气候的影响，采样量准确等优点。该法以空气微生物采样器采集样品，通过抽气泵的作用，使空气通过狭缝或小孔，产生高速气流，从而使悬浮在空气中的带菌粒子撞击到营养琼脂平板上被采集，经培养后，即可计算出一定体积空气中所含的细菌菌落数。

自然沉降法：将营养琼脂平板置于采样点，打开皿盖，于空气中暴露5 min，盖上皿盖，翻转平板，经37 ℃、24 h培养后，计数平板上生长的菌落数。

任务 1 正确利用培养皿来进行菌落培养,学会使用计数器统计群落数量。
问题 1 应该采用什么方法来采样?
问题 2 为何需要翻转平板?
问题 3 怎样尽可能确保菌落计数的准确性?

四、实验内容

1. 监测对象

电子阅览室 2 个、学生食堂 3 个、教室 6 个、学生宿舍 10 个(其中女生宿舍 5 个、男生宿舍 5 个)、学生实验室 4 个。为了便于数据整理,依次编号。

2. 采样点设置

按照《室内空气质量标准》(GB/T18883—2002)的要求,每个监测目标设置 5 个采样点,即室内墙角对角线交点为 1 个样点,该交点与四墙角连线的中点为另外 4 个采样点。采样高度为 1.5 m,采样点应远离墙壁 1 m 以上,并避开空调、门窗等空气流通处。

(1)气流撞击法:

将采样器消毒,按照仪器说明书采样,一般情况下采样量在 30～150 L,应该根据空气污染情况,酌情增加或者减少采样量。

采样完毕后,将带营养琼脂平板置于 36±1 ℃恒温箱中,培养 48 h,计数菌落数,并根据采样流量和采样时间,换算成每立方米空气中菌落数(cfu · m^{-3}),然后报告结果。

(2)自然沉降法:

将培养基溶化后,倒入 10 个平板内,冷凝。在一定房间面积内,布点,每个点放置 2 个平板,打开皿盖,于空气中暴露 5 min,盖上皿盖,翻转平板,经 37 ℃、24 h 培养后,计数每块平板上生长的菌落数,求出全部采样点的平均菌落数。

实验数据记录在表 6-19。

表 6-19 实验数据登记表

采样点 / 菌落数 / 采样数	1	2	……	n
1				
2				
3				

续表

采样数＼菌落数＼采样点	1	2	……	n
4				
5				
平均菌落数				
空间内细菌浓度/cfu · m^{-3}				

问题 4　撞击法与自然沉降法采样各有什么优缺点?

问题 5　设置采样点应该注意什么问题?

五、结果计算

1. 气流撞击法

$$空气细菌总数 = \frac{1000 \times N}{Q \times T} \tag{6-3}$$

式中，Q——流量，L · min^{-1}；

N——所有平皿菌落数；

T——采样时间，min。

2. 自然沉降法

$$空气细菌总数 = \frac{50000 \times N}{A \times T} \tag{6-4}$$

式中，A——平板面积，cm^2；

T——平板暴露时间，min；

N——平均菌落数，cfu · 平皿$^{-1}$。

依据我国《室内空气质量标准》，室内空气菌落总数≤2500 cfu · m^{-3}为合格，超过以上结果为不合格。

六、注意事项

(1)所选采样点应该具有代表性，最好选取不同功能区的区域采样点。

(2)采样点选取要求

①采样点的数量根据监测室内面积大小和现场情况而确定，以期能正确反映室内空气污染物的水平。原则上小于 50 m^2 的房间应设 1～3 个点；50～100 m^2 设 3～

5 个点;100 m^2 以上至少设 5 个点。在对角线上或梅花式均匀分布。

②采样点应避开通风口,离墙壁距离应大于 0.5 m。

③采样点的高度:原则上与人的呼吸带高度相一致。相对高度 0.5～1.5 m。

第七章　环境物理污染监测实验

实验46　城市区域环境噪声的测定

一、实验目的和要求

(1)掌握声级计的使用方法和环境噪声的监测技术。
(2)熟练计算等效声级。
(3)掌握对噪声监测数据的处理及评价方法。

二、实验要求

做好充分的实验准备,进行下述实验,并能回答所涉及的相关问题。
本实验要求实验仪器见下表7-1。

表7-1　本实验要求实验仪器

实验仪器	TES1350A 声级计;米尺;经纬仪;螺丝刀

三、实验原理

由于环境噪声随着时间无规则变化,因此测量一般用统计值或者等效声级来表示。声级计的原理:由传声器将声音转换成电信号,再由前置放大器变换抗阻,使传声器与衰减器匹配。放大器将输出信号加到计权网络,对信号进行频率记权(或外接滤波器),然后经衰减器及放大器将信号放大到一定的幅值,送到有效值检波器(或外接电平记录仪),在指示表上给出噪声声级的数值。本实验采用声级计进行测量。

四、实验内容

(一)仪器准备

准备好符合要求的声级计,打开电源,待读数稳定后,用标准器校准仪器。

(二)测点的选择

将某一地区划分为等距离的网格,如 250×250 m 的网格,网格数目一般应该多于 100 个,测量点应该在每个网格的中心(可在地图上做网格得到)。若中心点的位置不宜测量,可移至便于测量的邻近测量点。

(三)测定步骤

测量时,声级计手持或者固定在三脚架上,传声器距离地面 1.2 m,手持声级计时,应该使人体与传声器相距 0.5 m 以上。每小组配置 1 台声级计,顺序到各网点测量。

分别在昼间和夜间测量,在规定的测量时间内,每次每个测量点 10 min 的等效声级,读数方式用慢挡,每隔 5 s 读一个瞬时 A 声级,连续读取 200 个数据。读数同时要判断和记录附近主要噪声来源(如交通噪声、施工噪声、工厂或车间噪声、锅炉噪声等)和天气条件。数据记录在表 7-2。

表 7-2　环境噪声监测数据记录表

测量时间	年　月　日			星期	
温度		风速		大气压	
地点		测量人		仪器	
采样间隔				计权网络	
测点编号	同一测点不同时间 L_{Aeq}/dB			$\bar{L}_{Aeq}$/dB	噪声主要来源
	1	2	3		
1					
2					
3					
4					
……					
200					
声级计校准	校准器编号	监测前校准值		监测后校准值	

任务 1　掌握声级计的使用原理,学会读数。仪器上各按钮如何使用?
任务 2　掌握正确制定测量时间以及测量方法。
任务 3　测定噪声级,记录数据和噪声源。
问题 1　如何计算等效声级? 了解声级相关计算。
问题 2　如何绘制噪声污染图?
问题 3　如何选定测量点?

五、数据处理

(1)数据记录

环境噪声是随时间而起伏的无规律噪声,因此测量结果一般用统计值或等效声级来表示,本实验用等效声级表示。

(2)排列:将各网点每一次的测量数据(200 个)顺序排列找出 L_{10}、L_{50}、L_{90},求出等效声级 L_{eq},再将该网点一整天的各次 L_{eq} 值求出算术平均值,作为该网点的环境噪声评价量。

$$L_{eq} = 10 \times \lg(\frac{1}{100}\sum_{i=1}^{100} 10^{L_i/10}) \tag{7-1}$$

若符合正态分布,则

$$L_{eq} = L_{50} + \frac{d^2}{60} \tag{7-2}$$

式中,$d = L_{10} - L_{90}$ 。

(3)以 5 dB 为一等级(参考表 7-3),用不同颜色或阴影线绘制学校(或某一地区)噪声污染图。

表 7-3　各噪声级颜色和阴影线表示规定

噪声带/dB	颜色	阴影线
35 以下	浅绿色	小点,低密度
36～40	绿色	中点,中密度
41～45	深绿色	大点,高密度
46～50	黄色	垂直线,低密度
51～55	褐色	垂直线,中密度
56～60	橙色	垂直线,高密度
61～65	朱红色	交叉线,低密度
66～70	洋红色	交叉线,中密度

续表

噪声带/dB	颜色	阴影线
71～75	紫红色	交叉线,高密度
76～80	蓝色	宽条垂直线
81～85	深蓝色	全黑

注:数据来源于 GB/T3222.1—2006《声学　环境噪声测量方法》。

六、注意事项

(1)声级计的品种很多,使用前应仔细阅读使用说明书。

(2)目前大多声级计具有数据自动整理功能,作为练习,希望在记录数据后,进行手工计算。

(3)测量须知

①天气条件要求无雨无雪,声级计应保持传声器膜片清洁,风力在三级以上必须加风罩(以避免风噪声干扰),五级以上大风应停止测量。

②使用仪器为普通声级计,测量前仔细阅读使用说明书。

③手持仪器测量,传声器要求距离地面 1.2 m。

实验 47　驻波管法吸声材料垂直入射吸声系数的测量

一、实验目的

(1)加深对垂直入射吸声系数的理解。

(2)了解人耳听觉的频率范围。

(3)掌握驻波管法测量吸声材料垂直入射吸声系数的技术原理及方法。

二、实验要求

在理解所需进行实验的原理基础上,利用实验室已有的实验器材和原料,设计适宜的实验方案,回答下述各个问题,独立进行实验。实验所需器材见表 7-4。

表 7-4　实验所需器材

仪器	AWA6122 型智能电声测试仪;AWA6122A 驻波管测试软件
其他	待测吸声材料;米尺

三、实验原理

在驻波管中传播平面波的频率范围内,声波入射到管中,再从试件表面反射回来,入射波和反射波叠加后在管中形成驻波。由此形成沿驻波管长度方向声压极大值与极小值的交替分布。用试件的反射系数 γ 来表示声压极大值与极小值,可写成:

$$P_{max} = P_0(1 + |\gamma|) \tag{7-3}$$

$$P_{min} = P_0(1 - |\gamma|) \tag{7-4}$$

根据吸声系数的定义,吸声系数与反射系数的关系可写成:

$$\alpha_0 = 1 - |\gamma|^2 \tag{7-5}$$

定义驻波比 S 表示为:

$$S = \frac{|P_{min}|}{|P_{max}|} \tag{7-6}$$

吸声系数可用驻波比表示为:

$$\alpha_0 = \frac{4S}{(1+S)^2} \tag{7-7}$$

因此，只要确定声压极人和极小的比值，即可计算出吸声系数。如果实际测得的是声压级的极大值和极小值，计两者之差为 L_P，则根据声压和声压级之间的关系，可由下式计算吸声系数：

$$\alpha_0 = \frac{4 \times 10^{L_P/20}}{(1 + 10^{L_P/20})^2} \tag{7-8}$$

任务 1 写出本实验主要的仪器及仪器原理。

任务 2 写出本实验测定的基本原理。

四、实验步骤

利用驻波管测试材料垂直入射吸声系数的步骤如下：

(1)将固定驻波管的滑块移到最远处。

(2)将仪器屏幕上的光标移动到所要测量的频率第一个峰值处，缓慢移动固定驻波管的滑块，同时读取光标位置显示的声压级，将滑块停在声压级为一个极大值的位置。此位置即为峰值位置，输入此时滑块所在位置的刻度。

(3)将仪器屏幕上的光标移动到所要测量的频率第一个谷值处，缓慢移动固定驻波管的滑块，同时读取光标位置显示的声压级，将滑块停在声压级为一个极小值的位置。此位置即为谷值位置，输入此时滑块所在位置的刻度。

(4)将仪器屏幕上的光标移动到所要测量的频率第二个峰值位置、第二个谷值位置，或到所要测量的第三个峰值位置、第三个谷值位置、重复第(2)(3)步操作。可以测量到相应的峰谷值。

(5)重复(1)～(4)步操作，可以测量到各个频率点的声压级峰谷值。

五、实验数据处理

(1)本实验数据记录在表 7-5 和表 7-6。

(2)计算不同材料的平均吸声系数，并做出材料吸声系数频率特性曲线。

被测材料 1：

表 7-5 被测材料 1 的吸声系数测定数据

频率		1		2		3		吸声系数
		峰值	谷值	峰值	谷值	峰值	谷值	
31.5 Hz	声级/dB							
	距离/mm							

续表

频率		1		2		3		吸声系数
		峰值	谷值	峰值	谷值	峰值	谷值	
63 Hz	声级/dB							
	距离/mm							
125 Hz	声级/dB							
	距离/mm							
250 Hz	声级/dB							
	距离/mm							
500 Hz	声级/dB							
	距离/mm							
1000 Hz	声级/dB							
	距离/mm							
2000 Hz	声级/dB							
	距离/mm							
4000 Hz	声级/dB							
	距离/mm							
8000 Hz	声级/dB							
	距离/mm							

任务 3　比较不同吸声材料的吸声原理有何不同。

问题 1　人耳听觉的频率范围有多大?

问题 2　引起本实验的主要测量误差是什么

问题 3　测量吸声系数有什么意义?

被测材料 2:

表 7-6　被测材料 2 的吸声系数测定数据

频率		1		2		3		吸声系数
		峰值	谷值	峰值	谷值	峰值	谷值	
31.5 Hz	声级/dB							
	距离/mm							
63 Hz	声级/dB							
	距离/mm							
125 Hz	声级/dB							
	距离/mm							

续表

频率		1		2		3		吸声系数
		峰值	谷值	峰值	谷值	峰值	谷值	
250 Hz	声级/dB							
	距离/mm							
500 Hz	声级/dB							
	距离/mm							
1000 Hz	声级/dB							
	距离/mm							
2000 Hz	声级/dB							
	距离/mm							
4000 Hz	声级/dB							
	距离/mm							
8000 Hz	声级/dB							
	距离/mm							

问题 4　计算材料的吸声系数,计算材料吸声系数的频率特性曲线。

问题 5　比较不同材料的吸声原理有何不同。

六、注意事项

(1)测量数据过程光标不要返回,驻波管的瞬时数据会覆盖原有的记录数据。

(2)由于扬声器密封效果不是很好,故不要记录标尺收尾数据,避免因漏声噪声测量误差。

实验 48　混响室法吸声材料无规入射吸声系数的测量

一、实验目的

驻波管法测得的吸声系数仅反映了声波垂直入射到材料表面的声吸收，但实际使用中声波入射到材料表面的方向是随机的。通过此实验，要了解实际工程应用中常采用的混响室法测量材料的无规入射吸声系数的方法。

二、实验要求

了解混响室法吸声材料无规入射吸声系数测量的基本原理，利用实验室已有实验条件，设计本次实验，并完成相关任务，解答相应的实验问题。针对自己的实验数据，进行实验分析总结。所需实验仪器见表 7-7。

表 7-7　所需实验仪器

仪器	AWA6290A 型多通道噪声与振动频谱分析仪；AWA 吸声系数测量软件包；十二面发声体

混响室应具有光滑坚硬的内壁，其无规入射吸声系数应尽量地小，其壁面常用瓷砖、水磨石、大理石等材料。混响室要具有良好的隔声和隔振性能。按标准要求，混响室体积应大于 200 m^3。

三、实验原理

声源在封闭空间启动后，就产生混响声，而在声源停止发声后，室内空间的混响声逐渐衰减，声压级衰减 60 dB 的时间定义为混响时间。当房间的体积确定后，混响时间的长短与房间内的吸声能力有关。根据这一关系，吸声材料或物体的无规入射吸声系数就可以通过在混响室内的混响时间的测量来进行。

在混响室中未安装吸声材料前，空室时的总的吸声量 A_1 表示为：

$$A_1 = \frac{55.3V}{c_1 T_1} + 4m_1 V \qquad (7\text{-}9)$$

在安装了面积为 S 的吸声材料后，总的吸声量 A_2 可表示为：

$$A_2 = \frac{55.3V}{c_2 T_2} + 4m_2 V \qquad (7\text{-}10)$$

式中，A_1、A_2——空室时和安装材料后室内总的吸声量，m^2；

T_1、T_2——安装材料前、后混响室的混响时间，s；

V——混响室体积，m^3；

c_1、c_2——安装材料前、后测量时的声速，$m \cdot s^{-1}$；

m_1、m_2——安装材料前、后室内空气吸收衰减系数。

如果两次测量的时间间隔比较短或室内温度及湿度相差较小，可近似认为 $c_1 = c_2 = c$，$m_1 = m_2 = m$。由此计算出被测试件的无规入射吸声系数为：

$$\alpha_s = \frac{55.3V}{cS}\left(\frac{1}{T_2} - \frac{1}{T_1}\right) \tag{7-11}$$

式中，S 为被测试件面积，m^2。

任务 1　粗略绘制实验原理图解。

问题 1　扩散声场、直达声场与混响声场三者有何区别?

问题 2　简述本实验中室内声衰减的过程。

四、实验步骤

(1)安装测试系统，测试空室混响时间。

(2)将测试传声器放置在第一个测点，打开信号源并调整到所需测试的频率范围，调整功率放大器使得在室内获得足够声级。

(3)在室内建立稳态声场所需的时间大致与室内的混响时间接近。选择测量系统工具栏中的录音功能，系统会自动在录音结束后关闭声源。然后选择混响时间，系统会自动显示室内声压级衰减过程，得到衰减曲线并由此确定混响时间。

(4)多次重复第(3)步过程，获得同一测点的多次混响时间测量结果。

(5)改变信号源频率，重复第(2)～(4)步过程，获得不同测点在不同频率下的混响时间。

(6)将各测点在不同频率下各次测得的混响时间进行算术平均，作为各频带空室的平均混响时间 T_1。

(7)将被测试件安装到混响室中，重复第(2)～(6)步过程，得到装入材料后的各频带的平均混响时间 T_2。

(8)根据混响室体积和测试件面积，计算无规入射吸声系数。

数据记录在表 7-8。

表 7-8　实验数据记录表

数据记录＼实验次数	1	2	3	4
V/m^3				
吸声材料面积 S/m^2				
m_1				
T_1/s				
$c_1/m \cdot s^{-1}$				
A_1/m^2				
m_2				
T_2/s				
$c_2/m \cdot s^{-1}$				
A_2/m^2				
α_s				

五、数据处理

下面各表中，A、B、C、D 代表混响室中四处不同地点。

声源：__________。

(1)空室状态

$T_{60}=$__________。

(2)放入吸声材料

记录在下表 7-9。

表 7-9　吸声系数记录表

频率/Hz	平均混响时间/s				算术平均值
	A 点	B 点	C 点	D 点	
125					
250					
500					
1000					
2000					
4000					

(3)声系数计算

记录在表 7-10。

表 7-10　吸声系数计算记录表

频率/Hz	125	250	500	1000	2000	4000
吸声系数						

(4)作图

根据数据作出声衰减曲线、混响时间频率特性曲线、吸声系数频率特性曲线。

六、注意事项

(1)混响室要有光滑、坚固的内壁，其无规则入射吸声系数应该尽量小，避免采用瓷砖、大理石等材料。

(2)混响室要有良好的隔声、隔振功能，混响室体积应该大于 200 m^3。

实验 49　环境振动的测定

一、实验目的

(1)掌握振动测定原理。

(2)学会使用测量环境震动的仪器。

二、实验要求

了解环境振动的测量原理,利用实验室已有实验条件,设计本次实验,并完成相关任务,解答相应的实验问题。针对自己的实验数据,进行实验分析,总结实验小结。所需实验仪器见表 7-11。

表 7-11　所需实验仪器

仪器	AWA6290A 型多通道噪声与振动频谱分析仪;AWA 吸声系数测量软件包;十二面发声体

三、实验原理

振动加速度级 VAL:加速度与基准加速度之比的以 10 为底的对数乘以 20。记 VAL,单位为分贝 dB。

按照定义此量为:

$$VAL = 20\lg \frac{a}{a_0} \tag{7-12}$$

式中,a——振动加速度有效值,$m \cdot s^{-2}$;

a_0——基准加速度,取 $10^{-6}\ m \cdot s^{-2}$;

振动级 VL:按照 ISO 2631—1997 规定的全身振动不同频率记权因子修正后得到的振动加速度级,简称振级,记为 VL,单位分贝 dB。

Z 振级 VL_Z:按照 ISO 2631—1—1997 规定的全身振动 Z 记权因子修正后得到的振动加速度级,简称振级,记为 VL_Z,单位分贝 dB。

累积百分 Z 振级 VL_{ZN}:在规定的测量时间 T 内,有 $N\%$时间的 Z 振级超过某一 VL_Z 值,这个 VL_Z 值叫作累积百分 Z 振级,记为 VL_{ZN}。单位分贝 dB。

稳态振动:观测时间内振级变化不大的环境振动。

冲击振动:具有突发性振级变化的环境振动。

无规振动：未来任何时刻不能预先确定振级的环境振动。

任务 1 写出本实验的测量仪器。
任务 2 写出振动测量的基本原理。

四、实验步骤

（一）测量变量

测量变量为铅垂向 Z 振级。

（二）读数方法和评价量

本测量方法采用的仪器时间计权常数为 1 s。

稳态振动：每个测点测量一次，取 5 s 内的平均示数作为评价量。

冲击振动：取每次冲击过程中的最大示数作为评价量；对于重复初相的冲击振动，以 10 次读数的算术平均值为评价量。

无规振动：每个测点等间隔地读取瞬时示数，采样间隔不大于 5 s，连续测量时间不少于 1000 s，以测量数据的 VL_{Z10} 为评价量。

铁路振动：读取每次列车通过过程中的最大示数，每个测点连续测量 20 次，以 20 次读数的算数平均值为评价量。

（三）测量位置及拾振器的安装

测量位置：测点置于各类区域建筑物室外 0.5 m 以内的振动敏感处，必要时，测点置于建筑物室内地面中央。

拾振器的安装：确保拾振器平稳地安放在平坦、坚实的地面上，避免置于如地毯、草地、沙地或雪地等松软的地面上。

拾振器的灵敏度：主轴方向应该与测量方向一致。

（四）测量条件

测量时振源应处于正常工作状态。

测量应该避免影响环境振动测量值的其他环境因素，如剧烈的温度梯度变化、强电磁场、强风、地震或其他非震动污染源引起的干扰。

问题 1 环境振动过程产生误差的主要原因是什么？

五、数据处理

环境振动测量按照待测振源的类别，填入对应的表格（见表 7-12～表 7-14）逐项记录。测量交通振动时，应该记录车流量。

表 7-12　稳态或冲击振动测量记录

<table>
<tr><td>测量地点</td><td></td><td>测量日期</td><td colspan="2"></td></tr>
<tr><td>测量仪器</td><td></td><td>测量人员</td><td colspan="2"></td></tr>
<tr><td rowspan="2">振源名称及型号</td><td rowspan="2"></td><td rowspan="2">振动类型</td><td>稳态</td><td></td></tr>
<tr><td>冲击</td><td></td></tr>
<tr><td rowspan="2">测量位置图示</td><td rowspan="2"></td><td>地面状况</td><td colspan="2"></td></tr>
<tr><td>备注</td><td colspan="2"></td></tr>
</table>

表 7-13　无振动测量记录

<table>
<tr><td>测量地点</td><td></td><td>测量日期</td><td></td></tr>
<tr><td>测量仪器</td><td></td><td>测量人员</td><td></td></tr>
<tr><td>取样时间</td><td></td><td>取样间隔</td><td></td></tr>
<tr><td>主要振源</td><td colspan="3"></td></tr>
<tr><td rowspan="2">测量位置图示</td><td rowspan="2"></td><td>地面状况</td><td></td></tr>
<tr><td>备注</td><td></td></tr>
</table>

表 7-14　铁路振动测量记录

<table>
<tr><td>测量地点</td><td></td><td>测量日期</td><td></td></tr>
<tr><td>测量仪器</td><td></td><td>测量人员</td><td></td></tr>
<tr><td rowspan="2">测量位置图示</td><td rowspan="2"></td><td>地面状况</td><td></td></tr>
<tr><td>备注</td><td></td></tr>
</table>

六、注意事项

(1)测量时振源应该处于正常工作状态。

(2)应该避免受一些环境要素的影响，如温度、磁场变化、地震、台风等。

第八章　综合性和设计性实验

实验 50　校园池塘水质监测方案设计

一、监测目的

(1)通过水环境监测实验进一步巩固课本所学知识,深入了解水环境监测中各环境监测断面的布置,各评价因子的采样与分析方法、数据处理等方法与技能。

(2)通过对校园地表水和污水的水质监测,掌握校园内的水环境质量现状,并判断水环境质量是否符合国家有关环境标准的要求。

(3)培养学生实际操作技能和问题的分析能力。

二、监测资料的收集

进行水环境现状调查和资料收集调查,除了收集校园内水体污染物排放情况外,了解校园所在地区有关水污染源及受纳水体的情况,调查情况记录见表 8-1。

调查包括以下 4 个方面。

(1)调查学生食堂用水的组成部分、各部分水中所含物质的大致情况、每天用水量。

(2)调查校园中各实验室的污水去向、排水量。

(3)调查生活污水学生宿舍区、行政区、教学楼区的排水量。

(4)调查校园内自来水用水量。

表 8-1　调查记录表

污染源名称	用水量/$t \cdot d^{-1}$	排水量/$t \cdot d^{-1}$	排放的主要污染物	废水排放去向
学生食堂				
实验室				
学生宿舍				
教学楼和行政区				
周边居民区				
污水总排放口				

三、水环境监测项目和范围

1. 监测项目

根据 GB 3838—2002《地表水环境质量标准》，水质监测项目包括水温、色度、浊度、悬浮固体、pH 值、电导率、溶解氧、高锰酸钾指数、COD_{cr}、BOD_5、NH_3-N、NO_3-N 等。根据地表水的监测项目（见表 8-2）确定本实验监测项目（见表 8-3）。

表 8-2　地表水监测项目

水源	必测项目	选测项目
校园河流	水温、溶解氧、色度、浊度、悬浮固体、pH 值、电导率、溶解氧、高锰酸钾指数、COD_{cr}、BOD_5、NH_3-N、NO_3-N、总氮、总磷、氟化物、铜、锌、硒、砷、汞、镉、铬、铅、氰化物、挥发酚、石油类、阴离子表面活性剂、硫化物、类大肠杆菌	总有机碳、甲基汞、其他环境项目根据纳污情况由各级环境保护主管部门确定

表 8-3　校园河流监测确定的监测项目

断面	监测项目
W*n*	水温、悬浮固体、溶解氧、COD_{cr}、BOD_5、NH_3-N、NO_3-N、总氮、总磷、类大肠杆菌

注：W*n* 为根据环境监测技术设置的系列断面！

2. 监测范围

监测范围为生活区排水对地表水环境影响比较明显的区域。

任务 1　分别说明各个监测项目的监测分析方法。

四、监测点布设、监测时间和采样方法

（一）监测点布设

根据监测目的和监测项目设置监测断面和采样点。

（1）监测断面的设置数量

应该根据水环境实际需要，考虑污染物时空分布和变化规律，以最少断面、垂线和测点取得代表性最好的监测数据。

（2）监测断面的设置

设置对照断面、控制断面和消减断面。监测断面设置如表 8-4 所示。

(3)采样点位的确定

具体内容参照《环境监测实验》(奚旦立,等,2011)的相关内容。

表 8-4 监测断面及监测点的设置

断面名称	断面	断面类型	断面宽/深/m	采样垂线位置	采样点数目及位置	
W1	河流流入校园处	对照断面	7.50/1.50	中泓线	1	水面下 0.50 m
W2	排污口后 100 m	控制断面	7.50/1.50	中泓线	1	水面下 0.50 m
W3	排污口后 500 m	控制断面	7.50/1.50	中泓线	1	水面下 0.50 m
W4	河流流出校园处	消减断面	7.50/1.50	中泓线	1	水面下 0.50 m

问题 1 针对本次监测实验如何选定监测断面?

问题 2 在河流断面如何设置采样点?

(二)采样时间和采样频率

根据监测目的和水体特征对水质调查为 2 d。每天每个水质参数只采一个水样。采样数据记录在表 8-5。

表 8-5 采样记录表

采样日期:________ 采样人:________ 天气:________

采样点	采样时间	采样频率/次·d^{-1}	水样类型(瞬时、混合、综合)
W1			
W2			
W3			
W4			

(三)采样方法

根据监测项目确定水样类型是混合采样。采样器事先用洗涤剂、自来水、蒸馏水洗涤干净、沥干采样前用被采集的水样洗涤 2～3 次。采样时为了避免激烈搅动水体和漂浮物进入采样桶、采样桶桶口要迎着水流方向浸入水中水充满后迅速提出水面。

五、样品的保存和运输

(一)储存容器的选择与使用要求

水样存放过程中由于吸附、沉淀、氧化还原、微生物作用等,样品的成分可能发生变化。采取的水样不是现场测定，而是运送到实验室进行分析测试，在运输过程中为继续保证水样的完整性、代表性，要注意保存容器的选择。

（二）样品保存

水样取回后冷藏或者冷冻保存，为了使成分稳定，会加入少量氯化汞氨氮、硝酸铬、硫酸锰。

（三）水样的运输

水样采集后，应该尽送回实验室，根据采样点的位置和测定项目最长可保存的时间，选择适当的运输方式。

问题 3　测定有机物、金属、DO 及 COD 分别选择什么容器保存水样？
问题 4　水样采样后，加入各种试剂分别有什么作用？
问题 5　水样运输应注意什么？
任务 2　写出测定 COD 时，样品的保存及运输方法。

六、分析方法与数据处理

（一）监测结果记录

取样、样品保存、测定结果记录在表 8-6。

表 8-6　监测结果记录表

<table>
<tr><td rowspan="2">河流名称</td><td rowspan="2">断面名称</td><td colspan="2">采样时间</td><td>水期</td><td rowspan="2">水温/℃</td><td rowspan="2">水深/m</td><td rowspan="2">流量/$m^3 \cdot s^{-1}$</td></tr>
<tr><td>月</td><td>日</td><td></td></tr>
<tr><td></td><td></td><td></td><td></td><td></td><td></td><td></td><td></td></tr>
<tr><td>监测项目</td><td>监测结果</td><td colspan="6">采样点位置</td></tr>
<tr><td></td><td></td><td></td><td></td><td></td><td></td><td></td><td></td></tr>
<tr><td></td><td></td><td></td><td></td><td></td><td></td><td></td><td></td></tr>
<tr><td></td><td></td><td></td><td></td><td></td><td></td><td></td><td></td></tr>
</table>

（二）数据处理

根据所选用的分析方法，将样品的监测结果统计记录在表 8-7。

表 8-7　监测结果统计

采样点	污染因子	水温	DO	COD_{cr}	NH_3-N	总氮	总磷	BOD_5	SS
断面 W1	浓度/mg · L^{-1}								
	超标倍数								
断面 W2	浓度/mg · L^{-1}								
	超标倍数								
断面 W3	浓度/mg · L^{-1}								
	超标倍数								
断面 W4	浓度/mg · L^{-1}								
	超标倍数								
实验室污水	浓度/mg · L^{-1}								
	超标倍数								
GB 3838—2002 标准									

七、水质量评价及编撰环境评价报告

根据监测结果对照地表水环境质量标准，评价判断校园水体的水环境质量等级。推断污染物的来源，对污染物的种类进行分类并提出改进的建议。

实验51　校园大气环境监测方案的设计

一、实验目的

（1）进一步巩固课本知识，深入了解大气环境中各污染因子的具体采样方法、分析方法、误差分析及数据处理等方法。

（2）定期监测环境空气，评价校园的环境空气质量，为研究校园大气环境质量变化及制订校园环境保护规划提供基础数据。

（3）污染物或其他影响环境质量因素的分布，追踪污染路线，寻找污染源，为校园环境污染的治理提供依据。

二、校园大气环境影响因素识别

大气污染受气象、季节、地形、地貌等因素的强烈影响而随时间变化，因此应对校园内各种大气污染源、大气污染物排放状况及自然与社会环境特征进行调查，并对大气污染物排放作初步估算。

（一）污染源调查

主要调查校园大气污染物的排放源、数量、燃料种类和污染物名称及排放方式等，为大气环境监测项目的选择提供依据，可按表8-8的方式进行调查。

表8-8　校园大气污染源情况调查

编号	污染源名称	数量	燃料种类	污染物名称	污染物治理措施	污染物排放方式	备注
1	食堂						
2	锅炉房						
3	图书馆						
4	建筑工地						
5	家庭炉灶						

（二）周边大气污染源调查

一般大学校园位于交通干线旁，有的交通干线还穿越大学校园，因此校园周边大气污染源主要调查汽车尾气排放情况，汽车尾气中主要含有CO、NO_x、烟尘等污染物。调查形式如表8-9所示。

表 8-9 汽车尾气调查情况

路段		前街	后街
车流量/辆·h^{-1}	大型车		
	中型车		
	小型车		

(三)资料收集

主要收集校园所在地气象站(台)近年的气象数据,包括风向、风速、气温、气压、降水量、相对湿度等,具体调查内容如表 8-10 所示。

表 8-10 气象资料调查

项目	调查内容
风向	主导风向、次主导风向及频率等
风速	年平均风速、最大风速、最小风速、年静风频率等
气温	年平均气温、最高气温、最低气温等
降水量	平均年降水量、每日最大降水量等
相对湿度	年平均相对湿度

三、环境监测因子的筛选

根据国家环境空气质量标准和校园及其周边的大气污染物排放情况来筛选监测项目,高等学校一般无特征污染物排放,结合大气污染源调查结果,可选 TSP、PM_{10}、SO_2、NO_2 等作为大气环境监测项目。

四、监测方案

(一)采样点的布设

根据污染物的等标排放量,结合校园各环境功能区的要求,及当地的地形、地貌、气象条件,按功能区划分的布点法和网格布点法相结合的方式来布置采样点。各测点名称及相对校园中心点的方位和直线距离可按表 8-11 列出,各测点具体位置应在总平面布置图上注明。

表 8-11　总体测点名称及相对方位

测点编号	测点名称	测点方位	测点名称到校园中心点距离/m
1	校园边界		
2	学生居住区		
3	教学区 1		
4	教学区 2		
5	教师居住区		
6	交通干线两侧		

(二)监测项目和分析方法的确定

根据大气环境监测因子的筛选结果所确定的监测项目,按照《空气和废气监测分析方法》《环境监测技术规范》和《环境空气质量标准》所规定的采样和分析方法执行,具体方法可按表 8-12 列出。

表 8-12　环境空气监测项目及分析方法

监测项目	采样方法	流量/L · min^{-1}	采气量/L	分析方法	检出下限/mg · m^{-3}
TSP	滤膜阻留法	100	72000	重量法	0.1
SO_2	溶液吸收法	0.5	22.5	四氯汞钾-盐酸副玫瑰苯胺分光光度法	0.009
NO_2	溶液吸收法	0.3	13.5	盐酸萘乙二胺分光光度法	0.01

(三)采样时间和频次

采用间歇性采样方法,连续监测 3～5 d,每天采样频次根据学生的实际情况而定,SO_2、NO_2 等每隔 2～3 h 采样一次;TSP、PM_{10} 每天采样一次,连续采样。采样应同时记录气温、气压、风向、风速、阴晴等气象因素。数据记录在表 8-13。采样交接表记录在表 8-14～表 8-17。

表 8-13　采样记录表

监测项目	采样方法	流量/L · min^{-1}	采样日期	采样频率和时间	每次采样时间

表 8-14　TSP 大气采样和交接记录表

采样地点：＿＿＿＿＿＿　测点编号：＿＿＿＿＿＿　功能区类型：＿＿＿＿＿＿

采样器名称及编号：＿＿＿＿＿　流量校准值：＿＿＿＿　校准人：＿＿＿＿　校准日期：＿＿＿＿

编号	项目	采样起止时间	采样体积	采样期天气条件			
				风向	风速	温度	气压
1	校园边界						
2	学生居住区						
3	教学区 1						
4	教学区 2						
5	教师居住区						
6	交通干线两侧						

采样人：＿＿＿＿　采样日期：＿＿＿＿　送样者：＿＿＿＿　接受者：＿＿＿＿　接样日期：＿＿＿＿

表 8-15　PM_{10} 大气采样和交接记录表

采样地点：＿＿＿＿＿＿　测点编号：＿＿＿＿＿＿　功能区类型：＿＿＿＿＿＿

采样器名称及编号：＿＿＿＿＿　流量校准值：＿＿＿＿　校准人：＿＿＿＿　校准日期：＿＿＿＿

编号	项目	采样起止时间	采样体积	采样期天气条件			
				风向	风速	温度	气压
1	校园边界						
2	学生居住区						
3	教学区 1						
4	教学区 2						
5	教师居住区						
6	交通干线两侧						

采样人：＿＿＿＿　采样日期：＿＿＿＿　送样者：＿＿＿＿　接受者：＿＿＿＿　接样日期：＿＿＿＿

表 8-16　SO_2 大气采样和交接记录表

采样地点：＿＿＿＿＿＿　测点编号：＿＿＿＿＿＿　功能区类型：＿＿＿＿＿＿

采样器名称及编号：＿＿＿＿＿　流量校准值：＿＿＿＿　校准人：＿＿＿＿　校准日期：＿＿＿＿

编号	项目	采样起止时间	采样体积	采样期天气条件			
				风向	风速	温度	气压
1	校园边界						
2	学生居住区						
3	教学区 1						
4	教学区 2						
5	教师居住区						
6	交通干线两侧						

采样人：＿＿＿＿　采样日期：＿＿＿＿　送样者：＿＿＿＿　接受者：＿＿＿＿　接样日期：＿＿＿＿

表 8-17　NO_2 大气采样和交接记录表

采样地点：________ 测点编号：________ 功能区类型：________

采样器名称及编号：________ 流量校准值：________ 校准人：________ 校准日期：________

编号	项目	采样起止时间	采样体积	采样期天气条件			
				风向	风速	温度	气压
1	校园边界						
2	学生居住区						
3	教学区 1						
4	教学区 2						
5	教师居住区						
6	交通干线两侧						

采样人：________ 采样日期：________ 送样者：________ 接受者：________ 接样日期：________

五、监测结果

1. 监测结果

不同点位的监测结果记录在表 8-18。

表 8-18　不同测点的监测结果记录

采样点	项目	小时浓度			日平均浓度		
		浓度/$mg \cdot m^{-3}$	超标率	超标倍数	浓度/$mg \cdot m^{-3}$	超标率	超标倍数
1	TSP						
	SO_2						
	NO_2						
2	TSP						
	SO_2						
	NO_2						
3	TSP						
	SO_2						
	NO_2						
4	TSP						
	SO_2						
	NO_2						
5	TSP						
	SO_2						
	NO_2						

续表

采样点	项目	小时浓度			日平均浓度		
		浓度/mg·m^{-3}	超标率	超标倍数	浓度/mg·m^{-3}	超标率	超标倍数
6	TSP						
	SO_2						
	NO_2						

2. 结果分析

$$P_i = \frac{c_i}{S_i} \tag{8-1}$$

式中，P_i——单项污染物评价指数；

c_i——污染物实测浓度值，mg·m^{-3}；

S_i——污染因子的环境质量标准，mg·m^{-3}。

不同点位评价结果记录在表 8-19。

表 8-19　污染因子单项评价指数

监测点	评价指数(P_i)			
	TSP	SO_2	NO_2	特征污染物
1				
2				
3				
4				
5				
6				

六、结果分析

(1)将校园空气环境质量与国家标准比较得出结论。

(2)分析校园空气质量现状，找出目前现状的原因。

(3)提出改善校园空气环境质量的建议及措施。

实验 52　农田土壤重金属的环境活性评价

一、实验目的

(1)了解全球土壤重金属污染的现状。
(2)了解土壤典型重金属形态的研究方法。
(3)至少熟悉一种土壤重金属形态分级提取技术。
(4)培养学生独立开展科学实验的综合设计能力及操作技能。

二、实验要求

(1)开展文献调研,了解国内外土壤重金属污染现状、研究方法和研究内容等问题。

(2)在文献调研的基础上,确定研究内容,设计研究方案和技术路线,选定分析方法,准备实验仪器及材料,完成土壤样品处理及重金属总量和形态的测定。

(3)根据实验结果对重金属的环境活性进行综合评价,撰写一篇科技论文。

本实验试剂及仪器见表 8-20。

表 8-20　本实验试剂及仪器

试剂	氯化镁($MgCl_2$);醋酸钠($C_2H_9NaO_5$);盐酸羟胺($NH_2OH \cdot HCl$);双氧水(H_2O_2);醋酸铵(CH_3COONH_4);盐酸(HCl);硝酸(HNO_3);氢氟酸(hf);高氯酸($HClO_4$);蒸馏水
仪器与设备	原子吸收分光光度计;电子天平(万分之一);振荡器;恒温水浴锅;离心机;pH 计;玻璃滤器;0.45 μm 滤膜;聚四氟乙烯坩埚;各种规格的离心管;容量瓶

任务 1　查阅资料,简述本实验所需的试剂和仪器。

三、实验原理

重金属进入土壤环境后,可以受土壤本身不同理化性质和条件转变成不同形态(或相态),而不同形态又具有不同的环境活动性或生物可利用性。因此,仅根据土壤中重金属的总量已经不能很好地揭示重金属的生物可给性、毒性及其在环境中的化学活性和再迁移性。事实上,重金属与环境中的各种液态、固态物质经物理化学作用而以各种不同的形态存在于环境中,因此重金属的赋存形态更大程度上决定着重金属的环境行为和生物效应。自20世纪70年代起，重金属形态分析就已成为环境科学领域的研究热点。

对重金属化学形态的研究将有助于阐明土壤保持或固定重金属的机制，了解重金属在土壤中的分散富集过程、迁移转化规律及其对植物营养和土壤环境的影响，对预测土壤中重金属的临界含量、生物有效性和生物毒性等具有十分重要的意义。

（一）重金属形态及形态分析的定义

对“化学形态”的定义存在着不同的见解，但通常认为化学形态是某一元素在环境中以某种离子或分子存在的实在形式。具体而言，形态实际上包括价态、化合态、结合态和结构态四个方面，在环境中均可能表现出不同的生物毒性和环境行为。2000年国际纯粹应用化学联合会（IUPAC）对形态分析的术语进行了统一的规范。

化学形态（chemical species）：一种元素的特有形式，如同位素组成、电子或氧化状态、化合物或分子结构等。

形态（speciation）：一种元素的形态即该元素在一个体系中特定化学形式的分布。

形态分析（speciation analysis）：识别和（或）定量测量样品中的一种或多种化学形式的分析工作。

顺序提取（sequential extraction）：根据物理性质（如粒度、溶解度）或化学性质（如结合状态、反应活性等）把样品中的一种或一组被测定物质进行分类提取的过程。

（二）常见土壤重金属形态分析方法

1. 单独提取法

对单一形态的单独提取法适用于当痕量金属大大超过地球背景值时的污染调查。其特点是利用某一提取剂直接溶解某一特定形态，如水溶态或可迁移态、生物可利用态等。该法操作简便，提取时间短，便于直观地了解土壤的受污染程度，并判断其对农作物的潜在危害性。

2. Tessier五步连续提取法

步骤如下：

（1）可交换态：称取1.00 g干基样品放入离心管中，加入1 mol·L^{-1}的$MgCl_2$（pH值为7.00）溶液8 mL，25 ℃下连续振荡1 h，离心，取上清液为分析待测液；残渣中加8 mL去离子水润洗离心，上清液倾去，残渣备下步提取用。

（2）碳酸盐结合态：将步骤（1）中的残渣加1 mol·L^{-1}的NaOAc（pH值为5.00）溶液8 mL，25 ℃下连续振荡2 h，离心，取上清液为分析待测液。

（3）铁锰氧化态：将步骤（2）中的残渣加0.04 mol·L^{-1} $NH_2OH\cdot HCl$（溶剂为

体积分 25%的 HOAc,pH 值为 5.00)溶液 20 mL,96±2 ℃下间歇振荡 6 h,离心,取上清液为分析待测液。

(4)硫化物及有机态:将步骤(3)中的残渣加 3 mL 0.02 mol·L^{-1} HNO_3 及 5 mL 30% H_2O_2(加 HNO_3 调 pH 值为 2.00),85 ℃下间歇振荡 2 h;再次加入 3 mL 30% H_2O_2(HNO_3 调 pH 值为 2.00),85 ℃下间歇振荡 3 h;冷却后加 5 mL 3.2 mol·L^{-1} NH_4Ac,25 ℃下连续振荡 0.5 h,离心,取上清液为分析待测液。

(5)残渣态:将步骤(4)中的残渣消解,消解法采用混合酸消解体系:盐酸-硝酸-氢氟酸-高氯酸,体积分别为 2、8、2、2 mL。具体操作步骤如下:取步骤(4)中残渣于聚四氟乙烯坩埚中,用少量水润湿。加适量浓盐酸,于电热板上低温加热。蒸发至约剩 5 mL 时加入适量浓硝酸,继续加热至近粘稠状,再加入适量氢氟酸并继续加热。最后,加入少量高氯酸并加热至白烟冒尽。用水冲洗坩埚内壁,温热溶解残渣,待冷却,离心,取上清液为分析待测液。

分析各上清液中的重金属。不同形态的测定用电感耦合等离子体发射光谱仪。

任务 2 简述重金属不同形态分析的意义。

问题 1 为什么测定要可交换态?意义是什么?

问题 2 测定残渣态时,为什么要加入强酸,消解到白烟冒尽?

四、实验方案

在进行充分文献调研的基础上,根据实验目的及要求自行设计实验方案。

五、实验结果处理与分析

对实验结果进行处理,并查阅相关土壤质量标准,结合参考文献对调查土壤的重金属程度进行综合评价。

六、实验报告要求

根据实验结果,结合文献综述撰写一篇有关土壤重金属污染及其环境活性评价的科技小论文。论文严格按照科技论文写作规范撰写。

实验 53 高效液相色谱法测定饮料中的苯甲酸

一、实验目的

(1)了解饮料中的防腐剂类别。
(2)熟悉高效液相色谱的基本原理与使用方法。
(3)掌握高效液相色谱测定苯甲酸的技术方法。

二、实验要求

查阅资料,熟悉饮料中防腐剂测定的有关原理和方法,利用实验室可提供的试剂和仪器,选择最合理的方案(仪器、试剂、步骤等),寻找最合理的答案,完成下列任务,回答有关问题,最终独立完成实验。本实验使用液相色谱法测定。实验室可提供的试剂和仪器见表 8-21。

表 8-21 实验室可提供的试剂和仪器

试剂	甲醇(CH_3OH,色谱纯);氨水($NH_3 \cdot H_2O$);乙酸铵(CH_3COONH_4);蒸馏水:超纯水(符合实验室一级用水);苯甲酸(C_6H_5COOH);苯甲酸钠($C_6H_5CO_2Na$);山梨酸($C_6H_8O_2$);糖精钠($C_6H_4SO_2NNaCO.2H_2O$);乙腈(C_2H_3N,色谱纯);冰醋酸(CH_3COOH)
仪器与设备	高效液相色谱仪(安捷伦 HPLC1100);超声波清洗器;容量瓶;醋酸纤维膜(0.45 μm);进样器(50 μL);玻璃注射器(10 mL);针筒滤膜等

三、实验原理

HPLC 系统基本构造:高压输液泵、色谱柱、检测器、进样系统、梯度洗脱装置、柱温控制器和数据处理系统。特点:高压、高速、高效。

正相液相色谱和反相液相色谱:当仪器的流动相的极性大于固定相的极性时,称为反相液相色谱;反之,称为正相液相色谱。

分离原理:由于混合物中各组分在性质和结构上的差异,与固定相之间产生的作用力的大小、强弱不同,随着流动相的移动,混合物在两相间经过反复多次的分配平衡,使得各组分被固定相保留的时间不同,从而按一定次序由固定相中先后流出。与适当的柱后检测方法结合,实现混合物中各组分的分离与检测。

定性、定量分析:利用出峰时间来定性,峰面积与浓度成正比的原理来进行定量。

四、实验内容

（一）试剂准备

1. 苯甲酸贮备液：用超纯水配制 10 mg · mL^{-1}的标准贮备液，置于冰箱保存。

2. 苯甲酸标准溶液：取一定量的贮备液，然后配制成约 0，0.05，0.10，0.20，0.40，0.60，0.80，1.00，2.00 mg · L^{-1}的苯甲酸标准溶液（定容时可加入 1～2 滴无水乙酸消泡），测定之前脱气。

3. 甲醇（色谱纯）

4. 超纯水

5. 冰醋酸（分析纯）

6. 乙酸铵（分析纯）

任务 1 在标准溶液的配置中要注意哪些问题？

任务 2 所有溶液样品进入仪器之前一定要脱气，脱气的目的是什么？不脱气会有什么影响？

问题 1 所有溶液要进行超滤，原因是什么？

（二）样品制取

汽水类或者饮料类：准确量取 50 g 试样，放入小烧杯中，微温搅拌或者超声波除去其中溶解的二氧化碳气体，摇匀，经 0.45 μm 水系滤膜过滤，待测。

按照上述的方法，进行空白样的设置。

任务 3 设置空白试验的目的是什么？

任务 4 列出样品配置过程中的注意事项

问题 2 去除液体样品中二氧化碳的方法有哪些？

（三）分析条件及实验前方法的设定

1. 液相色谱仪仪器基本参数

仪器基本参数见表 8-22。

表 8-22 仪器基本参数表

分析条件	参数
色谱柱	XB-C_{18}色谱柱(250 mm×4.6 mm×5 μm)
检测器	紫外检测器(VWD)
进样量	20 μL
流动相	甲醇∶水=10∶90(体积比)
停止时间	6 min
波长	230 nm
温度	25 ℃
流速	1.0 mL·min^{-1}

问题3 测定过程中有哪些注意事项?

问题4 为什么测定组分时要进行实验条件的设定?实验分析条件如何确定?

问题5 按照此方法设定好之后,仪器自己平衡,找基线,基线稳定后才能进样,为什么?

2. 标准曲线的制定及样品测定

标准系列的制定按照下表,取一定的标准液,配制成浓度分别为0、0.05、0.10、0.20、0.40、0.60、0.80、1.00、2.00 mg·L^{-1}的浓度梯度,仪器参数设定好之后,进行标准浓度梯度的测定。标液及样品测定数据记录在表8-23中。

表 8-23 标准溶液测定记录表

浓度/mg·L^{-1}	0	0.05	0.10	0.20	0.40	0.60	0.80	1.00	2.00	待测样	空白
出峰时间											
峰面积 A											
峰高 h											

任务5 绘制 A-c 标准曲线,求出回归方程。

任务6 根据饮料样品的峰面积,在上面的标准曲线回归方程求得饮料的苯甲酸的浓度。或者直接在图上查出苯甲酸的浓度。

问题6 液相色谱进行定性分析和定量分析的原理是什么?

问题7 高效液相色谱的基本构成?

问题8 如果方法中的流动相换成乙腈,有什么影响?

问题9 如果改动流动相的比例,对测定结果会有什么影响?

问题10 液相色谱仪有正相和反相之说,本次实验测定,仪器配置属于正相还是反相?

五、数据处理

样品中苯甲酸含量计算，按照公式(8-2)：

$$c_{苯甲酸} = \frac{(A_x - A_0 - a) \times V_0}{b \times m} \tag{8-2}$$

式中，$c_{苯甲酸}$——标准曲线上查得进样体积中苯甲酸浓度，$mg \cdot kg^{-1}$；

A_x——样品的苯甲酸的峰面积；

A_0——空白中苯甲酸的峰面积；

a——回归方程的截距；

b——回归返程的斜率；

V_0——样品处理液总体积，mL；

m——饮料样品的质量，g。

六、质量保证

(1)建立一种测试方法，包括流动相组成、比例、检测器、柱温、流动相流速等，一定要注意该方法的重现性和回收率问题。

(2)样品和标准溶液配置好后，需保存在冰箱。

(3)为获得良好的测定效果，标准样品和待测饮料样品的进样量需严格保持一致。

(4)实验完毕后，需用纯水和流动相冲洗色谱仪 30 min 左右，然后再关机。

实验 54 植物中有机农药残留的测定

一、实验目的

(1)理解从植物中提取有机农药的原理和方法。
(2)掌握气相色谱法的定性、定量测定方法。
(3)培养学生独立开展科学实验的综合设计能力及操作技能。

二、实验要求

查阅资料,了解气相色谱法测定相关方法及原理,利用实验室可提供的试剂和仪器,选择最合理的方案(仪器、试剂、步骤等),寻找最合理的答案,根据实验方法,完成下列任务,回答有关问题,最终独立完成实验。本次实验用气相色谱法测定。实验室可提供的试剂和仪器见表 8-24。

表 8-24 实验室可提供的试剂和仪器

试剂	丙酮(CH_3COCH_3);二氯甲烷(CH_2Cl_2);石油醚(C_5H_{12});乙醇(C_2H_5OH));乙酸乙酯($C_4H_8O_2$);正己烷(C6H14);浓硫酸(H_2SO_4);无水硫酸钠($NaSO_4$);中性氧化铝(Al_2O_3);硅藻土(30~80 目);脱脂棉;弗罗里硅土;三唑磷($C_{12}H_{16}N_3O_3PS$,99%);甲氰菊酯($C_{22}H_{22}NO_3$,95%);六六六($C_6H_6Cl_6$,α、γ、δ、β-BHC 单组分标样或混标);活性炭粉
仪器与设备	气相色谱仪;旋转蒸发仪;K-D浓缩器;电子天平(万分之一);回旋式振荡器;旋片式真空泵;电热恒温水浴锅;超声波仪;组织捣碎机;抽滤装置;马弗炉;玻璃层析柱(8 mm×180 mm);脂肪提取器(250 mL)

三、实验原理

选择 3 种有代表性的农药,运用气相色谱进行植物果实中有机农药的残留测定。三唑磷是具有触杀、胃毒作用的广谱、高效、中等毒性的有机磷杀虫、杀螨剂,可用于防治水稻的螟虫、纵卷叶螟等。甲氰菊酯是具有一定杀螨活性但不含氟的合成拟除虫菊酯杀虫剂,用于果树、棉花、蔬菜等作物。有机氯农药六六六有 7 种立体异构体(α、β、γ、δ、ε、η 和 θ),一般检测前 4 种异构体;六六六性质稳定,在环境中和植物体内残留期长。

以上 3 种农药都具有水溶性低、脂溶性高、在有机溶剂中分配系数大的特点。因此,本实验 3 种目标化合物采用有机溶剂提取,经净化后,用氮磷检测器(NPD)或电子捕获检测器(Ni63 ECD)进行检测。用标准化合物的保留时间定性,用峰面积外标法定量。

任务 1　查阅相关资料,写出这 3 种农药的化学结构式。

四、实验内容

(一)试剂准备

1. 无水硫酸钠:分析纯,经 450 ℃烘 4 h。

2. 中性氧化铝:分析纯,经 450 ℃约烧 4 h,用前在 130 ℃下活化 3 h,加 5%蒸馏水脱活。

问题 1　为什么活化的温度选择 130 ℃? 活化的目的是什么? 为什么要加蒸馏水脱活?

3. 弗罗里硅土:分析纯,130 ℃烘 12 h 后,置干燥器中储存备用。

问题 2　制备弗罗里硅土中有哪些注意事项?

4. 气相色谱仪参数条件

仪器基本参数见表 8-25。

表 8-25　仪器基本参数表

分析条件	参数
仪器	GC6890
色谱柱	DB-17 毛细管色谱柱(15 m×0.53 mm)
检测器	NPD
温度	柱箱:230 ℃
	气化室:260 ℃
	检测室:260 ℃
气体流速	载气(高纯氮≥99.99%):10 mL·min^{-1}
	氢气:6 mL·min^{-1}
	尾吹气:40 mL·min^{-1}
进样量	1 μL

(二)糙米中有机磷农药三唑磷的残留量测定

1. 有机磷农药三唑磷标准溶液的制备

准确称取微量三唑磷标准品,先用少许丙酮溶解后,加入石油醚配成不同浓度的标准液:0、0.05、0.1、0.2、0.5、1、2.5、5 μg·mL^{-1}。数据记录在表 8-26。

表 8-26　标准系列数据记录表

	1	2	3	4	5	6	7	8
浓度/μg·mL^{-1}	0	0.05	0.1	0.2	0.5	1	2.5	5
峰面积								

任务 2　以进样量为横坐标,峰面积为纵坐标,绘制标准曲线。

2. 糙米样品中三唑磷的提取、纯化及测定

样品提取及测定,记录在表 8-27。

表 8-27　样品中农药提取记录表

步骤 \ 编号		样品实验步骤	空白试验步骤	实验仪器
①取具有代表性糙米/g		50	0	
②丙酮/mL		60	60	
③震荡水浴锅震荡提取/min		40	40	
④滤渣加丙酮/mL		40	40	
⑤震荡后提取多长时间后抽滤/min		20	20	
⑥合并滤液于分液漏斗				
⑦二氯甲烷一次振摇/mL		30	30	
⑧二氯甲烷二次振摇/mL		20	20	
⑨液-液分配萃取,静置分层后,收集下层有机相,合并二次有机相于具塞三角瓶中				
⑩无水硫酸钠/g		3	3	
⑪过滤后,50 ℃下浓缩/mL		1	1	
⑫过柱(混合吸附剂:上中下)	无水硫酸钠/g	4	4	
	中性氧化铝/g	4	4	
	活性炭粉/g	1	1	
	助滤剂/g	0.5	0.5	
⑬无水硫酸钠/g		4	4	
⑭二氯甲烷预洗/mL		20	20	
⑮二氯甲烷淋洗/mL		30+30	30+30	

续表

编号 过程	样品实验步骤	空白试验步骤	实验仪器
⑯石油醚定容/mL	1	1	
⑰测定峰面积	A_x	A_0	

问题 3　为什么要设置空白试验？什么叫空白试验？

问题 4　为什么要两次震摇？

问题 5　为什么二氯甲烷要先预洗再淋洗？

任务 3　将实验过程所使用的仪器填写在表格相应的位置。

任务 4　记录实验数据。

（三）方法评价

测定方法的准确度以全过程标准添加回收率来衡量，方法的精密度以测定结果的变异系数来衡量。

1. 方法精密度测定

在上述色谱条件下连续对同一标样 2.5 mg · L^{-1}进行 5 次平行进样，确定本实验方法的重现性。

2. 加标回收率

取糙米空白样品 50 g，分别添加三唑磷标准样 0.02、0.2、1 mg · kg^{-1}，每处理重复 3 次，按上述方法、色谱条件进行检测，用峰面积外标法定量，确定三唑磷的平均回收率。

3. 方法检测限的测定

进行空白试验，测定空白值，并根据公式，检测限＝空白值的平均值＋3×空白值测定的标准偏差，计算方法检测限。

五、数据处理

三唑磷浓度计算，见公式(8-3)：

$$c_{三唑磷} = \frac{(A_x - A_0 - a) \times V_0}{b \times m} \tag{8-3}$$

式中，$c_{三唑磷}$——试样中农药的质量浓度，mg · kg^{-1}；

A_x——试样溶液的峰面积；

A_0——空白溶液的峰面积；

a——回归方程的截距；

b——回归方程的斜率；

V_0——试样定容的体积，mL；

m——试样的质量，g。

六、注意事项

（1）采样一定要做好记录，若为新鲜样品，要拆解、洁净、不带泥浆，每个样品单独存放，做好标记。

（2）瓜果类：取果实表皮 1 cm^2，从 1～3 个不同果实果皮取 1 cm^2 或者称取 1 g。

（3）使用移液枪或者移液管，严禁使用针筒。

（4）提取液要注意冷藏保存。

实验55　土壤环境监测方案及质量评价

一、监测目的

(1)了解土壤采样布点原则。
(2)熟悉土壤中不同指标监测方法。
(3)掌握土壤环境质量的评价方法。

二、资料收集

(1)自然环境:土壤类型、植被、区域土壤元素背景值、土地利用、水土流失、自然灾害、水系、地下水、地质、地形地貌、气象等。

(2)社会环境:工农业生产布局、工业污染源种类及分布、污染物种类及排放途径和排放量、农药和化肥使用状况、污水灌溉及污泥施用状况、人口分布、地方病等。

(3)历史情况:土地利用类型,施用农药,化肥的累积情况等。

三、监测项目

根据GB 8170—1987《农田土壤环境质量监测技术》,选择的环境监测项目如表8-28。

表8-28　土壤监测项目及分析方法

监测项目	分析方法
水分	重量法
pH	玻璃电极法
有机质	盐酸萘乙二胺分光光度法
总氮	半微量凯氏法
全磷	钼锑抗比色法
有机污染物DDT	气相色谱法
总砷	硼化钾-硝酸银分光光度法
铬	火焰原子吸收分光光度法
铅	石墨炉原子吸收分光光度法

任务1　查阅资料,简述土壤环境监测项目。

四、采样点的布设

采样点的布设有多种方法(见表 8-29),根据需要选择相应的方法。

表 8-29 土壤采样点布设

布点方法	适用范围	采样布点方法
对角线布点法	面积小、地势平坦、污水灌溉	田块的进水口向对角引一直线,将对角线划为若干等分(一般 3～5 等分),等分点采样
梅花形布点法	面积较小、地势平坦、土壤物质和污染程度较均匀	中心点设在两对角线相交处,采样点设 5～10 个
棋盘式布点法	适用范围中等面积、地势平坦、地形完整开阔、土壤较不均匀	采样点＞10 个
蛇形布点法	面积较大、地形不平坦、土壤不均匀	布设采样点数目较多
放射状布点法	适合于大气污染型土壤	布设采样点数目较多
网格布点法	地形平缓	交叉点或方格中心布点,适用农药污染、土壤背景值的采样

任务 2 叙述本项目采用的布点采样方法及其局限性。

五、监测方法

土壤样品的类型、采样深度及采样量原则如下:

1. 混合样品

如果只是一般了解土壤污染状况,对种植一般农作物的耕地,只需采集 0～20 cm 耕作层土壤,对于种植果林类农作物的耕地,采集 0～60 cm 耕作层土壤。将在一个采样单元内各采样分点采集的土样混合均匀制成混合样,组成混合样的分点数通常为5～20 个。混合样量往往较大,需要用四分法弃取,最后留下 1～2 kg,装入样品袋。

2. 剖面样品

污灌超过一年需采剖面样品,同层混合,取 1 kg。

每个剖面采集 A,B,C 三层土样。过渡层(AB,BC)一般不采样。当地下水位较高时,挖至地下水出露时止。现场记录实际采样深度,如 0～20、50～65、80～100 cm。在山地土壤土层薄的地区,B 层发育不完整时,只采 A、C 层样。干旱地区剖面发育不完整的土壤,采集表层(0～20 cm)、中土层(50 cm)和底土层(100 cm)附近的样品。在各层次典型中心部位自下而上采样,切忌混淆层次、混合采样。注意采样深度和取样量一致。

3. 采样时间与频率

了解土壤污染状况，随时采集掌握作物受污染状况，依季节变化或作物收获期采集。依据《农田土壤环境监测技术规范》，一般土壤在农作物收获期采样监测，必测项目一年一次，其他项目每3～5年测一次。

4. 采样注意事项

(1)采样点不能设在田边、沟边、路边或肥堆边。

(2)将现场采样点的具体情况，如土壤剖面形态特征、采样深度等做详细记录。

(3)现场填写两张标签，写上地点、土壤深度、日期、采样人姓名等，一张放入样品袋内，一张扎在样品口袋上。

(4)用于重金属项目分析的土样，尽量采用竹器采样，或将和金属采样器接触部分弃去。

六、土壤样品加工与管理

样品处理程序是：风干、磨碎、过筛、混合、分装。

土样管理的基本原则：

(1)严格制度保障。

(2)土壤保存。

①一般土壤样品需保存半年至一年。

②避免日光、潮湿、高温和酸碱气体等的影响。

③玻璃材质容器，聚乙烯塑料容器。

④低温保存：低于4 ℃的冰箱存放，测定挥发性和不稳定组分的新鲜土样。

问题1　如果是测定土壤中的有机物污染物DDT，土壤样品的处理程序可以采用上述方法吗？为什么？

问题2　测定有机污染物时，对容器有要求吗？可以采用聚乙烯容器吗？为什么？

问题3　测定挥发性和不稳定组分的新鲜土样，要低温保存，为什么？

问题4　查阅资料，简述测定土壤有机污染物多环芳烃的基本方法原理。

七、土壤样品的预处理和测定方法

土壤监测分析常用方法如下：

(1)重量法：测土壤水分(样品在105 ℃烘干、称重、计算)。

(2)玻璃电极法：pH测定要点：称取通过1 mm孔径筛的土样10 g于烧杯中，加无二氧化碳蒸馏水25 mL，轻轻摇动后用电磁搅拌器搅拌1 min，使水和土充分混合均匀，放置 30 min，测量上部浑浊液的 pH 值。影响因素：土粒的粗细；水、土比例，酸性土壤的水土比保持 5∶1～1∶1，碱性土壤水土比以 1∶1 或 2.5∶1 为宜，水土比增加，测得 pH 值偏高。风干土壤 pH 值＞潮湿土壤 pH 值。

(3)可溶性盐分：用一定量的水从一定量土壤中经一定时间浸提出来的水溶性盐分。

(4)金属化合物：预处理方法和测量条件根据金属的不同略有差异。一般用原子吸收分光光度法。定性：原子外电子的能级是不连续的，即能量只能处于某些特定的值，所以这些电子只能吸收某些特定频率（或波长）的光波。定量：外标法定量，测峰面积或峰高。铅、镉：石墨炉原子吸收法。铜、锌、总铬、镍：火焰原子吸收法。总汞、总砷：荧光原子吸收分光光度法。

(5)有机化合物测定

①六六六和滴滴涕：气相色谱法。

提取：丙酮-石油醚硫酸净化处理，气相色谱方法进行测定。定性分析：色谱峰进行两种物质异构体的；定量分析：峰高（或峰面积）。

②苯并[a]芘的测定：高效液相色谱法。

高效液相色谱法的要点：土壤样品于索氏提器内用二氯甲烷提取苯并[a]芘，浓缩，纯化，定容；提取液注入高效液相色谱仪测定。定性分析：根据色谱峰的保留时间进行定性分析；定量分析：根据单峰的峰高（或峰面积）。

八、数据处理及农田土壤环境质量评价

1. 数据处理

样品测定数据记录在表 8-30。

表 8-30　土壤样品不同点位数据记录表(单位：mg·kg^{-1})

项目 编号	pH	有机质	总氮	总磷	有机污染物	总砷	铬	铅
D1								
D1								
D3								
……								
Dn								

2. 农田土壤环境质量评价

(1)单因子评价：以实测值与评价标准值相比计算土壤污染指数。

$$P_i = \frac{c_i}{c_{oi}} \tag{8-4}$$

式中，P_i——单因子污染指数，无量纲；

c_i——i 项目实测浓度，$mg \cdot kg^{-1}$；

c_{oi}——i 项目标准浓度，$mg \cdot kg^{-1}$。

若 $P_i<1$，未受污染；$P_i>1$，已受污染，P_2 越大，污染越严重。

(2)多因子评价：一般采用污染综合指数进行评价。

$$P = \sum_{i=1}^{n} P_i \tag{8-5}$$

式中，P——土壤污染综合指数；

P_i——土壤中 i 污染物的污染指数；

n——土壤中参与评价的污染物种类数。

表 8-31　北京东郊土壤质量分级表(叠加指数)

级别	清洁	微污染	清污染	中度污染
污染综合指数 P_i	<0.2	0.2～0.5	0.5～1	>1

九、撰写土壤环境评价报告

(1)根据单项评价及综合评价，评价不同点位及地区的土壤环境质量。

(2)根据土壤环境质量，找出造成现状的原因。

(3)提出改善土壤环境质量的建议及措施。

实验56　牛奶中铜含量的测定

56-1　铜的原子吸收光谱分析

一、实验目的

(1)认识原子吸收分光光度计的基本结构。
(2)掌握原子吸收光谱法的工作原理。
(3)学习火焰原子吸收光谱法的实验技术。

二、实验要求

根据铜的原子吸收分光光度分析的原理和方法，利用实验室可提供的试剂、仪器和材料，选择最合理的方案(仪器、试剂、步骤等)，寻找最合理的答案，完成下列任务，回答有关问题，最终独立完成实验。实验室可提供的试剂和仪器见表8-32。

表8-32　实验室可提供的试剂和仪器

试剂	金属铜；无水硫酸铜($CuSO_4$)；五水硫酸铜($CuSO_4 \cdot 5H_2O$)；氧化铜(CuO)；硝酸钾(KNO_3)；浓硝酸(HNO_3)；浓硫酸(H_2SO_4)；浓盐酸(HCl)；冰醋酸(CH_3COOH)
仪器和材料	烧杯(各种规格)；玻璃棒；容量瓶(各种规格)；分析天平(各种规格)；台秤(各种规格)；称量瓶；量筒(各种规格)；滴管；吸耳球；移液管(各种规格)；吸量管(各种规格)；比色管；可见分光光度计；紫外分光光度计；红外分光光度计；原子吸收分光光度计等

三、实验原理

稀溶液中的铜离子在火焰中转化为原子蒸气，由仪器光源辐射出铜的特征谱线(理论波长324.7 nm)被原子蒸气所吸收，其吸光度A与原子蒸气浓度呈正比，在原子化条件及仪器条件一定时，原子蒸气浓度与溶液中铜离子浓度c呈正比。吸光度A与铜离子浓度c的定量关系可用公式(8-6)表示：

$$A = K \times b \times c \tag{8-6}$$

式中，A——铜离子的吸光度；

c——铜离子浓度，$mg \cdot mL^{-1}$；

b——火焰燃烧器长度，cm；

K——吸光系数，$L \cdot (g \cdot cm)^{-1}$。

任务1 概述原子吸收光谱法的含义。
任务2 简述原子吸收分光光度计的结构及各部分的功能。
问题1 根据 A 与 c 的定量关系，可设计的定量分析方法有哪几种？
问题2 何谓原子化？常用的原子化方法有哪几种？
问题3 影响吸光系数 K 的因素有哪些？

四、实验内容

（一）试剂准备

1. 1 $mol \cdot L^{-1}$ HCl 溶液（假定需要 100 mL）

任务3 写出配制方法流程。
任务4 指出配制流程中所需要的体积测量仪器和体积控制仪器名称。

2. 铜标准贮备液的配制

配制流程如下：

$$1\ g\ 金属铜 \xrightarrow[水浴蒸干]{滴加浓硝酸溶解} \xrightarrow[水浴蒸干]{5\ mL\ 1mol \cdot L^{-1}\ HCl} \xrightarrow{浓盐酸\ V/mL} \xrightarrow[定容]{蒸馏水} 1000\ mL$$

Ⅰ Ⅱ Ⅲ Ⅳ

任务5 写出金属铜在浓硝酸中的溶解反应。
任务6 指出配制流程中步骤Ⅰ、Ⅱ、Ⅲ、Ⅳ所使用的称量仪器、体积测量仪器或体积控制仪器的名称。
任务7 贮备液中铜离子在 0.1 $mol \cdot L^{-1}$ HCl 介质中能够稳定存在，计算步骤Ⅲ中浓盐酸的体积 V。
任务8 计算该贮备液中铜离子的浓度（$mg \cdot L^{-1}$）。
任务9 除金属铜外，选择另一种可用于配制铜离子标准贮备液的试剂，若配制相同浓度的铜离子贮备液，计算需要该试剂的质量。

3. 铜标准使用液的配制

配制流程如下：

25 mL 铜标准贮备液 $\xrightarrow[\text{稀释、定容}]{\text{蒸馏水}}$ 500 mL

Ⅰ　　　　　　　　Ⅱ

任务 10　指出配制流程中步骤Ⅰ、Ⅱ所使用的体积测量仪器或体积控制仪器的名称。

任务 11　计算该使用液中铜离子的浓度($mg \cdot L^{-1}$)。

(二)标准系列溶液的配制

取铜标准使用液 0、0.5、1.0、1.5、2.0、2.5、3.0 mL，置于 50 mL 容量瓶中，定容至 50 mL。测定数据记录下表 8-33。

表 8-33　标准系列溶液配制及吸光度测量

步骤＼数据＼编号	1	2	3	4	5	6	7
铜标准使用液/mL	0	0.5	1.0	1.5	2.0	2.5	3.0
定容/mL	50						
浓度 c/ppm							
吸光度 A							

注：测量条件研究完成后进行吸光度测量。

问题 4　表中 ppm 是一种什么浓度表示方法？它与以 $mg \cdot L^{-1}$ 表示的浓度有什么关系？

任务 12　计算表中各溶液的浓度 c。

任务 13　绘制 A-c 关系曲线，列出回归方程

(三)原子吸收分光光度计测量条件研究

选择表 8-33 中 4 号标准系列溶液进行如下实验：

1. 仪器条件的研究

通过改变灯电流和狭缝宽度确定最佳仪器条件，数据记录在表 8-34。

表 8-34　仪器灯电流优化记录表

灯电流/mA	1	1.5	2.0	2.5	3.0	备注
吸光度 A						波长：________ nm 狭缝宽度：________ nm

续表

狭缝宽度/nm	0.1	0.2	0.7	1.4	/	
吸光度 A						波长：________ nm 灯电流：________ mA

问题 5　根据实验结果，确定灯电流与分析方法的灵敏度及稳定性的关系。
问题 6　根据实验结果，确定狭缝宽度与分析方法的灵敏度及稳定性的关系。

2. 原子化条件的研究

在最佳的仪器条件下，通过调节流量，确定最佳的原子化条件。数据记录下表8-35。

表 8-35　仪器原子化条件记录表

乙炔流量/L·min^{-1}					备注
吸光度 A					波长：________ nm 狭缝宽度：________ nm 灯电流：________ mA 空气流量：________ L·min^{-1}

问题 7　根据实验结果，确定燃气流量与分析方法的灵敏度及稳定性的关系。
任务 14　选择最佳测量条件，完成实验内容标准系列溶液吸光度的测量。

五、注意事项

(1)分析过程结束后，应用去离子水吸喷清洗燃烧器一段时间，如果使用有机溶剂，熄火后还应清洗燃烧器。

(2)点火时应先开空气再开乙炔气体，熄火时应先关乙炔气体再关空气。

56-2 石墨炉原子吸收分光光度法测定牛奶中铜

一、实验目的

(1)了解石墨炉原子吸收分光光度法的分析过程与特点。

(2)掌握石墨炉原子吸收光谱仪的操作技术。

(3)进一步加深对标准加入法原理的理解。

二、实验要求

根据石墨炉原子吸收分光光度法测定牛奶中铜的原理和方法,利用实验室可提供的试剂、仪器和材料,选择最合理的方案(仪器、试剂、步骤等),寻找最合理的答案,完成下列任务,回答有关问题,最终独立完成实验。实验室可提供的试剂和仪器见表8-36。

表 8-36 实验室可提供的试剂和仪器

试剂	金属铜;无水硫酸铜($CuSO_4$);五水硫酸铜($CuSO_4 \cdot 5H_2O$);氧化铜(CuO);硝酸钾(KNO_3);浓硝酸(HNO_3);浓硫酸(H_2SO_4);浓盐酸(HCl)
仪器和材料	烧杯(各种规格);玻璃棒;容量瓶(各种规格);分析天平(各种规格);台秤(各种规格);称量瓶;量筒(各种规格);滴管;吸耳球;移液管(各种规格);吸量管(各种规格);比色管;可见分光光度计;紫外分光光度计;原子吸收分光光度计等

三、实验原理

铜作为微量营养元素广泛存在于各种食品中。牛奶中的金属元素含量,不但随牛奶的产地和奶牛饲料不同而异,还受牛奶加工过程的影响。牛奶中的铜含量一般较低,常用石墨炉原子吸收分光光度法测定,但由于牛奶样品中的基体情况复杂,且在通常情况下又很难配制不含铜的基体,因此常用标准加入法进行分析。

问题 1 何谓基体?写出牛奶中的主要基体组成。

问题 2 在定量分析中,标准曲线法和标准加入法对试样溶液的组成有何不同的要求?

问题 3 理论上标准曲线法和标准加入法的工作曲线有何不同?

石墨炉原子吸收分光光度法是将试样(液体或固体)置于石墨管中,用大电流通过石墨管，此时石墨管经过干燥、灰化、原子化三个升温程序将试样加热至高温使试样原子化。为了防止试样及石墨管氧化，需要在不断通入惰性气体（氩气）的情况下进行升温。其最大优点是试样的原子化效率高（几乎全部原子化）。特别是对于易形成耐熔氧化物的元素，由于没有大量氧的存在，并有石墨提供了大量的碳，所以能够得到较好的原子化效率。因此，通常石墨炉原子吸收分光光度法的灵敏度是火焰原子吸收分光光度法的 10～200 倍。

问题 4　原子化效率与灵敏度有何关系？

问题 5　原子吸收分光光度法通常用特征浓度来表示灵敏度，何谓特征浓度？

问题 6　原子吸收光谱法测定某元素，当该元素离子浓度为 1 $\mu g \cdot mL^{-1}$ 时，测得吸光度为 0.550，求其特征浓度。

问题 7　升温程序中干燥的目的是什么？

问题 8　升温程序中灰化的目的是什么？

问题 9　升温程序中原子化的目的是什么？

四、实验内容

（一）试剂配制

1. 铜标准贮备液的配制

配制流程如下：

$$\underset{\text{I}}{1\ \text{g 金属铜}} \xrightarrow[\text{水浴蒸干}]{\text{滴加浓硝酸溶解}} \underset{\text{II}}{} \xrightarrow[\text{水浴蒸干}]{5\ mL \cdot 1\ mol \cdot L^{-1}\ HCl} \underset{\text{III}}{} \xrightarrow{8\ mL\ \text{浓盐酸}} \xrightarrow[\text{定容}]{\text{蒸馏水}} \underset{\text{IV}}{1000\ mL}$$

任务 1　指出配制流程中步骤Ⅰ、Ⅱ、Ⅲ、Ⅳ所使用的称量仪器、体积测量仪器或体积控制仪器的名称。

任务 2　计算该贮备液中铜离子的浓度（$mg \cdot L^{-1}$）。

2. 铜标准使用液的配制

配制流程如下：

$$\underset{\text{I}}{10\ mL\ \text{铜标准贮备液}} \xrightarrow[\text{稀释、定容}]{\text{蒸馏水}} \underset{\text{II}}{100\ mL}$$

任务 3　指出配制流程中步骤Ⅰ、Ⅱ所使用的体积测量仪器或体积控制仪器的名称。

任务 4　计算该使用液中铜离子的浓度($mg \cdot L^{-1}$)。

(二)石墨炉原子化条件

石墨炉原子化条件记录在表 8-37。

表 8-37　石墨炉原子化条件

步骤	温度/℃	升温时间/s	保持时间/s	保护气体
干燥	110	10	10	有
灰化	800	10	10	有
原子化	2700	1	5	无
除残	2800	1	5	有
冷却	30	1	10	有

(三)标准加入法试样溶液的配制及测定

准确吸取 20 mL 牛奶于 50 mL 锥形瓶中，按表 8-38 加入铜标准使用液，摇匀待测。在上述原子化条件下测定吸光度。

表 8-38　标准加入法的试样溶液配制

步骤　数据　编号	1	2	3	4
待测牛奶/mL	20.00	20.00	20.00	20.00
铜标准使用液/μL	0.0	10.0	20.0	30.0
外加铜浓度 c_s/$\mu g \cdot mL^{-1}$或 ppm(标准液体积忽略不计)				
吸光度 A(进样量 20 μL)				

任务 5　根据试样溶液的配制过程，填写表中外加铜浓度 c_s。

任务 6　绘制 A-c_s 关系曲线，建立 A-c_s 回归方程

任务 7　根据 A-c_s 关系曲线，求出牛奶中铜的浓度 c_x。

五、注意事项

(1)为了得到准确的结果,至少要配制4种不同比例加入量的待测元素的标准溶液,以提高准确度。

(2)原子吸收光谱法不适用于非金属元素的直接分析测定。

(3)实验时进样量直接影响测定结果的精密度和重现性,需严格控制。

实验57 废水中苯系化合物的测定

一、实验目的

(1)掌握用顶空法预处理水样的方法原理。

(2)掌握用气相色谱法测定苯系物的原理和操作方法。

(2)了解气相色谱仪的工作原理。

(3)了解苯系物的基本性质

二、实验要求

根据废水中苯系化合物的测定的原理和方法,利用实验室可提供的试剂、仪器和材料,选择最合理的方案(仪器、试剂、步骤等),寻找最合理的答案,完成下列任务,回答有关问题,并最终独立完成实验。实验室可提供的试剂和仪器见表8-39。

表8-39 实验室可提供的试剂和仪器

试剂	有机硅皂土(色谱固定液);邻苯二甲酸二壬酯(DNP)(色谱固定液);101白色担体;苯系物标准物质(苯、甲苯、乙苯、对二甲苯、间二甲苯、邻二甲苯、异丙苯和苯乙烯,均为色谱纯);苯系物标准储备液(10 mg·L^{-1});氯化钠(NaCl);高纯氮气(99.999%)
仪器和材料	气相色谱仪(FID检测器);恒温水浴振荡器;全玻璃注射器或气密性注射器(100 mL,配有耐油胶帽,可以用顶空瓶);全玻璃注射器(5 mL);微量注射器(10 μL)等

三、实验原理

苯系物通常包括苯、甲苯、乙苯、邻位二甲苯、间位二甲苯、对位二甲苯、异丙苯、苯乙烯八种化合物,是生活饮用水、地表水质量标准和污水排放标准中控制的有毒物质指标。测定苯系物的方法有顶空气相色谱法、二硫化碳萃取气相色谱法和气相色谱-质谱(GC-MS)法。

本实验采用顶空气相气色谱法,其原理基于:在恒温的密闭容器中,水样中的苯系物挥发进入容器上空气相中,当气、液两相间达到平衡后,取液上气相样品进行色谱分析。

四、实验内容

(一)试剂配置

1. 100 mg·mL^{-1}苯系物标准贮备液
2. 100 μg·mL^{-1}苯系物标准使用液

(二)色谱条件

色谱条件见下表8-40。

表8-40　气相色谱仪参数表

项目	参数
色谱柱	长3 m,内径4 mm螺旋型不锈钢柱或玻璃柱
柱填料	(3%有机硅皂土-101白色担体)与(2.5%DNP-101白色担体),其比例为35∶65
温度	柱温65 ℃;汽比室温度200 ℃;检测器温度150 ℃
气体流量	氮气400 mL·min^{-1},氢气40 mL·min^{-1};空气400 mL·min^{-1}

注:应根据仪器型号选用最合适的气体流量。

(三)顶空样品的制备

称取20 g氯化钠,放入100 mL注射器中,加入40 mL水样,排出针筒内空气,再吸入40 mL氮气,用胶帽封好注射器。将注射器置于振荡器恒温水槽中固定,在约30 ℃下振荡5 min,抽出液上空间的气样5 mL进行色谱分析。当废水中苯系物浓度较高时,适当减少进样量。

(四)标准曲线的绘制及测定

取苯系物标准贮备液0,1.0,1.5,2.0,2.5,3.0,定容到10 mL,吸取不同浓度的标准系列溶液,按"顶空样品的制备"方法处理,取5 mL液体气样进行色谱分析,测定结果记录在表8-41,绘制浓度-峰面积标准曲线。

表8-41　标准系列及样品测定记录表

步骤＼数据＼编号	1	2	3	4	5	6	待测样	空白
①标准贮备液	0	1.0	1.5	2.0	2.5	3.0		
②定容/mL	10							

续表

编号 数据 步骤	1	2	3	4	5	6	待测样	空白
③浓度/$\mu g \cdot mL^{-1}$								
④峰面积							A=	A_0=

任务 12　计算表中各溶液的浓度 $c(\mu g \cdot mL^{-1})$。

任务 13　做 A-c 关系曲线图，列出回归方程。

五、结果处理

废水中苯系物的浓度计算，按照公式(8-6)：

$$c = \frac{(A - A_0 - a) \times 10}{V_{水} \times b} \tag{8-6}$$

式中，c——废水中苯系物的浓度，$\mu g \cdot mL^{-1}$；

A——待测样的吸光度；

A_0——空白的吸光度；

a——回归方程的截距；

b——回归方程的斜率；

10——定容的体积，mL；

$V_{水}$——水样体积，mL。

六、注意事项

(1)用顶空法制备样品是准确分析的重要步骤之一，振荡时温度变化及改变气液两相的比例等因素都会使分析误差增大。如需要二次进样，应重新恒温振荡。进样时所用注射器应预热到稍高于样品温度。

(2)配制苯系物标准贮备液时，可先将移取的苯系物加入到少量甲醇中后，再配制成水溶液。配制工作要在通风良好的条件下进行，以免危害健康。

实验58　污水和废水中油的测定

一、实验目的

(1)掌握污水和废水采样方法。

(2)掌握紫外分光光度法测定污水中油的技术原理。

二、实验要求

根据废水中油的测定原理和方法,利用实验室可提供的试剂、仪器和材料,选择最合理的方案(仪器、试剂、步骤等),寻找最合理的答案,完成下列任务,回答有关问题,最终独立完成实验。实验室可提供的试剂和仪器见表8-42。

表8-42　实验室可提供的试剂和仪器

试剂	石油醚(C_5H_{12});无水硫酸钠($NaSO_4$);硫酸(H_2SO_4);氯化钠(NaCl)
仪器和材料	分光光度计;石英比色皿;分液漏斗(1000 mL);容量瓶(50 mL);G_3型玻璃砂芯漏斗(25 mL)

三、实验原理

石油及其产品在紫外光区有特征吸收带,有苯环的芳香族化合物,主要吸收波长为250～260 nm带;有共轭双键的化合物主要吸收波长为215～230 nm。一般原油的两个主要吸收波长为225及254 nm。石油产品中,如燃料油、润滑油等的吸收峰与原油相近。因此,波长的选择应视实际情况而定,原油和重质油可选254 nm,而轻质油及炼油厂的油品可选225 nm。

标准油采用受污染地点水样中的石油醚萃取物。如有困难可采用15号机油、20号重柴油或环保部门批准的标准油。

水样加入1～5倍含油量的苯酚,对测定结果无干扰,动、植物性油脂的干扰作用比红外线法小。用塑桶采集保存水样,会引起测定结果偏低。

任务1　查阅资料,叙述紫外分光光度计的原理及构成。

任务2　叙述本实验的基本原理。

四、实验内容

(一)实验试剂

1. 标准油

用经脱芳烃并重蒸馏过的 30～60 ℃石油醚，从待测水样中萃取油品，经无水硫酸钠脱水后过滤。将滤液置于 65±5 ℃水浴上蒸出石油醚，然后置于 65±5 ℃恒温箱内赶尽残留的石油醚，即得标准油品。

2. 标准油贮备溶液

准确称取标准油品 0.100 g 溶于石油醚中，移入 100 mL 容量瓶内，稀释至标线，贮存于冰箱中。此溶液每毫升含 1.00 mg 油。

3. 标准油使用溶液

临用前把上述标准油贮备液用石油醚稀释 10 倍，此液每毫升含 0.10 mg 油。

4. 无水硫酸钠

在 300 ℃下烘 1 h，冷却后装瓶备用。

5. 石油醚(60～90 ℃馏分)

6. 脱芳烃石油醚

将 60～100 目粗孔微球硅胶和 70～120 目中性层析氧化铝(在 150～160 ℃活化 4 h)，在未完全冷却前装入内径 25 mm(其他规格也可)高 750 mm 的玻璃柱中。下层硅胶高 600 mm，上面覆盖 50 mm 厚的氧化铝，将 60～90 ℃石油醚通过此柱以脱除芳烃。收集石油醚于细口瓶中，以水为参比，在 225 nm 处测定处理过的石油醚，其透光率不应小于 80%。

7. 1+1 硫酸

8. 氯化钠

(二)标准曲线的制定

向 7 个 50 mL 容量瓶中，分别加入 0，2.0，4.0，8.0，12.0，16.0，20.0 mL 标准油使用溶液，用石油醚(60～90 ℃)稀释至标线。在选定波长处，用 10 mm 石英比色皿，以石油醚为参比测定吸光度，经空白校正后，绘制标准曲线，数据记录在表 8-43。

表 8-43　标准系列记录表

步骤 \ 数据 \ 编号	1	2	3	4	5	6	7	待测样	空白
标准油使用液/mL	0	2.0	4.0	8.0	12.0	16.0	20.0		
石油醚定容/mL	50								
浓度/$mg \cdot mL^{-1}$									

续表

步骤 \ 数据 \ 编号	1	2	3	4	5	6	7	待测样	空白
质量/mg									
吸光度								A_x	A_0

任务3　计算表中各溶液的浓度 $c(\text{mg}\cdot\text{mL}^{-1})$。
任务4　绘制 A-c 关系曲线，求回归方程。

（三）测定步骤

（1）将已测量体积的水样，仔细移入 1000 mL 分液漏斗中，加入 1+1 硫酸 5 mL 酸化（若采样时已酸化，则不需加酸）。加入氯化钠，其量约为水量的 2%（m/V）。用 20 mL 石油醚（60～90 ℃馏分）清洗采样瓶后，移入分液漏斗中。充分振摇 3 min，静置使之分层，将水层移入采样瓶内。

（2）将石油醚萃取液通过内铺约 5 mm 厚度无水硫酸钠层的砂芯漏斗，滤入 50 mL 容量瓶内。

（3）将水层移回分液漏斗内，用 20 mL 石油醚重复萃取一次，同上操作。然后用 10 mL 石油醚洗涤漏斗，其洗涤液均收集于同一容量瓶内，并用石油醚稀释至标线。

（4）在选定的波长处，用 10 mm 石英比色皿，以石油醚为参比，测量其吸光度 A_x。

（5）取水样相同体积的纯水，与水样同样操作，进行空白试验，测量吸光度 A_0。实验数据记录在表 8-43。

问题1　为什么标准油应采用取样点石油醚的萃取物？
问题2　为什么要测定空白，测定的是什么物质的空白？
问题3　水中油的测定方法有哪些？比较他们的优缺点。
问题4　实验为什么用石油醚做空白？

五、结果计算

废水中油的浓度的计算，见公式(8-7)：

$$c_{油} = \frac{(A - A_0 - a) \times 1000}{V \times b} \tag{8-7}$$

式中，$c_{油}$——废水中油的浓度，$\text{mg}\cdot\text{L}^{-1}$；

A——样品溶液吸光度；

A_0——空白溶液吸光度；

a——回归方程的截距；

b——回归方程的斜率；

V——水样体积，mL。

六、注意事项

(1)不同油品的特征吸收峰不同，如难以确定测定的波长时，可向 50 mL 容量瓶中移入标准油使用溶液 20～25 mL，用石油醚稀释至标线，在波长为 215～300 nm 间，用 10 mm 石英比色皿测得吸收光谱图(以吸光度为纵坐标，波长为横坐标的吸光度曲线)，得到最大吸收峰的位置。一般在 220～225 nm。

(2)使用的器皿应避免有机物污染。

(3)水样及空白测定所使用的石油醚应为同一批号，否则会由于空白值不同而产生误差。

(4)如石油醚纯度较低，或缺乏脱芳烃条件，亦可采用己烷作萃取剂。把己烷进行重蒸馏后使用，或用水洗涤 3 次，以除去水溶性杂质。以水作参比，于波长 225 nm 处测定，其透光率应大于 80%方可使用。

实验 59　硫酸-磷酸混合酸电位的测定

一、实验目的

(1)学习电位滴定的基本原理和操作技术。

(2)掌握酸碱电位滴定确定终点的方法(通过 pH-V 曲线、dpH/dV-V 曲线、d^2pH/dV^2-V 曲线)。

二、实验要求

根据硫酸-磷酸混合酸的电位滴定分析的有关原理和方法,利用实验室可提供的试剂和仪器,选择最合理的方案(仪器、试剂、步骤等),寻找最合理的答案,完成下列任务,回答有关问题,并最终独立完成实验。实验室可提供的试剂和仪器见表8-44。

表 8-44　实验室可提供的试剂和仪器

试剂	浓硫酸(H_2SO_4);浓磷酸(H_3PO_4);浓盐酸(HCl);草酸($H_2C_2O_4 \cdot 2H_2O$);邻苯二甲酸氢钾(KHP);氢氧化钠(NaOH)
仪器	烧杯(各种规格);玻璃棒;容量瓶(各种规格);分析天平(各种规格);台秤(各种规格);量筒(各种规格);滴管;吸耳球;移液管(各种规格);吸量管(各种规格);酸式滴定管;碱式滴定管;锥形瓶;碘量瓶;氟离子选择性电极;饱和甘汞电极;酸度计;磁力搅拌器;搅拌子;电导率仪等

三、实验原理

1. 电位滴定法的优点

传统的滴定分析是以指示剂的颜色变化来确定滴定终点的。电位滴定法是根据滴定过程溶液的电位变化来确定滴定终点的滴定分析方法。与传统的滴定分析法相比,电位滴定法不受待测溶液颜色的限制,同时通过仪器测定电位来控制终点,不仅准确度高,而且使水环境的实时在线监测成为可能。

问题 1　何谓滴定终点？何谓化学计量点？

问题 2　举例说明下列四大滴定常用的指示剂

滴定类型	指示剂
酸碱滴定	
沉淀滴定	
配位滴定	
氧化还原滴定	

2. 酸碱滴定准确滴定条件及多元酸分步滴定条件

酸碱滴定中，酸碱的浓度，酸碱的电离程度直接影响滴定分析的准确度。实验中所涉及的草酸、硫酸和磷酸的电离反应可表示如下：

$H_2C_2O_4 \rightleftharpoons HC_2O_4^- + H^+$　　$pKa_1 = 1.22$

$HC_2O_4^- \rightleftharpoons C_2O_4^{2-} + H^+$　　$pKa_2 = 4.19$

$H_2SO_4 = HSO_4^- + H^+$　　（完全电离）

$HSO_4^- \rightleftharpoons SO_4^{2-} + H^+$　　$pKa_2 = 1.99$

$H_3PO_4 \rightleftharpoons H_2PO_4^- + H^+$　　$pKa_1 = 2.12$

$H_2PO_4^- \rightleftharpoons HPO_4^{2-} + H^+$　　$pKa_2 = 7.20$

$HPO_4^{2-} \rightleftharpoons PO_4^{3-} + H^+$　　$pKa_3 = 12.36$

对于酸碱滴定，被滴定的酸的浓度和解离常数必须满足一定关系方能被准确滴定。同时对于多元酸两级离解常数的比值必须满足一定的关系才能实现分步滴定。

任务 1　查资料确定酸碱准确滴定的条件和多元酸分步滴定的条件。

问题 3　结合酸碱准确滴定的条件和多元酸分步滴定的条件判断草酸、硫酸和磷酸分别有几个终点？分别写出其终点反应。

3. 电位滴定工作电池

酸碱滴定中，随着酸碱反应的进行，溶液中 H^+ 离子浓度（或 pH 值）不断发生变化，并在化学计量点前后发生突变。酸碱的电位滴定分析中，H^+ 离子的这种浓度变化可通过玻璃电极（指示电极）来指示。玻璃电极和参比电极（通常为甘汞电极）组成工作电池后，电池的电动势（即电位）变化即可反应溶液中 H^+ 离子浓度的变化。酸碱电位滴定工作电池可表示为：

$$\underbrace{Ag,AgCl|HCl(0.1\ mol \cdot L^{-1})|玻璃膜}_{玻璃电极（指示电极）}|试液|\underbrace{KCl(饱和)|Hg_2Cl_{2(s)},Hg_{(l)}|Pt}_{甘汞电极（参比电极）}$$

任务 2　写出 25 ℃时玻璃电极的电极电位表达式。

问题 3　写出 25 ℃时该工作电池的电动势(电位)的表达式。

图 8-1、图 8-2 展示了玻璃电极和甘汞电极的结构。现在通常将玻璃电极和参比电极组合在一起,即将两者固定在一根聚碳酸树脂管内组合成 pH 复合电极,见图 8-3。

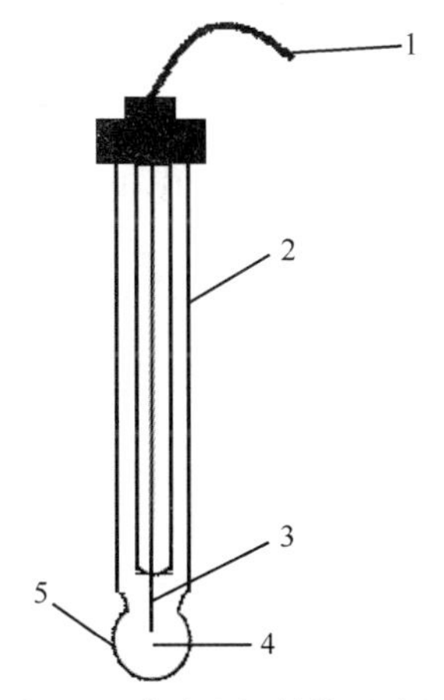

图 8-1　玻璃电极结构示意图

1. 导线,2. 高阻玻璃,3. Ag-AgCl 内参比电极,4. 0.1 mol · L^{-1} HCl 溶液,5. 敏感玻璃膜(50 μm)

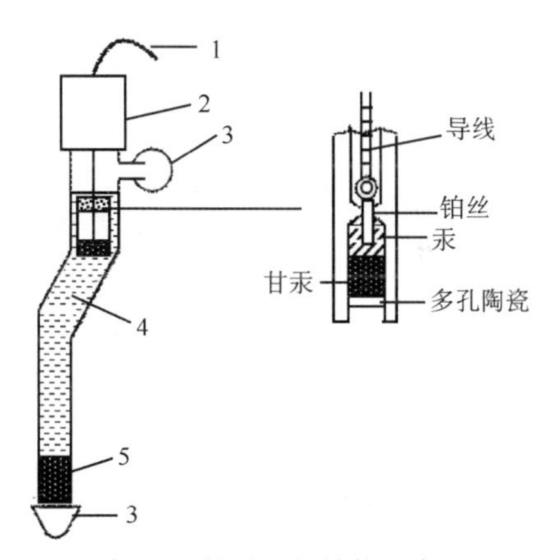

图 8-2　甘汞电极结构示意图

1. 导线,2. 电极套,3. 橡皮塞,4. 氯化钾溶液,5. 多孔陶瓷

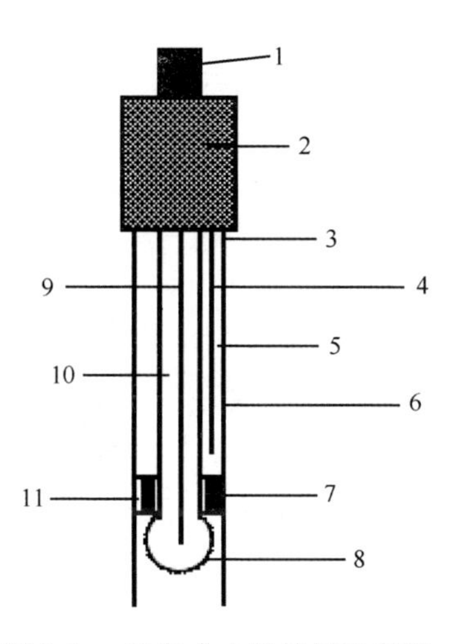

图 8-3　pH 复合电极结构示意图

1. 导线,2. 电极套,3. 加液孔,4. Ag-AgCl 外参比电极,5. 氯化钾溶液,6. 聚碳酸树脂,7. 多孔陶瓷,8. 敏感玻璃膜,9. Ag-AgCl 内参比电极,10. 0.1 mol · L^{-1} HCl 溶液,11. 密封胶

任务 3　分别写出 Ag-AgCl 参比电极、甘汞电极的电极反应，指出影响其电极电位的因素。

4. 电位滴定确定终点的方法

根据酸碱滴定过程中溶液的 pH 值（或电位）变化规律，通过作图的方法可确定酸碱滴定的滴定终点，图 8-4 给出了氢氧化钠滴定一元酸的三种滴定曲线。其中(a)为 pH-V 关系曲线，为一般滴定曲线，图中曲线的拐点即为滴定终点，可以通过画三平行线的方法确定这一点的终点体积；(b)为$\frac{\mathrm{dpH}}{\mathrm{d}V}$-$V$ 关系曲线，图中的极大值点所对应的体积即为终点体积；(c)为$\frac{\mathrm{d^2pH}}{\mathrm{d}^2V}$-$V$ 关系曲线，该曲线与横坐标形成的交点即为终点体积。

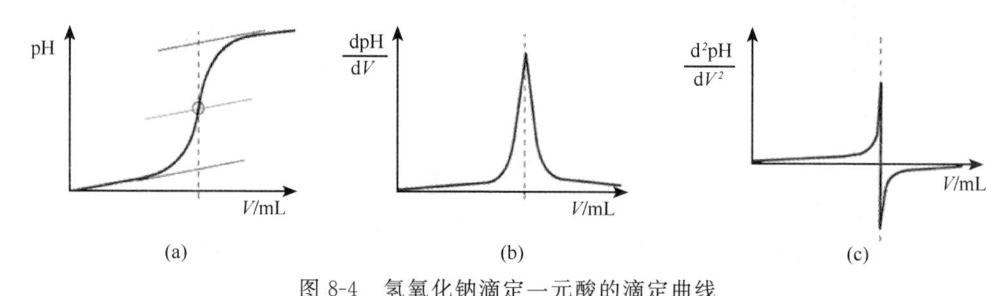

图 8-4　氢氧化钠滴定一元酸的滴定曲线

问题 4　本实验使用酸度计测定滴定过程的 pH 值，酸度计在使用之前是否需要定位校准？为什么？

四、实验内容

（一）试剂配制

1. NaOH 溶液的配制

任务 4　写出配制 250 mL 0.1 mol · L^{-1} NaOH 溶液的流程。

任务 5　指出配制流程中所使用的称量仪器和体积控制仪器的名称

2. 草酸标准溶液的配制

任务 6　写出配制 250 mL 0.05 mol · L^{-1} $H_2C_2O_4$ 标准溶液的流程。

任务 7　指出配制流程中所使用的称量仪器和体积控制仪器的名称。

（二）NaOH 溶液的标定

实验流程如下：

10 mL 0.5mol · L^{-1} 草酸标准溶液 $\xrightarrow[\text{Ⅰ}]{25\ mLH_2O}$ $\xrightarrow[\text{搅拌 Ⅱ}]{0.1\ mol\cdot L^{-1}NaOH\text{溶液滴定}}$ 记录 V(NaOH)、pH 值

任务8　指出实验流程中步骤Ⅰ、Ⅱ所使用的体积测量仪器的名称。

任务9　根据 NaOH、$H_2C_2O_4$ 的浓度以及实验流程，估计发生 pH 突变的 NaOH 体积。

1. 粗测

粗测结果记录在表 8-45。

表 8-45　粗测 NaOH 体积和 pH 记录表

V(NaOH)/mL	0	2	4	6	8	9	10	11	12	13
pH										

2. 细测（数据记录与预处理）

细测电位数据记录在表 8-46。

表 8-46　细测 NaOH 体积和 pH 记录表

V(NaOH)/mL											
pH											
ΔpH/ΔV											/
V_1											/
$\Delta^2pH/\Delta V^2$										/	/
V_2										/	/

注：数据处理时用 $\Delta pH/\Delta V^2$ 近似表示 dpH/dV，用 $\Delta^2pH/\Delta V^2$ 近似表示 d^2pH/dV^2，下同。

（三）硫酸-磷酸混合试样溶液的测定

实验流程如下：

10 mL 硫酸-磷酸混合试样溶液 $\xrightarrow[\text{Ⅰ}]{25\ mLH_2O}$ $\xrightarrow[\text{搅拌 Ⅱ}]{0.1\ mol\cdot L^{-1}NaOH\text{溶液滴定}}$ 记录 V(NaOH)、pH 值

任务 10　指出实验流程中步骤Ⅰ、Ⅱ所使用的体积测量仪器的名称。

1. 粗测

磷酸-硫酸电位滴定粗测结果记录在表 8-47。

表 8-47　磷酸-硫酸电位滴定粗测记录表

$V(NaOH)/mL$	0	3	4	5	6	7	8	9	10	11	12	13
pH												

2. 细测(数据记录与预处理)

磷酸-硫酸电位滴定细测数据记录在表 8-48。

表 8-48　磷酸-硫酸电位滴定细测记录表

$V(NaOH)/mL$												
pH												
$\Delta pH/\Delta V$												/
V_1												/
$\Delta^2 pH/\Delta V^2$											/	/
V_2											/	/

任务 11　做出 pH-V 曲线,$(\Delta pH/\Delta V)$-V 曲线,$(\Delta^2 pH/\Delta V^2)$-V 曲线。

任务 12　根据内插法求出 V_{ep_1},V_{ep_2}。

五、结果计算

1. NaOH 溶液浓度标定结果

(1)制作 NaOH 滴定 $H_2C_2O_4$ 的滴定曲线,确定终点体积 $V_{ep}(NaOH)$。

(2)标定结果计算

标定结果计算数据记录在表 8-49。

表 8-49　标定结果计算记录表

$c(H_2C_2O_4)/mol \cdot L^{-1}$	$V(H_2C_2O_4)/mL$	$V_{ep}(NaOH)/mL$	$c(NaOH)/mol \cdot L^{-1}$

任务 13　根据实验方案、滴定曲线、实验原理填写表中各项。
任务 14　写出 NaOH 浓度计算公式。

2. 硫酸-磷酸试样溶液分析结果

(1)制作 NaOH 滴定 H_2SO_4-H_3PO_4 混合酸的滴定曲线,确定终点体积 V_{ep_1},V_{ep_2}。

(2)试液 SO_3 和 P_2O_5 含量计算

$$SO_3\ 含量(g \cdot L^{-1}) = \frac{n(SO_3) \cdot M(SO_3)}{V(试液)} = \frac{\frac{1}{2}c(NaOH)(2V_{ep_1} - V_{ep_2}) \times 80.06}{10.00} \tag{8-8}$$

$$P_2O_5\ 含量(g \cdot L^{-1}) = \frac{n(P_2O_5) \cdot M(P_2O_5)}{V(试液)} = \frac{\frac{1}{2}c(NaOH)(2V_{ep_1} - V_{ep_2}) \times 141.95}{10.00} \tag{8-9}$$

六、注意事项

(1)安装仪器、滴定过程中搅拌溶液时,要防止碰破玻璃电极。

(2)滴定剂加入后,要充分搅拌溶液,以得到稳定的读数。

(3)粗测的目的是确定 pH 值突变的大致位置。细测时在突变前后 1mL 范围内应加密测定,每加 1 滴滴定剂测一次 pH 值。

(4)作图时选择突变附近数据,可以使图形更加美观、正确。

实验 60 电导滴定法测定食醋中乙酸的含量

一、实验目的

(1)熟悉电导率仪的使用方法。

(2)掌握电导滴定法测定食醋中乙酸含量的原理和方法。

二、实验要求

根据电导滴定法测定食醋中乙酸的含量的有关原理和方法，利用实验室可提供的试剂和仪器，选择最合理的方案(仪器、试剂、步骤等)，寻找最合理的答案，完成下列任务，回答有关问题，最终独立完成实验。实验室可提供的试剂和仪器见表 8-50。

表 8-50 实验室可提供的试剂和仪器

试剂	冰醋酸(CH_3COOH)；草酸($H_2C_2O_4 \cdot 2H_2O$)；邻苯二甲酸氢钾(KHP)；氢氧化钠(NaOH)等
仪器	烧杯(各种规格)；玻璃棒；容量瓶(各种规格)；分析天平(各种规格)；台秤(各种规格)；量筒(各种规格)；滴管；吸耳球；移液管(各种规格)；吸量管(各种规格)；酸式滴定管；碱式滴定管；锥形瓶；碘量瓶；电导电极，饱和甘汞电极；酸度计；磁力搅拌器；搅拌子；电导率仪等

三、实验原理

电导滴定法是根据滴定过程中被滴定溶液电导(率)的变化来确定滴定终点的一种容量分析方法。电解质溶液的电导取决于溶液中离子种类和离子浓度，在电导滴定中，由于溶液中离子的种类和浓度发生变化，因而电导池发生了变化，据此可以确定滴定的终点。

问题 1 何谓电导池？何谓电导池常数？

问题 2 溶液的电导率受哪些因素影响？

任务 1 写出国际单位制中电导率的单位。

任务 2 根据氢氧化钠滴定醋酸的四个不同阶段，填写下列表格。

滴定过程	溶液组成	电导率变化
滴定前		
滴定中		
化学计量点		
化学计量点后		

四、实验内容

（一）试剂配制与标定

1. NaOH 溶液的配制

任务 3　写出配制 250 mL 0.1 mol·L^{-1}NaOH 的流程。
任务 4　指出配制流程中所使用的称量仪器和体积控制仪器的名称。

2. NaOH 溶液的标定

（1）实验流程

0.4～0.5 g KHP（100 mL 烧杯）$\xrightarrow[\text{I}]{50\ \text{mL}\ H_2O}$ $\xrightarrow[\text{搅拌}\quad \text{II}]{0.1\ \text{mol}\cdot L^{-1}\text{NaOH 溶液滴定}}$ 记录 V(NaOH)、电导率(κ)

任务 5　指出实验流程中步骤Ⅰ、Ⅱ所使用的称量仪器和体积测量仪器的名称。
任务 6　写出标定反应，假定邻苯二甲酸氢钾(KHP)质量为 m(KHP)，单位：g；滴定消耗 NaOH 体积为 V(NaOH)，单位：mL，推导 NaOH 浓度 c(NaOH)的计算公式。
问题 3　说明选择称量 KHP 质量 0.4～0.5g 的依据是什么？

（2）NaOH 标定数据记录与处理

NaOH 测定数据记录下表 8-51。

表 8-51　数据记录表

编号		1	2	3	4	5	6	7	8	9
第一次	V(NaOH)/mL	5.00	10.00	15.00	18.00	19.00	20.00	21.00	22.00	25.00
	κ/mS·cm^{-1}									
第二次	V(NaOH)/mL	5.00	10.00	15.00	18.00	19.00	20.00	21.00	22.00	25.00
	κ/mS·cm^{-1}									

注：表中 NaOH 体积记录过程数据仅供参考，实验中应按实际情况记录。

任务 7　作图：根据实验原理，建立 κ-V(NaOH)关系图(第一次)。
任务 8　由 κ-V(NaOH)关系图确定终点体积 V_1，单位：mL。
任务 9　计算 c_1(NaOH)，单位：mol·L^{-1}。
任务 10　作图：根据实验原理，建立 κ-V(NaOH)关系图(第二次)。

任务 11　由 κ-V(NaOH)关系图确定终点体积 V_2，单位：mL。
任务 12　计算 c_2(NaOH)，单位：mol · L^{-1}。
任务 13　计算两次结果的平均值。
任务 14　计算两次结果的相对相差，单位：%。

(二)食醋试样分析

1. 实验流程

2 mL 食醋(200 mL 烧杯) —100 mL H_2O (Ⅰ)→ —0.1 mol · L^{-1}NaOH 滴定，搅拌 (Ⅱ)→ 记录 V(NaOH)、电导率(κ)

任务 15　指出实验流程中步骤Ⅰ、Ⅱ所使用的体积测量仪器的名称
任务 16　根据食醋中醋酸与氢氧化钠的反应，假定食醋体积为 V(食醋)，单位：mL，滴定消耗氢氧化钠体积为 V(NaOH)，单位：mL，氢氧化钠浓度为 c(NaOH)，单位：mol · L^{-1}，推导食醋中醋酸含量计算公式，以 gHAc · $(100\ mL)^{-1}$计。

2. 数据记录与处理：c(NaOH)＝________ mol · L^{-1}
试样分析数据记录在表 8-52。

表 8-52　试样分析数据记录表

编号		1	2	3	4	5	6	7	8	9
第一次	V(NaOH)/mL	5.00	10.00	12.00	13.00	14.00	15.00	16.00	17.00	18.00
	κ/mS · cm^{-1}									
第二次	V(NaOH)/mL	5.00	10.00	12.00	13.00	14.00	15.00	16.00	17.00	18.00
	κ/mS · cm^{-1}									

注：表中 NaOH 体积记录过程数据仅供参考，实验中应按实际情况记录。

任务 17　数据处理：根据实验原理建立化学计量点前 κ-V(NaOH)回归方程(第一次)。
任务 18　数据处理：根据实验原理建立化学计量点后 κ-V(NaOH)回归方程(第一次)。
任务 19　由化学计量点前后回归方程确定终点体积 V_1，单位：mL。
任务 20　计算食醋中醋酸含量，单位：g · $(100\ mL)^{-1}$。

任务 21　数据处理：根据实验原理建立化学计量点前 κ-V(NaOH)回归方程(第二次)。

任务 22　数据处理：根据实验原理建立化学计量点后 κ-V(NaOH)回归方程(第二次)。

任务 23　由化学计量点前后回归方程确定终点体积 V_2，单位：mL。

任务 24　计算食醋中醋酸含量，单位：$g \cdot (100\ mL)^{-1}$。

任务 25　计算两次结果的平均值。

任务 26　计算两次结果的相对相差，单位：%。

问题 4　电导滴定法测定与指示剂法相比，有何优点？

五、注意事项

(1)滴定过程中，在接近滴定终点时速度要慢。

(2)如果醋酸中含有盐酸，滴定曲线会改变。

实验61 分光光度法测定双组分混合物

一、实验目的

(1)掌握紫外-可见分光光度计(ViS-UV)的结构、原理及使用方法。
(2)理解吸光度具有加和性的含义。
(3)学会用解联立方程组的方法定量测定双组分混合物中各组分的含量。

二、实验要求

根据分光光度法测定双组分混合物的有关原理和方法,利用实验室可提供的试剂、仪器和材料,选择最合理的方案(仪器、试剂、步骤等),寻找最合理的答案,完成下列任务,回答有关问题,最终独立完成实验。实验室可提供的试剂和仪器见表8-53。

表8-53 实验室可提供的试剂和仪器

试剂	重铬酸钾($K_2Cr_2O_7$);高锰酸钾($KMnO_4$);高碘酸钾(KIO_4);碘酸钾(KIO_3);碘化钾(KI);草酸钠($Na_2C_2O_4$);草酸($H_2C_2O_4 \cdot 2H_2O$);浓盐酸(HCl);浓硝酸(HNO_3);浓硫酸(H_2SO_4)
仪器和材料	烧杯(各种规格);玻璃棒;容量瓶(各种规格);分析天平(各种规格);台秤(各种规格);称量瓶;量筒(各种规格);滴管;吸耳球;移液管(各种规格);吸量管(各种规格);紫外-可见分光光度计;红外分光光度计;原子吸收分光光度计等

三、实验原理

分光光度法也叫吸光光度法或比色法,是基于被测物质分子对光的选择性吸收而建立起来的一种分析方法。根据吸收光波长的不同,分光光度法可分为可见分光光度法、紫外分光光度法、红外分光光度法等。

1. 分光光度法基本原理

(1)吸收曲线(或吸收光谱)

物质对光的选择性吸收可以从吸收曲线看出,测量某物质对不同波长单色光的吸光度,以波长(λ)为横坐标,吸光度(A)为纵坐标,绘制吸光度随波长的变化可得一曲线,此曲线即为吸收曲线(或吸收光谱)。当分子或离子中原子外层电子吸收紫外或可见光辐射发生能级跃迁时,便形成紫外或可见吸收光谱;当分子吸收红外辐射,引起分子振动能级的跃迁并伴有转动能级的改变时,便形成红外吸收光谱。图8-5

为不同物质的吸收光谱，图 8-6 为同一物质在不同浓度下的吸收光谱。

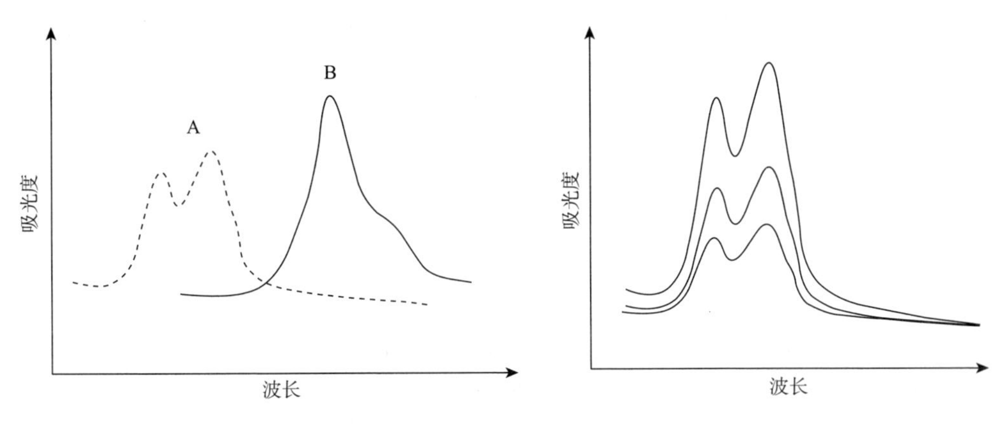

图 8-5　不同物质的吸收光谱　　图 8-6　同一物质在不同浓度下的吸收光谱

任务 1　根据图 8-5 和图 8-6 完成下列填空：

从图中可以看出不同物质具有不同的________，同种物质当浓度改变时，________形状不变，但________改变。由此可知，________是分光光度法________分析的基础，同时________也是定量分析中确定测量波长的依据，通常以________对应的波长作为测量波长。

(2)标准曲线(或工作曲线)

根据朗伯-比耳定律，在一定条件下，溶液的吸光度与溶液的浓度成正比，标准曲线法就是根据这一原理来实现定量分析的目的。具体方法为：首先在一定条件下配制一系列不同浓度的标准溶液，在仪器条件下测定上述标准系列溶液的吸光度，然后通过作图或建立回归方程的方法建立标准系列溶液吸光度与标准系列溶液浓度的关系曲线，即标准曲线。最后在同等条件下测量待测溶液的吸光度，在标准曲线上就可以查到与之相对应的被测物质的浓度。

任务 2　朗伯-比耳定律，其数学表达式为：$A=\lg\frac{I_0}{I}=\lg\frac{1}{T}=\varepsilon bc$，

写出其中各符号的含义。

问题 1　上述朗伯-比耳定律数学表达式中哪个参数会影响分析方法的灵敏度，该参数与哪些因素有关？

(3)吸光度的加和性

在溶液中含有多种对光产生吸收的待测组分时，吸收曲线有可能出现重叠状况。

图 8-7 给出的是双组分(A 和 B)混合物吸收曲线相互重叠情况，显然在某一波长条件下单独测定某一组分的浓度时，由于吸光度具有加和性的特点，A、B 组分彼此间会产生相互干扰而影响测定结果。也正是因为吸光度具有加和性，我们可以通过建联立方程的方法同时测定 A 组分和 B 组分的浓度。对于双组分体系，联立方程可表示为：

$$\begin{cases} A_{\lambda 1}^{A+B} = \varepsilon_{\lambda 1}^{A} bc(\mathrm{A}) + \varepsilon_{\lambda 1}^{B} bc(\mathrm{B}) \\ A_{\lambda 2}^{A+B} = \varepsilon_{\lambda 2}^{A} bc(\mathrm{A}) + \varepsilon_{\lambda 2}^{B} bc(\mathrm{B}) \end{cases} \tag{8-11}$$

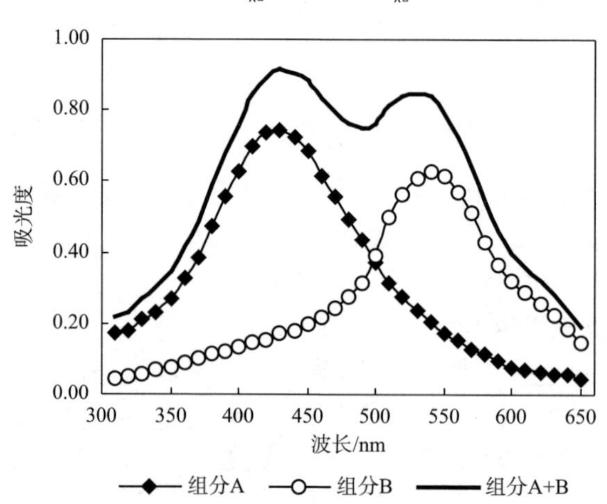

图 8-7　双组分混合物吸收曲线相互重叠示意图

任务 3　根据式(8-11)用文字说明“加和性”的含义。

任务 4　若某一体系含有三种对光产生吸收的物质 D、E 和 F，若要同时测定它们的浓度，如何建联立方程？写出方程的数学表达式。

2. 分光光度法仪器

分光光度法所使用的仪器叫分光光度计，一般分光光度计主要由四部分组成，表 8-54 给出了紫外-可见分光光度计各部分的简要情况。

表 8-54　紫外-可见分光光度计组成

仪器组成	功能及其他
光源	氢灯或氘灯(产生 160～360 nm 连续光谱)，钨灯(产生 340～800 nm 连续光谱)
单色器/分光系统	将连续光谱(复合光)分解为单一波长的光(单色光)
吸收池/比色皿	用于盛放待测溶液，其中石英比色皿适用于紫外-可见光区域的测定，玻璃比色皿只适用于可见光区域的测定

续表

仪器组成	功能及其他
检测器	将光信号转化为电信号，常用的有硒光电池、光电管、光电倍增管以及二极管阵列检测器等

问题 2　有研究表明，当分光光度计的吸光度(A)读数在 0.2～0.7 时，仪器测量误差较小(<2%)，有何办法使吸光度尽可能落在 0.2～0.7?

四、实验内容

(一)试剂配制

1. 0.02 mol · L^{-1} $K_2Cr_2O_7$ 标准溶液的配制

配制流程如下：

$$x\text{g } K_2Cr_2O_7 \xrightarrow{2\text{ g 高碘酸钾}} \xrightarrow{H_2O\text{ 溶解}} \xrightarrow{\text{定量转移、定容}} 1000\text{ mL}$$

任务 5　$K_2Cr_2O_7$ 是否可以通过直接法配制标准溶液? 若配制上述浓度的标准溶液，计算质量 x 的数值。

问题 3　写出高碘酸钾的分子式，配制流程中加入高碘酸钾有何用途?

2. 0.01 mol · L^{-1} $KMnO_4$ 溶液的配制与标定

任务 6　$KMnO_4$ 不能通过直接法配制标准溶液，只能首先配制近似浓度为 0.01 mol · L^{-1}的溶液，然后通过标定的方法确定其准确浓度。计算配制近似浓度为 0.01 mol · L^{-1} $KMnO_4$ 溶液 1000 mL 所需要的 $KMnO_4$ 质量，确定标定所用的基准物质。

任务 7　用流程图表示标定方案，并最终确定 $KMnO_4$ 准确浓度。

注：标定结束后，立即取 500 mL 溶液加入 1 g 高碘酸钾后保存备用(忽略高碘酸钾质量引起的体积变化对浓度的影响)。

3. $K_2Cr_2O_7$(A 组分)标准系列溶液的配制

按表 8-55 配制不同浓度的 $K_2Cr_2O_7$ 标准系列溶液。

表 8-55　$K_2Cr_2O_7$(A 组分)标准系列溶液配制记录表

步骤 \ 数据 \ 编号	1	2	3	4
①$K_2Cr_2O_7$ 标准溶液/mL	0.5	1	2	4
②蒸馏水定容/mL	50			
③$K_2Cr_2O_7$ 浓度 c/mol·L^{-1}				

任务 8　指出表 8-55 步骤①中所使用的体积测量仪器的名称。

任务 9　根据 $K_2Cr_2O_7$ 标准溶液的准确浓度,计算标准系列中各溶液的浓度。

4. $KMnO_4$(B 组分)标准系列溶液的配制

按表 8-56 配制不同浓度的 $KMnO_4$ 标准系列溶液。

表 8-56　$KMnO_4$(B 组分)标准系列溶液配制记录表

步骤 \ 数据 \ 编号	1	2	3	4
①$KMnO_4$ 溶液/mL	0.5	1	2	4
②蒸馏水定容/mL	50			
③$KMnO_4$ 浓度 c/mol·L^{-1}				

任务 10　指出表 8-56 步骤①所使用的体积测量仪器的名称。

任务 11　根据试剂 $KMnO_4$ 溶液的标定结果,计算表 8-56 步骤③中各溶液的浓度。

5. $K_2Cr_2O_7$(A 组分)和 $KMnO_4$(B 组分)混合标准溶液的配制

按表 8-57 配制混合标准溶液。

表 8-57　混合标准溶液的配制

混合组分	$K_2Cr_2O_7$ 标准溶液(A 组分)	$KMnO_4$ 溶液(B 组分)
体积/mL	2	2
蒸馏水定容/mL	50	
$K_2Cr_2O_7$ 浓度 c/mol·L^{-1}		
$KMnO_4$ 浓度 c/mol·L^{-1}		

任务 12　根据试剂 $K_2Cr_2O_7$ 标准溶液的准确浓度以及试剂 $KMnO_4$ 溶液的标定结果，计算混合标准溶液中 $K_2Cr_2O_7$（A 组分）和 $KMnO_4$（B 组分）的浓度。

（二）吸光度测定

1. A-λ 吸收曲线的制作（b=1 cm，蒸馏水作参比）

选择 A 组分 3 号标准系列溶液、B 组分 3 号标准系列溶液、混合标准溶液，在不同波长条件下，以蒸馏水作为参比溶液测量吸光度，结果记录在表 8-58。

表 8-58　不同溶液不同波长条件下吸光度

波长 λ/nm		655	650	645	……	395	390
吸光度(A)	A 组分 3 号标准溶液						
	B 组分 3 号标准溶液						
	AB 混合标准溶液						
结果	λ_1/nm						
	λ_2/nm						

任务 13　制作 A-λ 吸收曲线，确定测量波长 λ_1 和 λ_2。

2. 标准曲线的制作（b=1 cm，蒸馏水作参比）

分别在波长 λ_1，λ_2 的条件下，以蒸馏水作为参比溶液，测量 $K_2Cr_2O_7$ 标准系列溶液和 $KMnO_4$ 标准系列溶液的吸光度，结果记录在表 8-59。

表 8-59　$K_2Cr_2O_7$ 标准系列记录表

编号		1	2	3	4
$K_2Cr_2O_7$（A 组分）标准系列	$A_{\lambda1}$				
	$A_{\lambda2}$				
A-c 回归方程及 $\varepsilon_{\lambda1}^{A}$		回归方程：		$\varepsilon_{\lambda1}^{A}$ =	
A-c 回归方程及 $\varepsilon_{\lambda2}^{A}$		回归方程：		$\varepsilon_{\lambda2}^{A}$ =	
$KMnO_4$（B 组分）标准系列	$A_{\lambda1}$				
	$A_{\lambda2}$				
A-c 回归方程及 $\varepsilon_{\lambda1}^{B}$		回归方程：		$\varepsilon_{\lambda1}^{B}$ =	
A-c 回归方程及 $\varepsilon_{\lambda2}^{B}$		回归方程：		$\varepsilon_{\lambda2}^{B}$ =	

任务 14 建立 A 组分、B 组分在不同波长下的 A-c 回归方程，确定不同波长下的摩尔吸光系数。

五、未知样的测定及结果计算

未知样测定数据，记录在表 8-60。

表 8-60 未知样数据测定记录表

未知样编号	吸光度(b=1cm，蒸馏水作参比)		A，B 组分浓度分析结果	
	$A_{\lambda1}$	$A_{\lambda2}$	$c(A)/mol \cdot L^{-1}$	$c(B)/mol \cdot L^{-1}$

任务 15 根据未知溶液在不同波长处的吸光度，通过解联立方程计算确定未知样中 A、B 组分的浓度。

问题 4 哪些样品混合物可以用此法确定?

六、注意事项

(1)当两组分吸收峰部分重叠时，选择适当的波长，仍可按测定单一组分的方法处理。

(2)在做吸收曲线时，每改变一次波长都应用参比溶液(实验中的蒸馏水)调零，再进行测定。

实验62　苯甲酸的红外光谱测定

一、实验目的

(1)学习红外光谱仪的使用方法。
(2)掌握化合物红外光谱图的解析方法。

二、实验要求

根据苯甲酸红外光谱测定的有关原理和方法,利用实验室可提供的试剂、仪器和材料,选择最合理的方案(仪器、试剂、步骤等),寻找最合理的答案,完成下列任务,回答有关问题,最终独立完成实验。实验室可提供的试剂和仪器见表8-61。

表8-61　实验室可提供的试剂和仪器

试剂	溴化钾(KBr);苯甲酸(C_6H_5COOH);无水乙醇(C_2H_5OH)
仪器和材料	分析天平(各种规格);台秤(各种规格);称量瓶;红外灯;玛瑙研钵;溴化钾压片模具;镊子;刮刀;油压机;可见分光光度计;紫外分光光度计;红外分光光度计;荧光分光光度计等

三、实验原理

1. 红外吸收光谱的产生

分子是由原子构成的,分子中的原子是由彼此的电子联系在一起的,这种电子联系就是传统所说的化学键。分子中的原子和电子处在不断的运动中,它们的运动包括原子外层电子的跃迁,分子中原子与原子间的振动以及分子的转动。分子中原子外层电子吸收紫外或可见光辐射发生能级跃迁时,便形成紫外-可见吸收光谱。当分子吸收红外辐射,引起分子振动能级的跃迁,并伴有转动能级的改变时,便形成振转光谱,即红外吸收光谱。

问题1　目前紫外-可见吸收光谱测定的波长范围是多少?
问题2　能产生紫外-可见吸收光谱的有机化合物在结构上有何特点?
任务1　简述本实验所需的仪器和试剂。

2. 红外谱图、基团频率区和指纹区

与紫外-可见吸收光谱不同，几乎所有的有机化合物在红外辐射作用下都能形成红外吸收光谱。红外辐射波长范围约 0.78～1000 μm，根据仪器技术和应用的不同，习惯上将其分为三个区域：

近红外区域：0.78～2.5 μm；

中红外区域：2.5～25 μm；

远红外区域：25～1000 μm。

目前应用最为广泛的是中红外区域。当不同波长的红外辐射照射分子时，红外辐射的频率与分子中某官能团的振动频率相匹配时，便形成振动能级跃迁，形成红外吸收光谱。红外吸收光谱图通常以波长（λ，nm）或波数（σ，cm^{-1}）为横坐标，以透光率（T，%）或吸光度（A）为纵坐标来表示分子在红外辐射范围的吸收情况。通过红外谱图的解析，可以判断分子中存在的官能团的种类，从而对化合物做出初步的定性鉴定。在红外吸收光谱中，通常把能代表基团存在并有较高强度的吸收谱带称为特征吸收峰。

在特征吸收峰中，有一类基团的振动频率通常出现在 4000～1500 cm^{-1}，受分子其他部分振动的影响较小，即使在不同的分子中，它们的吸收频率总是出现在一个较窄的范围内，这类基团包括 X－H、C＝X、C≡X 等官能团（X＝C、O、N 等）。在红外光谱中，4000～1500 cm^{-1} 称为基团频率区。

在特征吸收峰中，另一类基团的振动频率通常出现在 1500 cm^{-1} 以下，受分子其他部分振动的影响较大，这类基团包括 C－X 的伸缩振动（X＝C、O、N）和 C－H 弯曲振动，分子结构的微小变化就会引起光谱面貌发生差异，恰如不同的人之间的指纹有较大差异。因此，在红外光谱中，1500～700 cm^{-1} 称为指纹区。利用指纹区光谱可以识一些特定分子。

任务 2 根据波长（λ，nm）与波数（σ，cm^{-1}）的单位，给出 λ 与 σ 的关系，并确定中红外区域的波数（cm^{-1}）范围。

任务 3 根据苯甲酸的结构，列出苯甲酸分子中可能存在的振动形式。

问题 3 红外谱图的主要功能是什么？要得到有机化合物可靠的结构还需要哪些分析测试手段？说明这些分析测试手段的主要功能。

问题 4 傅立叶变换红外光谱仪（FT-IR）主要由几部分组成？各部分的功能是什么？

四、实验内容

(一)试剂准备

1. 苯甲酸

取苯甲酸于 80 ℃干燥 24 h，存于干燥器中。

2. 溴化钾

取溴化钾于 110 ℃干燥 24 h，存于干燥器中。

(二)样品的处理及测定

1. 样品研磨

$$\underset{\text{(玛瑙研钵)}}{2\ \text{mg 样品}+98\ \text{mg KBr}} \xrightarrow{\text{红外灯下研磨}} \text{粉状混合物}$$

问题 5　样品研磨为什么要在红外灯下进行?

问题 6　用压片法制样时，为什么要将固体颗粒物的颗粒粒度研磨到 2 μm 左右?

问题 7　溴化钾与样品的质量比对透光率有何影响?

2. 压片

$$\underset{\text{(模具)}}{\text{粉状样品溴化钾混合物}} \xrightarrow[250\sim300\ \text{kg}\cdot\text{cm}^2\ \text{或}(5\sim10)\times10^7\ \text{Pa}]{\text{油压机}} \text{透明片状}$$

3. 测定

$$\underset{\text{(仪器光路)}}{\text{片状样品混合物}} \xrightarrow[\text{扫描}]{625\sim4000\ \text{cm}^{-1}} \text{谱图}$$

4. 谱图解析

红外光谱测定数据记录在表 8-62。

表 8-62　红外光谱测定记录表

波数 σ/cm^{-1}					
振动形式(基团归属)					

问题 8　用溴化钾压片制样时，对制样有何要求?

5. 结束工作

从仪器光路中取出样品。用浸有无水乙醇的脱脂棉将用过的研钵、镊子、刮刀、模具等清洗干净，置于红外干燥灯下烘干，以备制下一个试样。

五、注意事项

(1)样品应该适当干燥，研磨时应该在干燥灯下进行。

(2)试样的浓度和测试厚度应该选择适当。

(3)在制样时，应该避免引入杂质，研钵、钥勺、磨具应该保持洁净。

(4)严格按照压片机、红外光谱仪的操作来进行。

主要参考书目

鲍士旦,2000.土壤农化分析[M].北京:中国农业出版社.
常香玲,2012.环境综合实验[M].北京:化学工业出版社.
陈玲,赵建夫,2004.环境监测[M].北京:化学工业出版社.
陈培榕,李景虹,邓勃,2006.现代仪器分析实验与技术[M].北京:清华大学出版社.
陈若暾,陈青萍,李振滨,等,1993.环境监测实验[M].上海:同济大学出版社.
陈穗玲,李锦文,曹小安,2010.环境监测实验[M].广州:暨南大学出版社.
戴树桂,1996.环境化学[M].北京:高等教育出版社.
但德忠,2006.环境监测[M].北京:高等教育出版社.
丁振宇,2003.放射性污染防治法与安全性防护标准实施手册[M].黑龙江:哈尔滨地图出版社.
董德明,2009.环境化学实验[M].北京:高等教育出版社.
董绍俊,1995.化学修饰电极[M].北京:科学出版社.
樊芷芸,黎松强,1997.环境学概论[M].北京:中国纺织出版社.
方惠群,于俊生,史坚,2008.仪器分析[M].北京:科学出版社.
方禹之,1987.环境分析与监测[M].上海:华东师范大学出版社.
费学宁,2005.现代水质监测分析技术[M].北京:化学工业出版社.
傅若农,顾峻岭,2000.近代色谱分析[M].北京:国防工业出版社
工业固体废物有害特性实验与检测方法编写组,1996.工业固体废物有害特性实验与检测方法[M].北京:中国环境出版社.
国家环保总局,1989.水和废水监测分析方法(第3版)[M].北京:中国环境科学出版社.
国家环境保护部,2010.环境空气苯系物的测定.活性炭吸附/二硫化碳解吸-气相色谱法HJ 584—2010[S].北京:中国环境科学出版社.
国家环境保护部,2012.水质挥发性有机物的测定.吹扫捕集/气相色谱-质谱法 HJ 639—2012[S].北京:中国环境科学出版社.
国家环境保护部,2013.空气和废气中气相和颗粒物中多环芳烃的测定(气相色谱-质谱法)HJ 646—2013[S].北京:中国环境科学出版社.
国家环境保护部,2013.水中挥发性卤代烃的测定:顶空气相色谱法 HJ 620—2011[S].北京:中国环境科学出版社.
国家环境保护局,2011.六价铬的测定:二苯碳酰二肼分光光度法[S].北京:中国标准出版社.
国家环境保护总局,1986.环境监测技术规范[S].北京:国家环境保护总局出版社.
国家环境保护总局,2003.地表水环境质量标准 GB 3838—2002[S].北京:中国环境科学出版.
国家环境保护总局,2013.环境空气质量标准 GB 3095—2012[S].北京:中国环境科学出版社.
国家环境保护总局《空气和废气监测分析方法》编委会,2003.空气和废气监测分析方法(第4版)[M].北京:中国环境科学出版社.
国家环境保护总局《水和废水监测分析方法》编委会,2002.水和废水监测分析方法(第4版)[M].

北京:中国环境科学出版社.
国家技术监督局,2007.声学　环境噪声测量方法 GB/T3222.1—2006[S].北京:中国标准出版社.
国家质量监督检验检疫总局,卫生部国家环境保护总局,2003.室内空气质量标准 GB/T18883—2002[S].北京:中国标准出版社.
何明清,2006.土壤与固体废物检测技术问答[M].北京:化学工业出版社.
何少先,1987.环境监测[M].成都:成都科技大学出版社.
何燧源,2001.环境污染物分析监测[M].北京:化学工业出版社.
黄进,黄正文,苏蓉,2010.环境监测实验[M].成都:四川大学出版社.
黄君礼,吴明松,2008.水分析化学(第 4 版)[M].北京:中国建筑工业出版社.
黄秀莲,张大年,何燧源,1989.环境分析与监测[M].北京:高等教育出版社.
江祖成,1999.现代原子发射光谱分析[M].北京:科学出版社.
孔令仁,1990.环境化学实验[M].南京:南京大学出版社.
李本昌,1995.农药残留量食用检测方法手册(第 1 卷)[M].北京:中国农业科技出版社.
李国鼎,2003.环境工程手册(固体废物污染防治卷)[M].北京:高等教育出版社.
李国刚,2003.固体废物实验与监测分析方法[M].北京:化学工业出版社.
李绍英,1995.环境污染与监测[M].哈尔滨:哈尔滨工程大学出版社.
林树昌,胡乃非,曾泳淮,1993.分析化学(化学分析部分)[M].北京:高等教育出版社.
林树昌,曾泳淮,2004.分析化学(仪器分析部分)[M].北京:高等教育出版社.
刘凤枝,李玉浸,2015.土壤监测分析技术[M].北京:化学工业出版社.
刘密新,2008.仪器分析(第 2 版)[M].北京:清华大学出版社.
刘庆余,吴扬,2012.基础化学实验技术[M].天津:南开大学出版社.
刘玉婷,2007.环境监测实验[M].北京:化学工业出版社.
刘志广,2007.仪器分析[M].北京:高等教育出版社.
南京大学《无机及分析化学实验》编写组,2006.无机及分析化学实验[M].北京:高等教育出版社.
齐文启,孙宗光,边归国,2003.环境监测新技术[M].北京:化学工业出版社.
任丽萍,毛富春,2006.无机及分析化学实验.北京:高等教育出版社.
佘振宝,姜桂兰,2006.分析化学实验[M].北京:化学工业出版社.
施文健,周化岚,2009.环境监测实验技术[M].北京:北京大学出版社.
税永红,吴国旭,2009.环境监测技术[M].北京:科学出版社.
孙成,于红霞,2003.环境监测实验[M].北京:科学出版社.
孙宗光,2004.环境监测新技术[M].北京:化学工业出版社.
王丙强,2005.室内环境检测技术[M].北京:化学工业出版社.
王焕校,2000.污染生态学[M].北京:高等教育出版社.
王连生,2004.有机污染化学[M].北京:高等教育出版社.
王秋长,赵鸿喜,张守民,等,2003.基础化学实验[M].北京:科学出版社.
王晓蓉,1993.环境化学[M].南京:南京大学出版社.
王秀萍,王琳玲,2012.环境综合实验[M].武汉:华中科技大学出版社.

王正萍,周雯,2002.环境有机污染物监测分析[M].北京:化学工业出版社.

魏复盛,1994.水和废水监测分析方法指南[M].北京:中国环境科学出版社.

吴邦灿,费龙,1999.现代环境监测技术[M].北京:中国环境科学出版社.

武汉大学,2003.分析化学(第4版)[M].北京:高等教育出版社.

武汉大学化学系,2002.仪器分析[M].北京:高等教育出版社.

奚旦立,王晓辉,马春燕,等,2011.环境监测实验[M].北京:高等教育出版社.

肖长来,梁秀娟,2008.水环境监测与评价[M].北京:清华大学出版社.

薛文山,1988.环境监测分析手册[M].太原:山西科学教育出版社.

严金龙,潘梅,2014,环境监测实验与实训[M].北京:化学工业出版社.

杨承义,1993.环境监测[M].天津:天津大学出版社.

杨铁金,2007.分析样品预处理及分离技术[M].北京:化学工业出版社.

姚运先,王怀宇,2002.环境监测[M].北京:高等教育出版社.

叶常明,王春霞,金龙珠,2004.21世纪的环境化学[M].北京:科学出版社.

苑宝玲,李云琴,2006.环境工程微生物学实验[M].北京:化学工业出版社.

曾泳淮,闫吉昌,江崇球,等,2003.仪器分析[M].北京:高等教育出版社.

张世贤,王兆英,1994.水分析化学[M].北京:中国建筑工业出版社.

张展霞,2002.原子发射光谱分析法[M].北京:北京理工大学出版社.

张志杰,张维平,1991.环境污染生物监测与评价[M].北京:中国环境科学出版社.

赵滨,马林,沈建中,2008.无机化学与化学分析实验[M].上海:复旦大学出版社.

赵藻藩,周性尧,张悟铭,等,1990.仪器分析[M].北京:高等教育出版社.

中华人民共和国卫生部,1989.居住区大气中苯、甲苯和二甲苯卫生检验标准方法 气相色谱法 GB 11737—1989[S].北京:中国标准出版社.

中华人民共和国住房和城乡建设部,2007.生活饮用水卫生标准 GB 5749—2006[S].北京:中国标准出版社.

中华人民共和国住房和城乡建设部,2011.民用建筑工程室内环境污染控制规范 GB 50325—2010 [S].北京:中国计划出版社

中华人民华人民共和国农业部,2001.农田土壤环境质量监测技术规范 NY/T 395—2000[S].北京:中国标准出版社.

周凤霞,2006.生物监测[M].北京:化学工业出版社.

朱良漪,1997.分析仪器手册[M].北京:化学工业出版社.